Spring Boot 实战派

龙中华◎著

電子工業出版社
Publishing House of Electronics Industry
北京•BEIJING

内 容 简 介

本书针对 Spring Boot 2.0 及以上版本，采用“知识点+实例”的形式编写。本书通过“58 个基于知识的实例+2 个综合性的项目”，深入地讲解 Spring Boot 的技术原理、知识点和具体应用；把晦涩难懂的理论用实例展现出来，使得读者对知识的理解变得非常容易，同时也立即学会如何使用它。

要成为一本有“温度”的书，只做到上面这些还远远不够。所以，本书花费大量的篇幅对比讲解多种同类技术的知识点、使用和区别，读者可以根据自己的喜好进行技术选型；还讲解了时下流行的接口架构风格 RESTful，以及用来实现高并发的 Redis 和系统间通信的中间件 RabbitMQ。最后两章融合了本书所讲知识点，讲解了两个常用又实用的实战项目。

本书适合所有对 Spring Boot 感兴趣的读者阅读。

图书在版编目（CIP）数据

Spring Boot 实战派/龙中华著. —北京：电子工业出版社，2020.1
ISBN 978-7-121-37736-5

Ⅰ. ①S…　Ⅱ. ①龙…　Ⅲ. ①JAVA 语言－程序设计　Ⅳ. ①TP312.8

中国版本图书馆 CIP 数据核字（2019）第 240155 号

责任编辑：吴宏伟
印　　刷：涿州市般润文化传播有限公司
装　　订：涿州市般润文化传播有限公司
出版发行：电子工业出版社
　　　　　北京市海淀区万寿路 173 信箱　　邮编：100036
开　　本：787×980　1/16　　印张：27　　字数：678 千字
版　　次：2020 年 1 月第 1 版
印　　次：2025 年 4 月第 13 次印刷
定　　价：109.00 元

凡所购买电子工业出版社图书有缺损问题，请向购买书店调换。若书店售缺，请与本社发行部联系，联系及邮购电话：（010）88254888，88258888。

质量投诉请发邮件至 zlts@phei.com.cn，盗版侵权举报请发邮件至 dbqq@phei.com.cn。

本书咨询联系方式：010-51260888-819，faq@phei.com.cn。

推荐序 1

Spring 曾有过光辉岁月，它一路与时俱进，引领 Java 编程潮流至少 10 年。如今，Spring Boot 的诞生，让我们再也不用被 Spring 的烦琐配置所束缚。Spring Boot 是当前后端开发的极佳框架。它在如今纷繁的技术中尤为突出。

2019 年 9 月上旬，收到作者龙中华为本书写序言的邀请。本着对读者负责的态度，仔细读完本书才答应为作者撰写序言，并将在读的过程中发现的不妥之处反馈给作者，作者也及时进行了修改。

本人从事开发工作十多年，空闲之余也喜欢阅读各类书籍，读过很多好书。相比之下，本书给我的感觉是通俗易懂。无论是初学者，还是经验丰富的开发人员，在阅读过程中都能感受到作者在用心教我们如何使用 Spring Boot 进行程序开发，他告诉我们怎么在开发过程中解决实际问题，尤其是作者提供的各个小实例，清晰易懂、贴合实际。

与其他书籍相比，本书各个章节条理清晰，有以下值得提出来的亮点。

第 1 章：除了讲述 Sping、Spring Boot 和 Spring Cloud 之间的关系，作者还重点讲述了如何利用开发工具（如 IDEA）来实现开发，如何通过 API 文档来寻找类对象方法，告诉我们在开发过程中如何学习、发现和解决问题，这在很多书中不曾有过，也是作者的细心之处。

第 2、3 章：作者讲述了 Java 环境的搭建，以及开发工具的使用。尤其是第 3 章，很详细地讲述了各种开发工具（IDEA、Eclipse、STS）的使用，以及插件的安装方法。对初学者来说，第 3 章值得细心体会，可以作为入门开发工具的教程来研读，其中的工具使用方法也是作者实践过的。另外，作者还讲述了如何使用 IDEA 快捷键，读者可以按照书中所演示的步骤进行实际操作。工欲善其事，必先利其器。所以希望读者不要忽视本章内容。

第 4～6 章：这 3 章为本书的基础篇，尤其是对入门读者来说特别适用。第 4 章讲述了 Spring Boot 的工程搭建，如何使用 Spring Boot 注解进行开发，并阐述了注解的基本概念和使用原理，同时读者可以跟着实例进行实际操作，体会注解式编程与配置文件的结合使用。第 5 章详细讲述了 Spring Boot 的 MVC 模式以及原理，同时通过实例讲解了 Thymeleaf 模板引擎，读者可轻松上手。第 6 章让读者深入地理解响应式编程 WebFlux 的开发过程，以及如何连接操作 MongoDB 数据库，读者可以跟着实例来实践。古人云：叠叶与高节，俱从毫末生。所以，希望读者可以通过第 4～6 章的学习，扎实基础。

第 7～13 章：在理论讲解部分让我们明白工作中需要的技术重点，再以实例让我们深入学习，提高技术水平，轻松迎接工作，真真切切地将知识点和实操技能应用到工作中。第 7 章剖析了 Spring 的两个重要特性：AOP 和 IoC；第 8 章讲述了如何使用 ORM，以及其原理；第 9 章讲述了接口的请求方法，以及接口的定义规范风格；第 10 章讲解 Spring Security；第 11 章讲解 Redis 以及其工作原理和使用；第 12 章讲解近年来使用非常广泛的消息中间件 RabbitMQ；第 13 章讲解如何通过 NoSQL 数据库去实现 Elasticsearch 和 Solr 两大搜索框架效果，同时对搜索引擎做了详细的阐述，并通过实例实现数据的增加、删除、修改、查询操作。作者把他多年的工作经验和工作中必须掌握的知识通过理论与实践相结合的方式讲述给我们，让我们可以在短时间内从一个技术“菜鸟”成长为技术“达人”。鉴于第 7～13 章的重要性，希望读者多读几遍，常言道：书读百遍，其义自见。所以希望读者能通过第 7～13 章的学习，提升知识广度和深度。

第 14、15 章：作者精心准备了两个项目实例。这两章的知识也是我们在找工作时面试官常会问的问题。比如，做过几个项目？都会什么技术？所以，大家可以通过这两章理解实际的项目并将前面的内容融会贯通。纸上得来终觉浅，绝知此事要躬行。希望读者能够自己动手实践。

最后，预祝读者朋友在阅读本书之后，技术和薪水能够更上一层楼。预祝作者通过这本书再创辉煌和佳绩。

东软集团　王蕾
2019 年 9 月 26 日

推荐序 2

我公司的技术栈全面转入 Spring Boot 体系，源于本书作者在公司的一次分享会上的分享。当时作者用了不到 10 分钟就使用 Spring Boot 轻松制作了一个功能完整的数据增加、删除、修改、查询、搜索引擎排序和应用监控的 Web 演示程序。再加上后来作者解读了技术趋势和 Spring Boot 在国内外的使用场景，所以公司决定，公司新项目技术栈全面转入 Spring Boot。

作者那天的演示场景到现在还历历在目，好似发生在昨日。只见作者通过开发工具勾选 Elasticsearch、Spring Boot Admin 依赖，然后选择项目地址，单击“OK”按钮，配置连接参数，创建只编写了几行代码的 DAO 层和控制器层，再单击“启动”按钮，就完成了。当时惊叹于速度之快，效果之好。

我们公司从使用 ASP 到使用.NET，再到为统一技术栈而全面转入 PHP，使用 CMS 以及诸如 ThinkPHP、Laravel 框架。一路走来，磕磕碰碰。程序员同事们感觉从配置环境，到用工具一行行写代码，再到生产上线、调优、检测都十分烦琐。有时候本地和服务器环境不一样，只是配置环境就要花费很长时间，而且项目的运行效果也不太理想。比如，使用 CMS，虽然能实现功能的快速上线，但受制太多，前期学习和调试成本并不低，要学习它的规则，且按照它的规则来使用。这相当于在学习了开发语言 PHP 之后，还要学习 CMS 的规则及语法，很多时候落实到多样化的具体业务就会受到掣肘。而且用它集成其他开源框架并不方便，例如集成搜索系统、集成大数据应用都很麻烦。CMS 官方的学习文档很少，这导致最终的学习成本、开发成本和维护成本都极高。而使用某些相对小众（和 Spring Boot 相比）的开源开发框架（Laravel、Yii、Thinkphp、Symfony 和 Zend）进行开发，也都不太理想，人员流动后招聘困难。这些产品虽然优秀，但整体感觉还是有所束缚。

公司新业务转入 Spring Boot 技术栈之后，员工好招聘了（Java 开发者多，有 Java 基础能很快上手使用），它使得开发速度、开发成本和业务运营效果都得到了飞速提升。没用太多时间，同事们就使用 Spring Boot 构建了公司的第一个大数据开发框架。它整合了 Spark、Elasticsearch、RabbitMQ、Redis 等，实现了数据挖掘、自动预测趋势、关联分析、聚类、概念描述、偏差检测等。

Spring Boot 的配置、使用、监控、部署都很简单，它拥有完善的生态。后期如果因为项目流量太大需要切换到微服务 Spring Cloud（基于 Spring Boot）也会极为顺利。可以预想，未来会有越来越多的公司采用 Spring Boot，更会有越来越多的开发者关注和使用 Spring Boot。

今天阅读了这本《Spring Boot 实战派》，很是惊喜。书的整体质量很高，可以说是一部高水准的作品。它真真切切贴合实际，能解决企业开发中遇到的很多问题，看过之后收获满满。

这本书很适合个人作为入门和进阶的教材，并在实战中参考本书相关实例。企业则可以采购《Spring Boot 实战派》来作为员工培训的教材。

华经视点 CTO　康雨

2019 年 9 月 18 日

前言

写作初衷

因为 15 岁的侄儿对 Web 后端开发很感兴趣，于是买了十多本关于青少年编程的图书给他。但是，他读过之后感觉所读的图书并不适用，纯理论知识的图书很枯燥，太实战的图书又摸不着头脑。所以，笔者想尝试自己来写一本符合自己期望的图书，当然这是主观愿望，笔者个人也认为市面上很多图书非常不错，只是针对人群不同。

正好，在笔者熟悉的 C、Python、PHP、Go 和 Java 语言中，Java 的 Spring Boot 框架技术就像搭积木一样简单、愉悦。并且，各大企业都在广泛应用它，Java 相关的技术岗位目前依然是需求量最大的。而且在十年之内，估计不会出现技术落后的情况。所以，笔者就打定主意，要写一本阅读轻松、快乐，有即时获得感、创造性，并融入了产品思维和技术及业务思维的 Spring Boot 实战类图书。

对于大部分普通家庭的孩子来说，IT 业是一个单靠个人或者团队能力就能“最快实现人生小目标”的行业。所以，如果这本书可以帮助读者学会 Spring Boot，那笔者的写作就是非常有意义的。

本书的价值

本书基于 Spring Boot 2.X 版本，采用“知识点+实例”的形式编写，通过“58 个基于知识的实例+2 个综合性的项目”，全面深入地讲解了 Spring Boot 的主要技术原理和应用。

本书把晦涩难懂的理论通过图文结合的方式讲解，把不便理解的名词用通俗化的文字进行讲解，将每个抽象的知识点用具化的实例进行展现。这使读者在阅读时既能读懂理论和概念，也能立即学会如何使用。

本书讲解了在工作中如何根据应用场景和历史包袱进行各版本间的无缝升级、降级（公司项目相对于自己学习的版本可能存在老旧和不对应的情况，所以需要进行项目的升级或根据公司的历史项目进行老版本的维护）。

工欲善其事，必先利其器，本书还讲解了开发工具的使用，以及一些非常实用的技能，以帮助读者实现高效开发。

不仅如此，本书还对比讲解了多种同类技术的使用和区别，读者可以根据自己的喜好进行选择。

下面列举说明。

- 开发模式：本书讲解了历史悠久，但现在依然被广泛使用的分层应用开发模式 MVC（Model View Controller），还讲解了当下逐渐火热的响应式开发模式 WebFlux。
- ORM（Object Relational Mapping，对象关系映射）框架：数据库的操作是程序开发中非常重要的一块，根据国内外用户的习惯，本书对比讲解了全球最火的 JPA 和中国最流行的 MyBatis。
- 安全框架：安全框架是必备内容。本书讲解了相关书籍、资料非常少，国内很少用，但是超级实用和好用的 Spring Boot 官方安全框架 Spring Security。同时也比较全面地讲解了国内使用较多的 Apache 安全框架 Shiro。
- 搜索引擎：搜索是各公司使用非常多的功能，但基本都是集成两大搜索框架——Elasticsearch 和 Solr。所以，本书也非常详细地讲解了这两大搜索框架的原理和具体使用方法。
- Redis：Redis 是大规模互联网应用必不可少的内存高速缓存数据库，所以本书也专门用一章讲解了 Redis 的原理、概念和实际应用。
- RabbitMQ：RabbitMQ 是近年来使用非常广泛的消息中间件，本书深入地讲解了它的原理、概念和具体应用。
- 实战：本书以实例贯穿全书。每章都会有大大小小可以用于商业生产的实例。不仅如此，在最后两章讲解了多种技术的综合应用，而且也都是可以用于生产项目的实例。本书的各个章节的实例都力求实用，且实现简单、逻辑清晰，使读者看后能及时理解知识点，并实现对知识点的具体应用，收获满满。

本书适用的读者群体

本书定位于入门、进阶、实战。所以，会照顾到有一定编程经验，对编程有一定了解的初学者，同时也兼顾相对资深的开发人员。

以下读者都可以轻松地学习本书。

- 具有一定英文基础的大中专院校计算机相关专业的学生。
- Java 语言初学者。
- 在培训机构学习过几个月 Java 语言的学生。
- 需要提高动手能力的技术人员。
- 了解过 Java 框架，如 SSH（Struts+Spring+Hibernate）、SSM（Spring+SpringMVC+MyBatis）、JFinal、SpringMVC、Struts、Hibernate 等，想了解新技术的开发、测试、项目管理的人员。

- 已经熟练使用 Java EE、Java SE，想转而使用 Spring Boot 的技术人员。
- 使用过其他语言，如：PHP、C#、Python 的开发人员。
- 使用过其他语言框架，如 Laravel、Yii、Thinkphp、Symfony 和 Zend，想转而使用 Java 语言的开发人员（这种类型的开发人员转入 Spring Boot 尤为轻松）。
- 会使用 Scala、Java、Groovy 和 Kotlin 等 JVM 语言的开发人员。

具有一定的英文基础、编程基础，并使用过其他框架的人，从学习 Spring Boot 到能开发基础应用程序，估计需要一周的时间，很多有 Java 语言基础的开发人员只花了几个小时就能初步应用起来。

如果是毫无经验的编程爱好者，具备大中专及以上知识基础（这里主要强调两个条件，一是：爱好；二是：2000 个左右的英文基础单词储备。主要原因是程序报错信息基本都是英文，如果具备计算机语言的交互性思维习惯，那么发现问题和解决问题会相对很轻松），那么在学习本书 GitHub 源代码中附带的 Web 基础、Java 基础知识讲解之后，也可以开始学习本书。而零基础的读者只看本书也是可以的，因为本书的代码中都有必要的注释，而且配置了大量的配图，便于读者理解理论知识和原理，只是完全零基础的读者学起来估计是有一定困难的。

致谢

特别感谢本书的编辑吴宏伟老师。吴老师对我的作品始终坚持高标准、严要求，以确保高质量，获得读者认可。吴老师甚至对一个多余的空格，都能严格地检查出来，更别说对英文大小写、语法、知识点错误的谨慎检查和修改，以及对知识点和实例代码的实用价值的重视程度。同时他还对本书的内容框架做了非常多的指导工作。

特别感谢电子工业出版社其他为本书默默奉献的同志，谢谢你们辛苦、严谨的工作。

特别感谢购买或是阅读到本书的有缘读者，很感恩有你们。因为你们的阅读，作品才不孤独，文字才有意义，你的赞赏或批评，都是对笔者最真诚的认可和鼓励，因为，我深知作为中国技术书籍的作者，仍然有很远的路要走，一切都可以做得更好。

还要特别感谢东软集团一位特别细心、严谨的资深高级软件开发工程师王蕾，在本书的样书阅读中提供了非常多的宝贵意见。

最后，特别感谢张建宁、王二伟、吕羿滨、牛健、杨桂林等老师和读者对本书的批评与指正。

Spring Boot 技术博大精深，由于本书篇幅有限，且本人精力和技术有限，难免会出现纰漏或知识点介绍不全面的情况，敬请批评与指正。联系作者请发 E-mail 到 363694485@qq.com，或者加入本书讨论 QQ 群：755572590，或者去本书的源代码仓库 GitHub 提交问题，地址是：

https://github.com/xiuhuai/Spring-Boot-Book。

若你是一位有才的人士，有缘看到本书，想要出版技术方面的好书，推荐直接联系编辑吴宏伟老师，请发 E-mail 到 wuhongwei@phei.com.cn。

龙中华

2019 年 8 月 26 日

读者服务

轻松注册成为博文视点社区用户（www.broadview.com.cn），扫码直达本书页面。

- 下载资源：本书如提供示例代码及资源文件，均可在 下载资源 处下载。
- 提交勘误：您对书中内容的修改意见可在 提交勘误 处提交，若被采纳，将获赠博文视点社区积分（在您购买电子书时，积分可用来抵扣相应金额）。
- 交流互动：在页面下方 读者评论 处留下您的疑问或观点，与我们和其他读者一同学习交流。

页面入口：http://www.broadview.com.cn/37736

目录

入门篇

基础篇

进阶篇

项目实战篇

入门篇

第 1 章 进入 Spring Boot 世界

本章首先介绍 Spring Boot 的用途、特色、支持的开发语言，然后介绍它的学习前景，最后提供一些学习 Spring Boot 的建议。

1.1 认识 Spring Boot

1.1.1 什么是 Spring Boot

Java（面向对象编程语言）经过 30 多年的发展，产生了非常多的优秀框架。Spring（为解决企业应用程序开发的复杂性而创建的框架）曾是最受欢迎的 Java 框架之一，但随着 Node、Ruby、Groovy、PHP 等脚本语言的蓬勃发展，使用 Spring 开发应用就显得烦琐了，因为它使用了大量的 XML 配置文件，配置烦琐，整合不易，开发和部署效率低下。这时急切需要一种新的能解决这些问题的快速开发框架，于是 Pivotal Software 公司在 2013 开始了 Spring Boot 的研发。

Spring Boot 的设计初衷是解决 Spring 各版本配置工作过于繁重的问题，简化初始搭建流程、降低开发难度，使开发人员只需要专注应用程序的功能和业务逻辑实现，而不用在配置上花费太多时间。

Spring Boot 使用“默认大于配置”的理念，提供了很多已经集成好的方案，以便程序员在开发应用程序时能做到零配置或极简配置。同时，为了不失灵活性，它也支持自定义操作。

过去经常会有这样的一种场景：一个初学者花了半个月时间，看了几本 Spring 编程书，掌握了最基本的理论知识，但在实际着手开发时，往往被拦截在初始环境配置上，可能花上几天时间也配置不好环境。

笔者曾经就遇到一个这样的开发人员，他竟然花费了一个月时间也没配置好初始环境。这是难以想象的，面对这种烦琐、效率低下的配置和开发工作，甚至会让人怀疑自己的能力。这最终让人非常痛苦，不少人会痛苦地放弃，而能坚持下来的开发人员在开发新项目时依然会面临大量烦琐的配置工作。而使用 Spring Boot 的体验则完全不一样，基本是“开箱即用”。

1. Spring Boot 应用程序的开发流程

（1）安装 JDK（Java Development Kit）开发环境和 IDE 工具（如：Eclipse、IDEA）。

（2）在开发工具中，通过项目管理软件 Maven（或 Gradle）来构建和管理项目。

要使用某个 JAR（Java ARchive）包，只需要直接在 pom.xml（Gradle 项目则是 build.gradle）文件中按照约定格式编写，Maven 会自动从仓库中下载并配置 JAR 包依赖，随后可以直接在类中使用它提供的方法。

Spring Boot 内置了 50 多种 Starter，以便快速配置和使用。比如，要使用 Email 服务，只需要添加“spring-boot-starter-mail”依赖，然后直接调用 JavaMailSender 接口发送邮件。

（3）在开发过程中，可以直接在 IDE 工具中运行和测试，而且不需要搭建 Tomcat 服务器环境，因为 Spring Boot 已经内置好了。

（4）在开发完成后，用 IDE 工具将程序直接编译成 JAR 包，即可直接在 Java 运行环境 JRE（Java Runtime Environment）下独立运行。如果要在特定的或多环境下部署运行程序，也可以将其打包成 WAR（Web 存档文件，包含 Web 应用程序的所有内容）包。

可见，Spring Boot 帮我们省去了烦琐的配置工作，开发人员只需要专注业务逻辑开发即可。

用一句话来说明，即 Spring Boot 是 Spring 框架的扩展和自动化。

2. Spring Boot 发展史

2012 年 10 月，Mike Youngstrom 提出要在 Spring 框架中支持无容器的 Web 应用程序体系结构的要求，这个要求促使 Pivotal Software 公司在 2013 年年初开始研发 Spring Boot 项目。经过 1 年多的研发，Spring Boot 的第 1 个版本于 2014 年发布，后续完成了多次的版本迭代。Spring Boot 版本的更新情况如下：

- 2014 年 4 月，Spring Boot 1.0.0 发布。
- 2014 年 6 月，Spring Boot 1.1 发布。
- 2015 年 3 月，Spring Boot 1.2 发布。
- 2016 年 12 月，Spring Boot 1.3 发布。
- 2017 年 1 月，Spring Boot 1.4 发布。

- 2017 年 2 月，Spring Boot 1.5 发布。
- 2018 年 3 月，Spring Boot 2.0 发布。
- 2018 年 11 月，Spring Boot 2.1 发布。
- 2019 年 3 月 15 日，Spring Boot 2.2.M 发布。

1.1.2　Spring、Spring Boot、Spring Cloud 的关系

1. Spring

Spring 框架（为解决企业应用开发的复杂性而创建的框架）为开发 Java 应用程序提供了全面的基础架构支持。它提供了依赖注入和"开箱即用"的一些模块，如：Spring MVC、Spring JDBC、Spring Security、Spring AOP、Spring IoC、Spring ORM、Spring Test。这些模块大大地缩短了应用程序的开发时间，提高了开发应用程序的效率。

在 Spring 出现之前，如果要进行 Java Web 开发，则非常复杂，例如，若需要将记录插入数据库，则必须编写大量的代码来实现打开、操作和关闭数据库。而通过使用 Spring JDBC 模块的 JDBCTemplate，只需要进行数据操作即可，打开和关闭交由 Spring 管理。而且实现这些数据操作只需要配置几行代码。

2. Spring Boot

Spring Boot 是 Spring 框架的扩展和自动化，它消除了在 Spring 中需要进行的 XML（EXtensible Markup Language）文件配置（若习惯 XML 配置，则依然可以使用），使得开发变得更快、更高效、更自动化。

3. Spring Cloud

Spring Cloud 是一套分布式服务治理框架，它本身不提供具体功能性的操作，只专注于服务之间的通信、熔断和监控等。因此，需要很多组件来共同支持一套功能。Spring Cloud 主要用于开发微服务。

微服务是可以独立部署、水平扩展、独立访问的服务单元。Spring Cloud 是这些微服务的"CTO（Chief Technical Officer）"，它提供各种方案来维护整个生态。

4. 三者的关系

从上面对三者的介绍中可以看出，Spring Boot 其实是要依赖 Spring 的，并不是另起炉灶创建了一个全新的框架，它是 Spring 的自动化。Spring Cloud 通过依赖 Spring Boot 来构建微服务应用。三者的关系如图 1-1 所示。

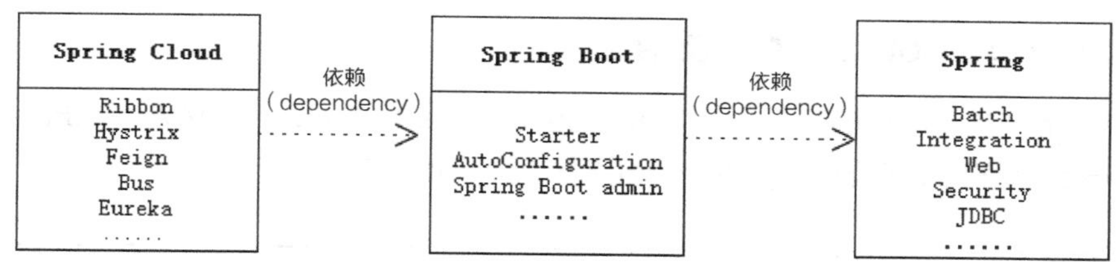

图 1-1　Spring、Spring Boot、Spring Cloud 的依赖关系

1.1.3 Spring Boot 的特色

1. 使用简单

Spring Boot 支持用注解的方式轻松实现类的定义与功能开发、无代码生成和 XML 配置，新手入门极易上手。

2. 配置简单

Spring Boot 根据在类路径中的 JAR 和类自动配置 Bean（豆子的意思，可以将其理解为 Java 类。Java 的名字来源于程序员经常喝的一种咖啡 “爪哇”。这种咖啡是用 “爪哇豆” 磨出来的。所以，他们用“豆”来命名类。Java 语言中的许多库类名称，多与咖啡有关，如咖啡豆——JavaBeans、网络豆——NetBeans 和对象豆——ObjectBeans），能自动完成大量配置。同时，还支持用自定义的方式来配置。

3. 提供大量 Starter 简化配置

Spring Boot 提供了大量的 Starter 来简化依赖配置。例如，如果要使用 Redis，则只需在 pom.xml 文件中加入操作 Redis 的 Starter 依赖“spring-boot-starter-data-redis”，然后 Spring Boot 会自动加载相关依赖包，并提供 Redis 的操作 API（Application Programming Interface，应用程序编程接口）。

4. 部署简单

Spring Boot 可以在具备 JRE（Java 运行环境）的环境中独立运行，它内置了嵌入式的 Tomcat、Jetty、Netty 等 Servlet（Server Applet）容器，项目不用被打包成 WAR 格式，可以直接以 JAR 包的方式运行。

5. 与云计算天然集成

非常流行的微服务开发框架 Spring Cloud 也是基于 Spring Boot 实现的。

6. 监控简单

它提供了一整套的监控、管理应用程序状态的功能模块，包括监控应用程序的线程信息、内存信息、应用程序健康状态等。

1.1.4 Spring Boot 支持的开发语言

Spring Boot 支持使用基于 Java 虚拟机（Java Virtual Machine, JVM）的 Java、Groovy 和 Kotlin 进行应用程序的开发（Spring Boot 1.5.2 及以上版本）。

其实，Scala 也能开发 Spring Boot 应用程序，因为它也基于 JVM 语言，只是目前官方没有提供支持，需要自己进行相应的配置。

本书以 Java 作为开发语言进行讲解。如果想使用其他 JVM 语言进行开发，也可以阅读本书，因为其他 JVM 语言能和 Java 无缝集成，二者可以同时使用。其他 JVM 语言可以作为 Java 的有效补充，而从 Java 转学其他的 JVM 语言可谓是零门槛。

1.1.5 学习 Spring Boot 的前景展望

近年来，Spring Boot 是整个 Java 社区中最有影响力的项目之一，常常被人看作是 Java EE（Java Platform Enterprise Edition）开发的颠覆者，它将逐渐替代传统 SSM（Java EE 互联网轻量级框架整合开发——Spring MVC+Spring+MyBatis）架构。

SSM 和 Spring Boot 并不冲突。Spring Boot 更简单、更自动化，减少了传统 SSM 开发的配置。

Spring Boot 专注于快速、方便地集成单个个体，而 Spring Cloud 专注于全局的服务治理。

可以看出，如果应用程序是基于 Spring Boot 开发的，则将来升级到云开发、微服务更顺利。

在中国，用户对 Spring Boot 的关注度越来越高（内容摘自“百度”），如图 1-2 所示，从 2015 年 5 月至 2019 年 5 月，几乎每年的关注度都是上一年的两倍。

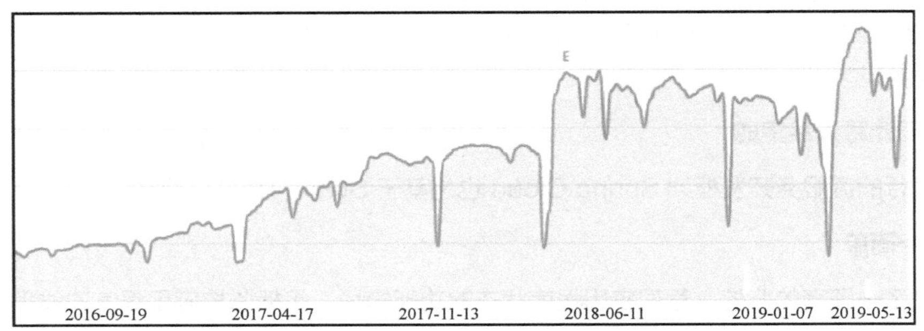

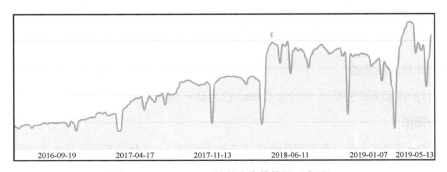

图 1-2 Spring Boot 的关注度趋势图（中国）

同样，世界范围的用户，对 Spring Boot 的关注度也越来越高，如图 1–3 所示（内容摘自“Google”）。

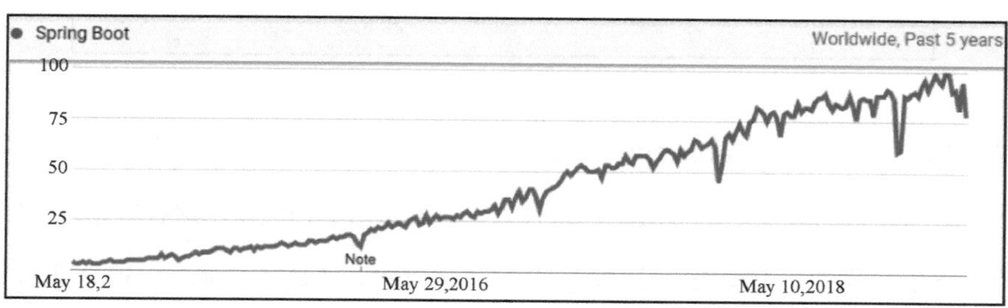

图 1-3　Spring Boot 的关注度趋势图（世界）

1.2　学习 Spring Boot 的建议

本节给出一些建议，以便读者在学习本书之后能形成良好的学习习惯和解决问题的思路。

1.2.1　看透本书理论，模仿实战例子

本书力求简单易懂，知识点相对实用和完整。在理论知识讲解之后都配有实例，以便读者加深对理论知识的理解，加强实战能力。本书结构合理，不跳跃，不晦涩难懂，不堆砌代码，重要的方法都加以说明，并进行深度讲解，尽量做到不隔靴搔痒。

所以建议读者在阅读时，在对基础理论有一定了解之后，自己动手照着例子去实现一遍，最好是自己手写代码，要是自己手写不成功，则可以下载本书源代码进行研究，在完全理解之后再进行下一节内容的阅读和学习。

虽然笔者尽可能做到重要知识点全面讲解，但由于本书篇幅和定位问题，所以依然会有很多知识点可能没有讲解，所以在学习完本书之后可能依然需要去学习新知识。

1.2.2　利用开发工具自动学习

合理、高效地使用开发工具（IDEA、Eclipse 等），会快速提升编程效率和编程能力。

下面先看这样一个升级代码的案例（在 IDEA 中），如图 1–4 所示。

图 1–4 中提示“Sort(⋯⋯)is deprecated”，这表示已经不推荐使用“new Sort”。看到这个提示，别急着去网上搜索解决办法。最好的办法是：把鼠标光标放在“Sort”上（这里使用的开发工具是 IDEA），然后按住“Ctrl”键并单击鼠标左键，进入 Sort 类去查看资料，寻找其他可用的方法，会发现有一个 Sort.by 方法可用。

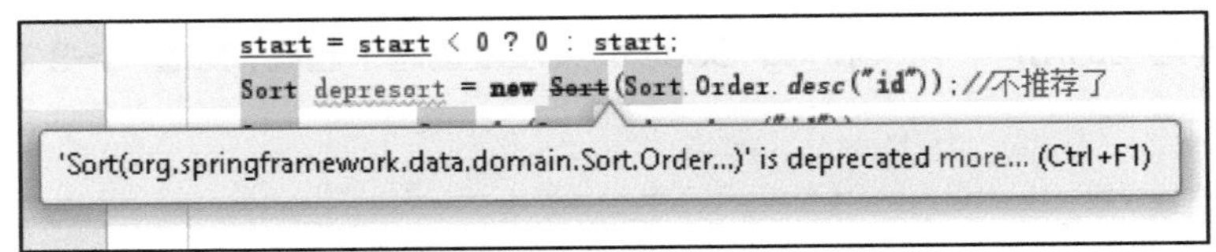

图 1-4　升级代码的案例

把原来的语句换成“Sort depresort= Sort.by(Sort.Order.desc("id"));”之后，就不再提示了。

这就是利用 IDEA 开发工具的提醒功能来升级代码的方法。也可以用这种思路来降级版本。

在以后的开发过程中，不管是从 Spring Boot 1.x 升级，还是从 Spring Boot 2.x 降级，大部分情况下都不需要再购买新书，也不需要去网络求助，自己根据开发工具的提示信息或程序的报错信息，就可以轻松应对出现的各种问题。

1.2.3　发现新功能的方法

如果想了解 JPA（Java Persistence API）的用法，则按以下步骤进行操作。

（1）在 IDEA 项目中，切换到 Project 方式，找到 External Libraries，如图 1-5 所示。

（2）进入 JPA 的 JAR 包，如图 1-6 所示。在其中会发现有很多功能，比如 JpaSort、Specification，通过它们可以了解 JPA 的排序和筛选相关的功能。

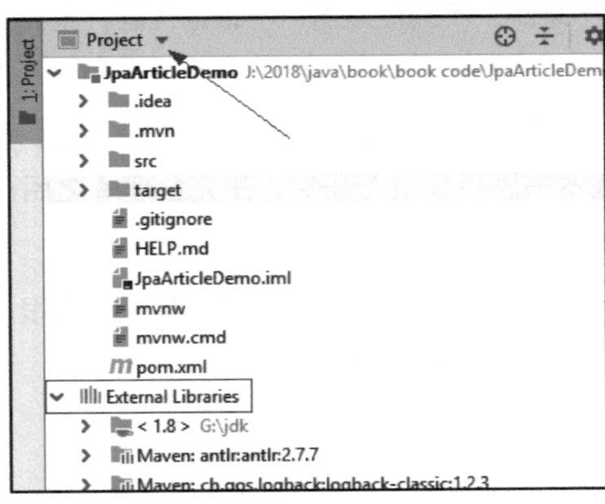

图 1-5　切换到 Project 方式

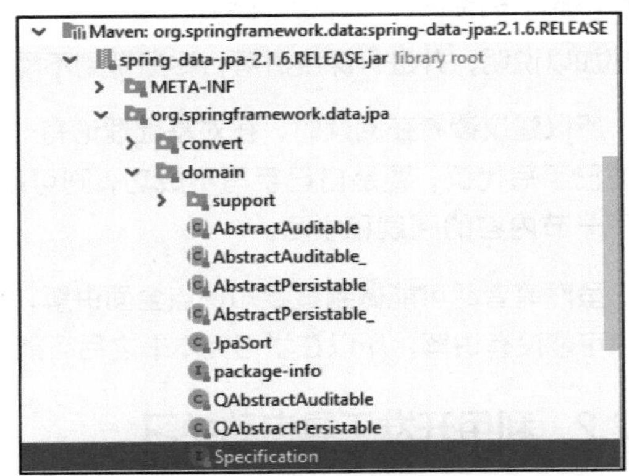

图 1-6　JPA 的 JAR 包

再如，在使用 Spring Security 时，会自定义 User 实体并继承 UserDetails 接口，这时进入 UserDetails 接口类，可以看到它提供了以下方法。

```
Collection<? extends GrantedAuthority> getAuthorities();
String getPassword();
String getUsername();
boolean isAccountNonExpired();
```

```
boolean isAccountNonLocked();
boolean isCredentialsNonExpired();
boolean isEnabled();
```

这些方法说明如下。

- getPassword()：获取密码。
- getUsername()：获取用户名。
- isAccountNonExpired()：判断账号是否有效。
- isAccountNonLocked()：判断账号的锁定状态。
- isCredentialsNonExpired()：判断账号是否过期。
- isEnabled()：判断账号是否启用。

可见，很多实用功能已经内置好了。如果要用到这些功能，则不需要自己再去写逻辑了，只要重写它（UserDetails 类）提供的方法即可。

比如，如果要自定义一个是否启用账号的功能，则可以按照以下代码重写方法。

```
//判断账号是否已启用。如果返回 false，则验证不通过
@Override
public boolean isEnabled() {
    //默认情况下返回 false，此处返回 enable 字段值（enable 是数据库的字段）
    return Enabled;
}
```

这是在类中根据数据库字段（enable）的返回值（true 或 false），来确定账号是否已启用。

1.2.4　建立高阶的思维方式

每一种语言或框架，都是经过不断实践、不断测试完善后才发布的，具备完备性、健壮性及易维护性等特点。所以，当遇到问题时，就应该换位思考，去设想如果自己是框架开发者，将让用户怎么去理解错误、解决问题。会给用户什么样的友好提示。

一般情况下，框架都会有错误反馈机制，例如，通过日志或者控制台输出错误或提示信息。所以，在遇到问题或报错时，不要急于去搜索，更不要急于提问，一定要仔细地查看程序的报错信息或提示反馈。

笔者在写作本书时，遇见好几个从培训机构学习了 3 个月并实习了几个月的同学，遇到问题依然没有合理的解决步骤。比如，一个同学遇到程序报下面的错误信息：

```
***************************
APPLICATION FAILED TO START
***************************
Description:
```

```
Failed to configure a DataSource: 'url' attribute is not specified and no embedded datasource could be configured.
Reason: Failed to determine suitable jdbc url
Action:
Consider the following:
    If you want an embedded database (H2, HSQL or Derby), please put it on the classpath.
    If you have database settings to be loaded from a particular profile you may need to activate it (no profiles are currently active).
```

一看这么多英文，他吓得赶紧去找老师问。可对于这种一眼能看明白的简单问题，老师其实是不愿意回答的。找到关键报错信息“failed to configure dataSource URL”（配置数据源的 URL 地址失败），它表示没有配置数据库的 IP 地址（或 URL）或配置是错误的。如果是配置错了，则会提示某地址连接失败，或用户名、密码错误，直接去配置即可，其他的提示内容都不用看。

再来猜想一下，出现这种情况会是什么原因呢?

可能是开发者本身对 JPA 的使用不了解。比如，在创建项目时，尝试性地选择了 JPA 的依赖选项，而自己又没有配置数据库连接信息。所以，在程序开发中一定要明白自己上一步或之前做了什么，这涉及版本控制问题。

1.2.5 控制版本，降低犯错的代价

在程序开发中，一定要控制版本，“开发只是过程，而不是结果”。如果没有进行版本控制，则代码可能被自己或同事不小心覆盖或遗失，导致不知道什么时候改错了什么地方，或者谁因为什么原因改了某些代码。而恢复到之前的正确状态又得花费时间，如果时间太长，那么损失是相当大的。只有控制好版本，保存好每次程序变更的记录，才可以快速地查阅和恢复。

这一切最好不要手动去完成，建议使用专业的版本控制系统。常用的版本控制系统有 SVN、Git、Mercurial、码云等。

使用这些专业的版本控制系统，可以浏览开发的历史记录，掌握开发进度。版本控制系统可以帮助开发人员轻易地恢复到之前某个时间点的版本，也可以通过分支和标签的功能发行软件的不同版本，例如，稳定版、测试版、开发版。

同样，在学习时进行版本控制也一样重要。学习的一个极大成本就是时间，如果版本控制不好，则会在解决错误或异常上花费太多时间，这是十分不划算的。所以，在学习中也要尽量做好版本控制。

Spring Boot 通过几年的研发，产生了很多的大小版本，其版本控制做得非常好，每次版本迭代都会针对发布的版本编写详细的说明文档，告知升级和抛弃的功能。所以，作为用户一定要善于查看各版本的官方文档。

1.2.6　获取最新、最全的资料

做程序开发一定要学会查看官方文档，这对于版本升级、提升自己水平非常重要。

以 Spring Security 为例，如果要学习使用 ACLs（Access Control Lists），网上搜索出来的资料很多是很老旧的文章，而且讲得晦涩难懂。这对于学习是不方便的，如果直接去官网查看文档，那效率会提高很多。官方提供了大部分数据库的 ACLs 表的创建代码，包括 MySQL、MariaDB、Oracle、PostgreSQL、HyperSQL、Microsoft SQL Server 的数据表创建语句，甚至每个字段的意思、作用都详细地进行了讲解。这对于快速上手、节约时间、提高开发效率非常重要。

当然，可能大部分人会面临语言障碍的问题，这就要在工作中不断提升自己的英语水平，并善于使用翻译工具。

1.2.7　学会自己发现和解决问题

在开发应用程序的过程中会遇到很多问题，即使是经验丰富的人也会因为业务逻辑不一样，而遇到各种新问题。所以，要养成善于发现和解决问题的能力。

如何才能高效地处理问题呢?

首先，要发现问题所在。在 Java 程序出错时，一般在控制台中会出现一大块的错误提醒。那么，如何找到有针对性的报错信息呢? 一般通过查找“cause by”字样提示出现的位置，还可以查看“type 和 status”。比如以下错误。

（1）错误 1。

```
Caused by: java.sql.SQLException: Access denied for user 'root'@'localhost' (using password: YES)
```

当看到“Access denied（拒绝访问）”的反馈时，明显是权限问题，说明使用了错误的用户名和密码，因为后面提示 using password: YES（代表使用了密码）。对于这种问题，直接检查自己的密码设置即可解决，别急于去搜索。

（2）错误 2。

```
There was an unexpected error (type=Not Found, status=404)。
No message available
```

这里报 404 错误，在一定情况下并不一定是通常理解的“找不到文件”错误，而可能是特定情况下系统给不了明确的错误提示。

比如，使用了 Thymeleaf 模板，却没有添加 Thymeleaf 依赖，或没有添加它的 UI 依赖；控制器中没有加注解@Controller，或加了这个注解，但是没有加注解@RequestMapping。所以，这要通过查看自己上一步做了什么操作，来发现问题所在。

开发人员经常会遇到的一种情况是：各种代码都对，配置也对，但就是报错，甚至不报错。这种情况是不好提问也不好搜索的，因为，回答者一定首先认为是找不到文件了，所以一定要学会自己处理。

然后，思考解决办法。如果有必要，则可以利用搜索引擎去寻找答案。初学者在遇到错误提示时，一开始不要急着去论坛或 QQ 群提问，这样效率比较低，特别是有明显的错误提示的问题。建议学会自己解决。解决不了的问题，大部分情况下，前辈们已经踩过“坑”了，多半都是被提问过，或是被分享过的。这时，搜索是最快捷的办法，当然更快捷的是对开发文档非常熟悉。

搜索也是一个技术活儿。采用合理的搜索方式、精准的关键词才能得到良好的结果，通过发现问题得到的一些错误提示进行搜索，可以在短时间得到想要的答案，尽量不要根据搜索结果的答案猜测而进行二次、三次搜索。

针对本节的错误 1 和错误 2，如果要搜索，则一定要选择最精准的关键词。

错误 1，可以选择冒号后面的“Access denied for user 'root'@'localhost'”进行搜索，很快会得到完美的解答。

错误 2，可以搜索全部错误信息，但是，结果会出现很多种可能，需要自己一一尝试，导致效率大大降低。

1.2.8 善于提问，成功一半

对于十分困惑的问题，如果是超出了自己的理解范围，而且利用搜索引擎进行搜索依然没有得到解决办法，这时可以尝试提问。

提问也特别讲求方式、方法。在提出问题时，首先要说明你的开发环境、版本、在解决问题之前你做了些什么，要让回答者了解问题的基本情况。

（1）提问时的推荐句式 1：

我在 Windows/mac OS 上，使用 2018.3.1 版本的 IDEA，遇到了报错 xxx 问题。我猜想可能是 xxx 原因，于是尝试了下 xxx，发现 xxx，还是不对。于是，我去网上搜了一下 xxx，有人提到用 xxx 方法解决，但依旧不成功。此问题已经困扰我很久了，大家能帮我分析是哪里出问题了吗？谢谢！

（2）提问时的推荐句式 2：

问题：IDEA 报 SQLException: Access denied for user 错误。

- 软件环境是：Windows/mac OS，IDEA 2018.3.1
- Spring Boot 版本是：2.1.2.RELEASE
- MySQL 版本：MySQL 5.7

报错详细信息：

```
Caused by: java.sql.SQLException: Access denied for user 'root'@'localhost' (using password: YES)
```

想请教各位这是什么问题？谢谢！

（3）提问时的反面案例（网上摘取）：

标题：Java 报错如何处理？

描述：完全是按着课本写的，但是报错了不知道是什么问题。望各位帮忙看一下。代码：

```
classCopyArray{publicstaticvoidmain(Stringargs[]){chara[]={'a','b','c','d','e','f'},b[]={'1','...
```

标题中最好出现报错内容，描述也要有明确的错误提示。上面的问题让人十分困惑，publicstaticvoidmain 是什么？

实际上他说的"publicstaticvoidmain"是"public static void main"，提问者把空格丢失了，很多人会看不懂。

第 2 章 准备开发环境

本章首先介绍搭建开发 Spring Boot 的环境，然后介绍项目管理模型文件 pom.xml，最后讲解如何设置国内仓库。

2.1 搭建环境

和其他应用程序的开发一样，开发 Spring Boot 应用程序也需要先搭建开发环境并配置好系统的环境变量，然后安装开发工具进行开发。

2.1.1 安装 Java 开发环境 JDK

1. 查看系统信息

Spring Boot 的开发环境需要 Java 的 JDK 1.8 版本以上，可以在 Oracle 官方网站免费下载，在下载之前要确定电脑的系统信息。这里以 Windows 10 为例。

（1）在电脑桌面上用鼠标右击“我的电脑”，在弹出的菜单中选择“属性”命令。

（2）打开“系统”面板，在右边显示的是系统类型，如图 2–1 所示（本图只截取了系统面板右边的部分），是 64 位的操作系统，这个信息提示“下一步安装的 JDK，也需要下载对应的 64 位安装包”。

2. 下载安装 JDK 软件

（1）打开 Oracle 官方网站。

（2）选择适合自己电脑系统的版本进行下载（图 2–1 所示的系统类型是 64 位，所以这里需要选择 64 位的 JDK 进行下载），单击图 2-2 中的方框处进行下载。

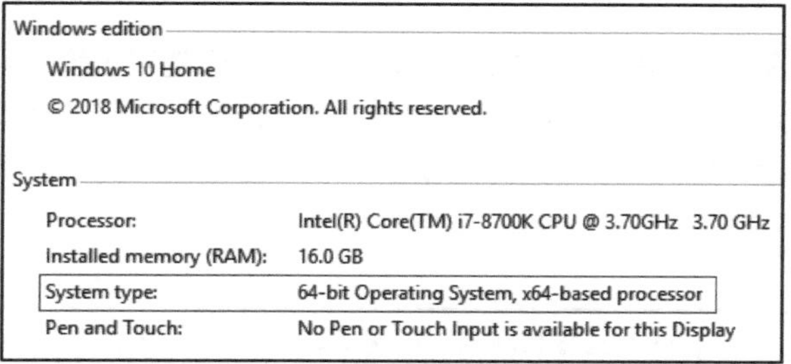

图 2-1　系统类型

Java SE Development Kit 8u191

You must accept the Oracle Binary Code License Agreement for Java SE to download this software.
Thank you for accepting the Oracle Binary Code License Agreement for Java SE; you may now download this software.

Product / File Description	File Size	Download
Linux ARM 32 Hard Float ABI	72.97 MB	jdk-8u191-linux-arm32-vfp-hflt.tar.gz
Linux ARM 64 Hard Float ABI	69.92 MB	jdk-8u191-linux-arm64-vfp-hflt.tar.gz
Linux x86	170.89 MB	jdk-8u191-linux-i586.rpm
Linux x86	185.69 MB	jdk-8u191-linux-i586.tar.gz
Linux x64	167.99 MB	jdk-8u191-linux-x64.rpm
Linux x64	182.87 MB	jdk-8u191-linux-x64.tar.gz
Mac OS X x64	245.92 MB	jdk-8u191-macosx-x64.dmg
Solaris SPARC 64-bit (SVR4 package)	133.04 MB	jdk-8u191-solaris-sparcv9.tar.Z
Solaris SPARC 64-bit	94.28 MB	jdk-8u191-solaris-sparcv9.tar.gz
Solaris x64 (SVR4 package)	134.04 MB	jdk-8u191-solaris-x64.tar.Z
Solaris x64	92.13 MB	jdk-8u191-solaris-x64.tar.gz
Windows x86	197.34 MB	jdk-8u191-windows-i586.exe
Windows x64	207.22 MB	jdk-8u191-windows-x64.exe

图 2-2　JDK 软件的下载链接

（3）安装包下载完成后，双击后缀名为“.exe”的文件，然后按照 JDK 软件安装界面的提示依次单击“下一步”按钮完成安装。

在安装时记得选择好安装位置，以便对 JDK 进行环境变量配置。

2.1.2　配置 JDK 的环境变量

在安装好 JDK 之后，还需要配置其环境变量。

1．配置 JDK 路径

（1）在电脑桌面上用鼠标右击“我的电脑”，在弹出的菜单中选择“属性”命令，弹出“属性”

对话框，单击“高级系统设置”，在弹出的“系统属性”对话框中选择“高级”选项卡，单击下方的“环境变量”按钮。

（2）弹出“环境变量”对话框，上方是“XXX（此处显示使用电脑的用户名称）的用户变量”，下方是“系统变量”。单击“XXX 的用户变量”下方的“新建”按钮，弹出“新建用户变量”对话框。在“变量名”文本框中输入“JAVA_HOME”，在“变量值”文本框中配置 JDK 的安装目录，如图 2-3 所示。

如果要使每个用户都能够使用，则需要编辑“系统变量”，否则编辑“×××的用户变量”即可。

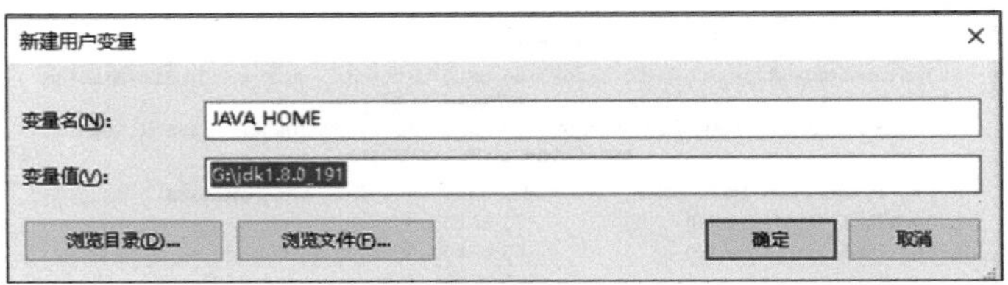

图 2-3　配置 Java 安装路径

（3）配置 CLASSPATH 变量。

配置完 JDK 的安装路径，还需要配置“CLASSPATH”变量。在“环境变量”界面中的“用户环境变量”下方，单击“新建”按钮，在弹出的对话框中的输入变量名，并输入下面的变量值，如图 2-4 所示。然后单击“确定”按钮完成添加。

```
.;%JAVA_HOME%\lib\dt.jar;%JAVA_HOME%\lib\tools.jar
```

前面的“.”表示当前目录，必须输入，不要丢失。

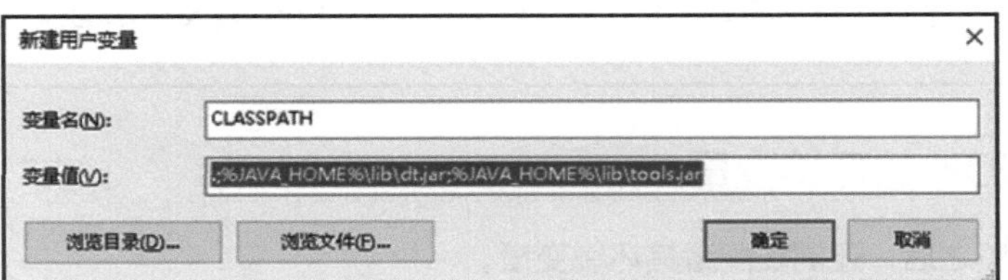

图 2-4　配置 CLASSPATH 变量值

2. 新建 JRE 路径

在完成 JDK 配置之后，其实已经可以开发了。但是，我们一般是在当前使用的电脑上进行测试，所以还需要设置 JRE 的环境变量。

继续在上面“环境变量配置”界面中新建 PATH，设置变量值为“%JAVA_HOME%\bin;%JAVA_HOME%\jre\bin”，依次单击界面上的“确定”按钮完成确定工作，如图 2-5 所示。

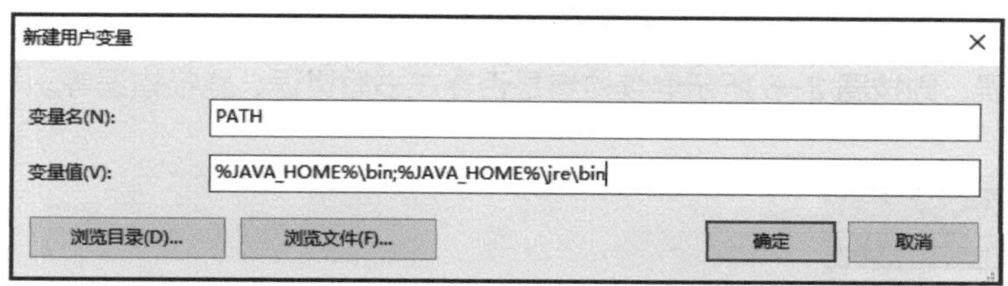

图 2-5　配置 Java 应用的运行变量值

3. 检查配置

在上面所有配置完成之后，完整的配置结果如图 2-6 所示，如果存在 3 个变量值，则代表之前的操作步骤正确。

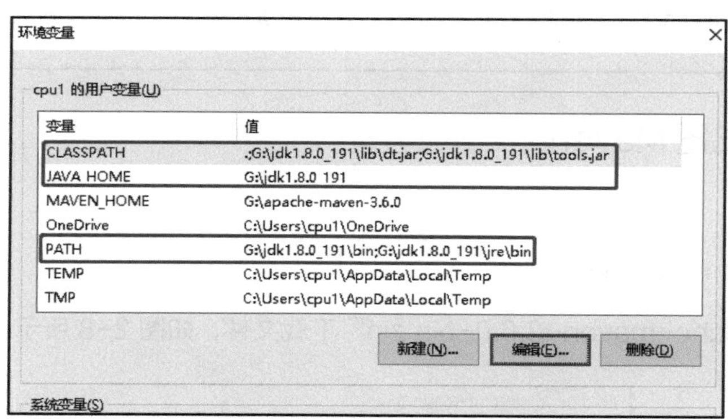

图 2-6　完整的配置结果

接下来就可以检查环境是否生效，以确定上面的操作步骤都是正确的，且不存在变量值输入错误的情况。

（1）用鼠标右击“开始”菜单，单击“运行”选项，在“运行”对话框中输入“cmd”命令，接着在 cmd 命令窗口中输入“java -version”命令，如果成功则显示以下内容：

```
java version "1.8.0_191"
```

（2）输入“javac -version”命令，如果成功则显示以下内容，完整的显示如图 2-7 所示。

```
javac 1.8.0_191
```

```
Microsoft Windows [版本 10.0.17134.471]
(c) 2018 Microsoft Corporation。保留所有权利。

C:\Users\cpu1>java -version
java version "1.8.0_191"
Java(TM) SE Runtime Environment (build 1.8.0_191-b12)
Java HotSpot(TM) 64-Bit Server VM (build 25.191-b12, mixed mode)

C:\Users\cpu1>javac -version
javac 1.8.0_191

C:\Users\cpu1>
```

图 2-7　环境测试成功

如果存在错误，则按图 2-6 所示继续检查是否存在书写错误、路径错误等。

2.2　熟悉 Maven

Maven 是一个项目管理工具，可以对 Java 项目进行构建和管理依赖。它是 Apache 的一个纯 Java 开发的开源项目，基于项目对象模型（POM）概念。Maven 利用一个中央信息片段来管理一个项目的构建、报告和文档等步骤。

除 Maven 外，Gradle 也是一个极好的项目管理工具，有兴趣的读者也可以尝试使用。

2.2.1　安装及配置 Maven

1. 下载安装

（1）打开 Maven 官方网站。

（2）单击“apache-maven-3.6.0-bin.zip”下载文件，如图 2-8 所示。

Apache Maven developers.

	Link
Binary tar.gz archive	apache-maven-3.6.0-bin.tar.gz
Binary zip archive	apache-maven-3.6.0-bin.zip
Source tar.gz archive	apache-maven-3.6.0-src.tar.gz
Source zip archive	apache-maven-3.6.0-src.zip

图 2-8　下载 Maven 安装文件

（3）Maven 不需要执行可执行文件来安装，直接将文件解压缩即可使用。比如，笔者解压到“G:\apache-maven-3.6.0”（根据自己的电脑选择路径）目录下。

2. 配置

（1）新建环境变量 MAVEN_HOME，赋值“G:\apache-maven-3.6.0”。

（2）编辑用户环境变量 PATH，追加“%MAVEN_HOME%\bin\;”（如果直接通过“新建”按钮追加，则不加后面的分号）。

以编辑文本的方式追加是要保留之前的值，完成的值如下，各值是由“;”隔开的。

```
%JAVA_HOME%\bin;%JAVA_HOME%\jre\bin;%MAVEN_HOME%\bin\;
```

（3）检查安装情况。

用鼠标单击“开始”菜单，在弹出的菜单中选择“运行”命令，在“运行”对话框中输入“cmd”命令，接着在 cmd 命令窗口中输入“mvn -v”。如果出现 Maven 的版本信息（见以下信息），则说明已经安装成功了。

```
Apache Maven 3.6.0 (97c98ec64a1fdfee7767ce5ffb20918da4f719f3; 2018-10-25T02:41:47+08:00)
Maven home: G:\apache-maven-3.6.0\bin\..
Java version: 1.8.0_191, vendor: Oracle Corporation, runtime: G:\jdk1.8.0_191\jre
Default locale: en_US, platform encoding: GBK
OS name: "windows 10", version: "10.0", arch: "amd64", family: "windows"
```

切记生搬硬套，要根据下载的版本和自己的路径设置。比如若 Maven 更新到 3.6.1 版本了，那从这个链接进入则默认显示 3.6.1 版本，下载解压后的默认文件夹名是 apache-maven-3.6.1，而不是 apache-maven-3.6.0。在新建环境变量 MAVEN_HOME 时，变量值应该是“G:\apache-maven-3.6.1”，如果尝试了多次配置还是不成功，则要考虑重新打开 cmd 命令窗口，重启 IDEA 等开发软件。

2.2.2　认识其中的 pom.xml 文件

POM（Project Object Model，项目对象模型）是 Maven 工程的基本工作单元，也是 Maven 的核心。它是一个 XML 文件，包含项目的基本信息，用于描述项目如何构建、声明项目依赖等。本书的实例中添加依赖都是在这个 pom.xml 文件中进行的。

在执行任务或目标时，Maven 会先在当前目录中查找 pom.xml 文件，然后获取所需的配置信息，再执行目标。

POM 中通常有以下元素。

1. dependencies

在此元素下添加依赖，它可以包含多个<dependency>依赖。

2. dependency

<dependency>与</dependency>之间有 3 个标识，分别如下。

- groupId：定义隶属的实际项目，坐标元素之一。
- artifactId：定义项目中的一个模块，坐标元素之一。
- version：依赖或项目的版本，坐标元素之一。

<groupId>加上<artifactId>能标识唯一的项目或库。

dependency 用来申明依赖。如需要添加依赖，则可以在“<dependencies>”和“</dependencies>”元素之间进行添加。如需要添加 Web 的 Starter 依赖，则见以下代码：

```
<dependencies>
<dependency>
<groupId>org.springframework.boot</groupId>
<artifactId>spring-boot-starter-web</artifactId>
</dependency>
</dependencies>
```

3. scope

如果有一个在编译时需要而发布时不需要的 JAR 包，则可以用 scope 标签标记该包，并将其值设为 provided。

scope 标签的参数见表 2-1。

表 2-1　scope 标签的参数

参　数	描　述
compile	scope 的默认值，表示被依赖项目需要参与当前项目的编译、测试、运行阶段，是一个比较强的依赖。打包时也要包含进去
provided	provided 表示打包时可以不用打包进去，Web Container 会提供。该依赖理论上可以参与编译、测试、运行等周期
runtime	表示 dependency 不作用在编译阶段，但会作用在运行和测试阶段，如 JDBC 驱动适用运行和测试阶段
system	和 provided 相似，但是在系统中要以外部 JAR 包的形式提供，Maven 不会在 repository 中查找它
test	表示 dependency 作用在测试阶段，不作用在运行阶段。只在测试阶段使用，用于编译和运行测试代码。不会随项目发布

4. properties

如果要使用自定义的变量，则可以在 <properties></properties>元素中进行变量的定义，然后在其他节点中引用该变量。它的好处是：在依赖配置时引用变量，可以达到统一版本号的目的。

例如，要定义 Java 和 Solr 的版本，可以通过以下代码实现：

```
<properties>
<java.version>1.8</java.version>
<solr.version>8.0.0</solr.version>
</properties>
```

要使用上面定义的变量，可以通过表达式“${变量名}”来调用：

```
<dependency>
<groupId>org.apache.solr</groupId>
<artifactId>solr-solrj</artifactId>
<version>${solr.version}</version>
</dependency>
```

5. plugin

在创建 Spring Boot 项目时，默认提供了 spring-boot-maven-plugin 插件。它提供打包时需要的信息，将 Spring Boot 应用打包为可执行的 JAR 或 WAR 文件。

6. 完整的 pom.xml 文件

下面是一个完整的 pom.xml 文件，各个元素的详细用法说明见此文件的注释部分（符号“<!--”“-->”之间的内容）。

```
 <?xml version="1.0" encoding="UTF-8"?>
<project xmlns="http://maven.apache.org/POM/4.0.0"
xmlns:xsi="http://www.w3.org/2001/XMLSchema-instance"
    xsi:schemaLocation="http://maven.apache.org/POM/4.0.0
http://maven.apache.org/xsd/maven-4.0.0.xsd">
    <!-- 模型版本，声明项目描述符遵循哪一个 POM 模型版本，模型版本很少改变，但是它是必不可少的，这是为了在 Maven 引入新特性或其他模型变更时，确保稳定性-->
    <modelVersion>4.0.0</modelVersion>
    <!-- 父项目的坐标，如果项目没规定某个元素的值，那么父项目中的对应值即为项目的默认值，坐标包括groupId、artifactId 和 version-->
    <parent>
        <!-- 被继承的父项目的唯一标识符 -->
        <groupId>org.springframework.boot</groupId>
        <!-- 被继承的父项目的构件标识符 -->
        <artifactId>spring-boot-starter-parent</artifactId>
        <!-- 被继承的父项目的版本号 -->
        <version>2.1.3.RELEASE</version>
        <!-- 父项目的 pom.xml 文件的相对路径，相对路径允许一个不同的路径，默认值是../pom.xml
```

```
        Maven 先在构建当前项目的地方寻找父项目的 POM，然后在文件系统的 relativePath 位置寻找（如果没
找到，则继续在本地仓库寻找），最后在远程仓库中寻找父项目的 POM。-->
        <relativePath/>
    </parent>
    <!-- 公司或组织的唯一标志（项目的全球唯一标识符），并且配置时生成的路径也是由此生成的，通常使用全限
定的包名区分该项目和其他项目，如 com.companyname.project，Maven 会将该项目生成的 JAR 包放在本地路径：
/com/companyname/project -->
    <groupId>com.example</groupId>
    <!-- 项目的唯一 ID，一个 groupId 下面可能有多个项目，靠 artifactId 来区分 -->
    <artifactId>demo</artifactId>
    <!-- 版本号，格式为主版本.次版本.增量版本-限定版本号 -->
    <version>0.0.1-SNAPSHOT</version>
    <!--项目的名称，用于 Maven 产生的文档 -->
    <name>HelloWord</name>
    <!--项目的详细描述，用于 Maven 产生的文档。这个元素能够在用 HTML 格式描述时使用（例如，CDATA
中的文本会被解析器忽略，就可以包含 HTML 标签）-->
    <description>Demo project for Spring Boot</description>
    <properties>
        <!-- 项目开发的 Java 版本号-->
        <java.version>1.8</java.version>
    </properties>
    <!--项目的依赖项，可以通过该元素描述项目相关的所有依赖，它们自动从项目定义的仓库中下载-->
    <dependencies>
        <dependency>
            <groupId>org.springframework.boot</groupId>
            <artifactId>spring-boot-starter-web</artifactId>
        </dependency>
        <dependency>
            <groupId>org.projectlombok</groupId>
            <artifactId>lombok</artifactId>
            <optional>true</optional>
        </dependency>
        <dependency>
            <groupId>org.springframework.boot</groupId>
            <artifactId>spring-boot-starter-test</artifactId>
            <scope>test</scope>
        </dependency>
    </dependencies>
    <!-- 构建项目（打包生成可执行文件）需要的信息 -->
    <build>
        <!-- 项目使用的插件列表-->
        <plugins>
            <plugin>
                <groupId>org.springframework.boot</groupId>
                <artifactId>spring-boot-maven-plugin</artifactId>
```

```
            </plugin>
        </plugins>
    </build>
</project>
```

这里对 pom.xml 文件的讲解比较详细，相对新人来讲可能比较复杂，读者可以只简单阅读。要是理解困难也可以跳过，这不影响后续阅读，也不影响后续开发，本书在其他章节中会具体讲解如何使用。

2.2.3　Maven 的运作方式

Maven 会自动根据 dependencies 里面配置的依赖项，直接从 Maven 仓库中下载依赖到本地的“.m2”目录下，默认路径为“C:\Users\longzhonghua\.m2\repository”（longzhonghua 为系统用户名）。

依赖的写法不需要记忆，推荐直接收藏官网中的内容，或在搜索引擎中搜索“mvnre”然后进行查询。根据需要输入依赖名进行搜索，比如要使用 Lombok，直接在搜索框中搜索“lombok”就会出现结果，结果会包含完整的 dependency（依赖）信息，如：

```
<!-- https://mvnrepository.com/artifact/org.projectlombok/lombok -->
<dependency>
    <groupId>org.projectlombok</groupId>
    <artifactId>lombok</artifactId>
    <version>1.18.8</version>
    <scope>provided</scope>
</dependency>
```

把上面的结果复制到 pom.xml 文件中的<dependencies></dependencies>之间即可使用。

在实际的项目中，如果要手动添加 Maven 仓库中没有的 JAR 包依赖，则需要运行“mvn install:install-file”命令，以使 Maven 提供支持。如，添加 kaptcha 验证码依赖时，需要运行下面的命令：

```
mvn install:install-file -Dfile=I:\java-20181216\kaptcha-2.3.2.jar -DgroupId=kcDgroupId
-DartifactId=kcartifactId -Dversion=0.0.1 -Dpackaging=jar
```

2.2.4　配置国内仓库

国内用户使用 Maven 仓库一般都会面临着速度极慢的情况，这是因为它的中心仓库在国外的服务器中。为此有些国内公司提供了中心仓库的镜像，可以通过修改 Maven 配置文件中的 mirror 元素来设置镜像仓库。

下面以设置阿里云镜像仓库为例，讲述如何配置 Maven 的仓库。

（1）进入 Maven 安装目录下的 conf 目录，打开 settings.xml 文件。

（2）找到 mirror 元素，添加阿里云仓库镜像代码，完成后的文件如下：

```
<?xml version="1.0" encoding="UTF-8"?>
<settings xmlns="http://maven.apache.org/SETTINGS/1.0.0"
          xmlns:xsi="http://www.w3.org/2001/XMLSchema-instance"
          xsi:schemaLocation="http://maven.apache.org/SETTINGS/1.0.0
http://maven.apache.org/xsd/settings-1.0.0.xsd">
  <pluginGroups>
  </pluginGroups>
  <proxies>
  </proxies>
  <servers>
   </servers>
  <mirrors>

  <mirror>
      <id>alimaven</id>
      <name>aliyun maven</name>
      <url>http://maven.aliyun.com/nexus/content/groups/public/</url>
      <mirrorOf>central</mirrorOf>
  </mirror>

  </mirrors>
  <profiles>
  </profiles>
</settings>
```

（3）在开发工具中，指定 Maven 的安装目录和自定义的配置文件路径（这一步骤会在第 3 章详细介绍）。

由于容易出现字符编码错误的问题，所以一定要注意编码的准确性。如果提示不对，那么一般是编码问题。建议在开发工具中而不是在记事本中编辑文件。

特别注意空格处不报错的字符，可以尝试删除空格，或从笔者提供的附件中直接下载（这是笔者复制了 settings.xml 文件，然后将其重新命名为“settingsforalibaba.xml”后编辑的。所以，如果需要，请根据本书资源路径下载，并在开发工具中指定文件为 settingsforalibaba.xml）。

完整文件见：settingsforalibaba.xml

第 3 章 使用开发工具

本章详细介绍开发工具 IDEA、Eclipse、STS，以及流行插件的安装和配置。本章将利用 IDEA 开发、运行和打包发布第一个 Spring Boot 应用程序“Hello World”。在介绍 IDEA 实用技能的同时，还会详细比较 IDEA 和 Eclipse 的区别，以及如何在各个开发工具中使用本书的随书源代码。

3.1 安装开发工具 IDEA 及插件

IDEA 本身很强大，其提供的各种功能可以帮助我们高效地开发应用程序。它还支持强大的第三方插件，用户可以根据需要添加自己喜欢的插件，如，用 Lombok 简化代码，用 alibaba-java-coding-guidelines 指导规划代码和注释。

在配置好开发环境之后，即可安装并配置开发工具。Spring Boot 开发的主要工具是 Eclipse 和 IDEA。大部分人一开始可能会选择 Eclipse，然后转入 IDEA。这里笔者建议直接选择 IDEA 作为开发工具，因为 IDEA 对于开发人员非常友好和方便，开发效率高，智能提示功能强大。

3.1.1 安装 IDEA

1. 安装

（1）打开 IDEA 官网。

（2）单击“DOWNLOAD”按钮，选择“Community(Free open-source)”下载 IDEA 免费版。

（3）在下载完成后，双击下载的安装程序，按照提示一步一步单击“Next”按钮，完成安装。

在提示选择 JDK 安装位置时，请选择自己的 JDK 位置（详情见 2.1.1 小节中的“下载安装 JDK 软件”）。

2. 预览界面

首次打开或通过菜单栏的“File”创建项目后，会出现 IDEA 的欢迎界面，如图 3-1 所示。

图 3-1 中的按钮功能如下所示。

- Create New Project：创建一个新的项目。
- Import Project：导入一个已有的项目。
- Open：打开一个已有的项目。
- Check out from Version Control：可以通过版本控制系统上的项目地址获取项目。

图 3-1　IDEA 欢迎界面

在创建或打开已有项目后，则进入 IDEA 的开发界面，如图 3-2 所示。

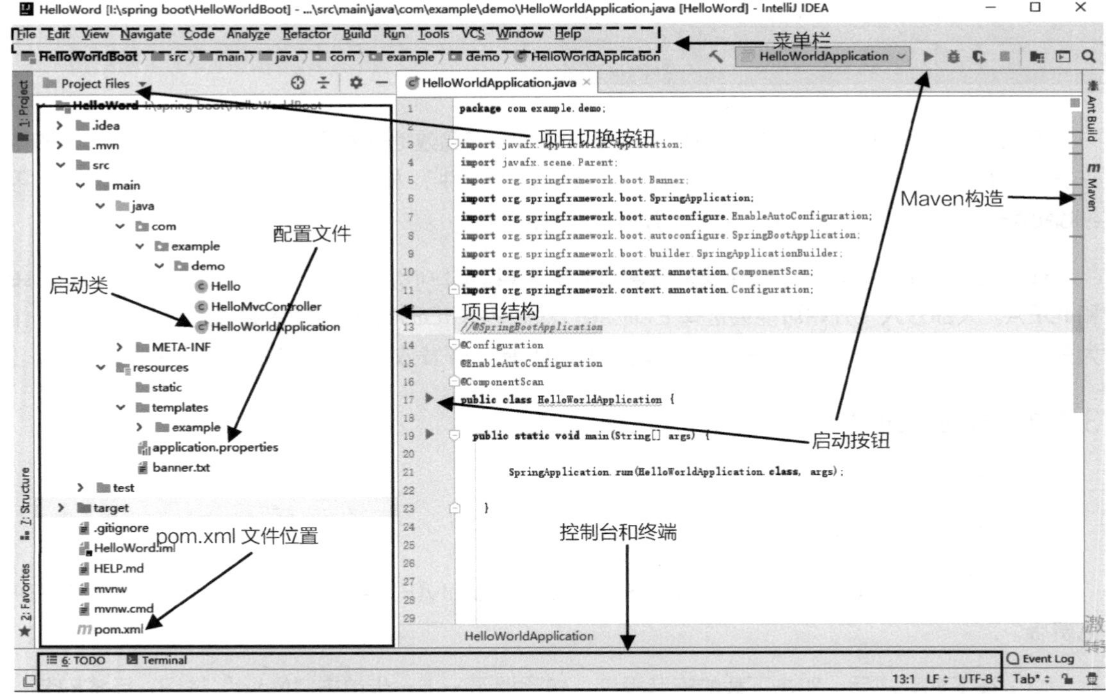

图 3-2　IDEA 开发界面

开发界面的功能区说明如下。

- 左侧是项目结构，可以清晰地了解项目的结构状况。IDEA 还提供 Project、Package、Problem 方式来切换查看。
- 上面是菜单栏，可以单击相应按钮进行快速启动、调试或配置。
- 右侧是工具按钮，可以查看依赖、快速打包等，常用的有“Maven 构造”按钮等。
- 下面则是控制台和终端，程序运行信息会在这里输出。

3.1.2　配置 IDEA 的 Maven 环境

单击菜单栏的“File →Other Settings →Default Settings →Build Tools →Maven”命令，在弹出的设置窗口中设置 Maven 路径，如图 3-3 所示。

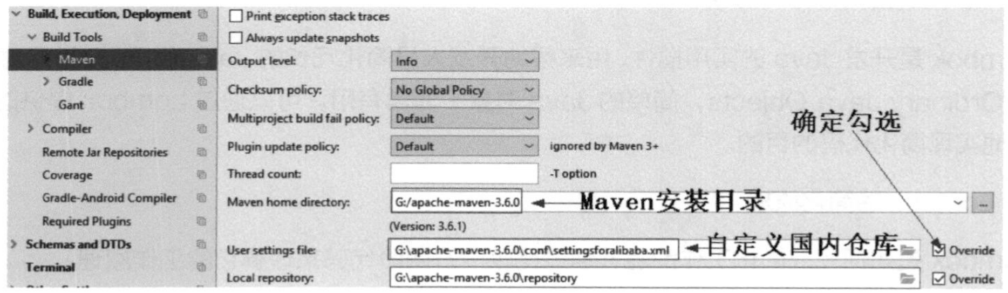

图 3-3　Maven 设置

这里的自定义国内仓库的文件请参考 2.2.4 节“配置国内仓库”。

3.1.3　安装 Spring Assistant 插件

创建 Spring Boot 有两种方式，这里使用 Spring Assistant 插件的方式来创建项目。

（1）启动安装好的开发工具 IDEA，单击菜单栏“File→Settings→plugins”命令。

（2）进入界面，在搜索框中输入关键词“Spring”或“Spring Assistant”后，按下键盘上的“Enter”键，会搜索到 Spring Assistant（Spring 助理），在 Spring Assistant 的下方，单击“Install”按钮完成安装，如图 3-4 所示。

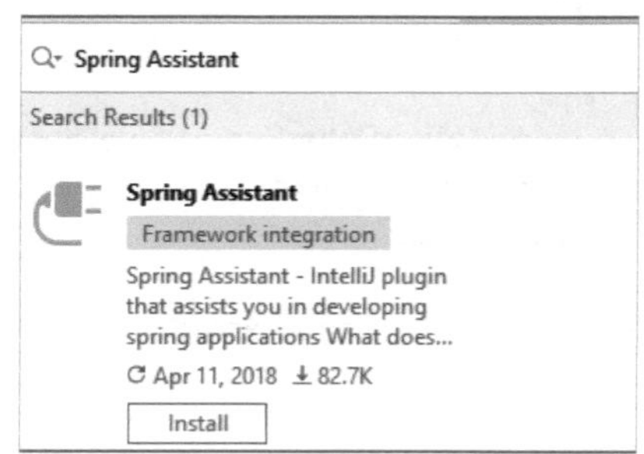

图 3-4　安装 Spring Assistant

（3）重启 IDEA，即可使用。

重启就是先关闭打开的 IDEA，然后重新打开它，或单击 Spring Assistant 插件下面的“RestartIDE”按钮。

在完成上面的安装配置工作后，就可以使用 IDEA 开发 Spring Boot 的应用程序了。如果打开 IDEA 后，还出现需要设置 JDK 的提示消息，则在 IDEA 开发界面中，单击菜单栏中的“File→Project Structure→SDKs”命令进行配置。

为了简化代码，我们一般会安装插件 Lombok。下面来看看如何安装它。

3.1.4 安装插件 Lombok

Lombok 是开发 Java 的实用插件，用来帮助开发人员简化冗长的 Java 代码，尤其是对 POJO（Plain Ordinary Java Objects，简单的 Java 对象）非常有用。可以通过 Lombok 提供的注解，很方便地实现简化代码的目的。

1. Lombok 的简化原理

Lombok 是如何完成简化工作的呢？通过比较下方两段代码来理解它的工作原理。

未简化代码：

```
package com.ex.boot.lombok;
public class GetterSetterExample{
private String name;
private String sex;
 public String getName() {
    return this.name;
  }
   public String getSex() {
    return this.sex;
  }
   public GetterSetterExample setName(String name) {
    this.name = name;
    return this;
  }
   public GetterSetterExample1 setSex(String sex) {
    this.sex = sex;
    return this;
  }
}
```

用 Lombok 简化后的代码：

```
package com.ex.boot.lombok;
import lombok.Getter;
import lombok.Setter;
@Getter
@Setter
public class GetterSetterExample{
        private String name;
        private String sex;
 }
```

可以看到，Lombok 通过注解@Getter、@Setter 设置了 Getter、Setter 方法。使用了 Lombok 的代码，在对象类编译后会自动生成 Getter、Setter 方法，不再需要为每个属性设置这个方法。但这只是在编辑器中简化了代码，实际上不会对编译后的代码有影响，在编译打包时开发工具会自动添加上被简化掉的代码。

2. 安装 Lombok

（1）打开 IDEA，单击 IDEA 菜单栏的“File→settings”命令，在弹出的对话框中选择“Plugins”选项，单击“Browse repositories”按钮，然后在搜索框中输入“Lombok”，在搜索结果中找到 Lombok，单击“Install”按钮完成安装。在安装完成后，在使用 Lombok 前需要重启 IDEA。

（2）添加依赖。

在安装好 Lombok 之后，在启用它时需要添加相关的依赖。可以在项目的 pom.xml 文件中添加如下代码：

```
<dependency>
   <groupId>org.projectlombok</groupId>
   <artifactId>lombok</artifactId>
</dependency>
```

如果在创建项目过程中勾选了“Lombok 依赖”，则项目会自动添加好依赖。

pom.xml 文件在项目的根目录下，如图 3–5 所示。

3. Lombok 注解简介

在项目开发过程中需要使用注解来开启 Lombok 相应的功能，其注解及对应功能如下。

- @Data：自动生成 Getter/Setter、toString、equals、hashCode 方法，以及不带参数的构造方法。
- @NonNull：帮助处理 NullPointerException。
- @CleanUp：自动管理资源，不用再在 finally 中添加资源的 close 方法。

- @Setter/@Getter：自动生成 Getter/Setter 方法。
- @ToString：自动生成 toString 方法。
- @EqualsAndHashcode：从对象的字段中重写 hashCode 和 equals 方法。
- @NoArgsConstructor/@RequiredArgsConstructor/@AllArgsConstructor：自动生成构造方法。
- @Value：用于注解 final 类。
- @Builder：产生复杂的构建器 API 类。
- @SneakyThrows：用于处理异常。
- @Synchronized：同步方法的转化。
- @Log：支持使用各种日志（logger）对象。只要在使用时，用对应的注解进行标注，比如使用 Log4j 作为日志库，则在需要加入日志的位置写上注解@Log4j 即可。

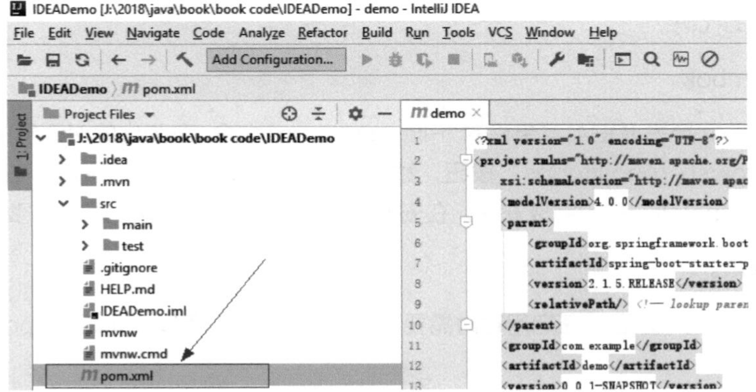

图 3-5　pom.xml 文件的位置

3.2　实例 1：用 Spring Boot 输出“Hello World”

本实例用 Spring Boot 输出一段字符串“Hello World”。

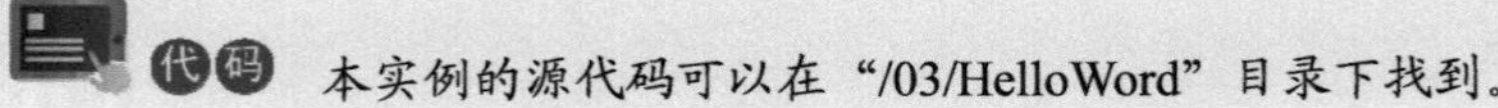

代码
本实例的源代码可以在“/03/HelloWord”目录下找到。

3.2.1　构建 Spring Boot 项目

这里用 3.1.3 节安装好的 Spring Assistant 创建 Spring Boot 项目。

（1）单击 IDEA 菜单栏中的“File→New→Project”命令，在弹出窗口中选择“Spring Assistant”。

（2）选择“Default”选项，单击“Next”按钮，在弹出的窗口中修改 Project name 为 Hello Word，然后单击“Next”按钮。

（3）在弹出的窗口中找到“Spring Boot version”，然后通过其右边的下拉框选择要创建的 Spring Boot 版本，如图 3-6 所示。

当前选择的是“2.1.5”版本。如果要添加依赖，也可以在这个窗口中进行。比如，可以单击左边框的“Core”，在窗口中间弹出的列表中勾选“Lombok”复选框，选中之后 Spring Boot 就会自动添加 Lombok，并下载依赖，可以一次性选择多个依赖。最终的选择结果显示在右边的“Selected dependencies”框中。如图 3-6 所示，添加了 Web（最新版为 Spring Web）和 Lombok 依赖，在自己的 IDEA 界面（本图只截取了部分内容）上找到“Next”按钮并单击，在弹出的窗口中选择项目保存的目录（不要有中文路径），单击“Finish”按钮启动项目。

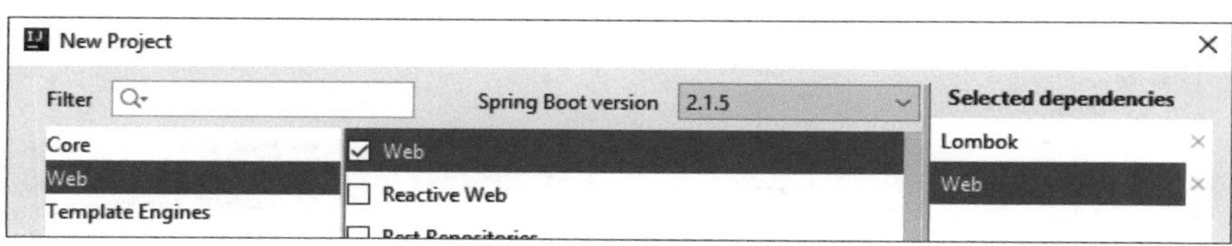

图 3-6　选择版本和依赖

至此，成功创建了 Spring Boot 项目，并添加了 Web 和 Lombok 依赖。

还有另外一种方式创建 Spring Boot 项目（但这种方式估计很少使用）：打开浏览器访问网站[①]，在其中选择依赖、版本和配置，然后生成工程包。生成完成后下载到本地电脑，将其导入开发软件中即可使用。

3.2.2　编写控制器，实现输出功能

接下来完成控制器的编写。

（1）在 IDEA 窗口的“demo”目录上单击鼠标右键，在弹出的菜单中选择“New→Java Class”命令，如图 3-7 所示。

（2）在弹出窗口中的“Name”处输入“HelloWorldController”，单击“OK”按钮，创建“HelloWorldController”类，如图 3-8 所示。

（3）在 HelloWorldController 类中输入以下代码：

```
package com.example.demo;
import org.springframework.web.bind.annotation.RequestMapping;
```

① https://start.spring.io/。

```
import org.springframework.web.bind.annotation.RestController;

@RestController
public class HelloWorldController {
    @RequestMapping("/hello")
    public String hello() {
        return "Hello ,Spring Boot!";
    }
}
```

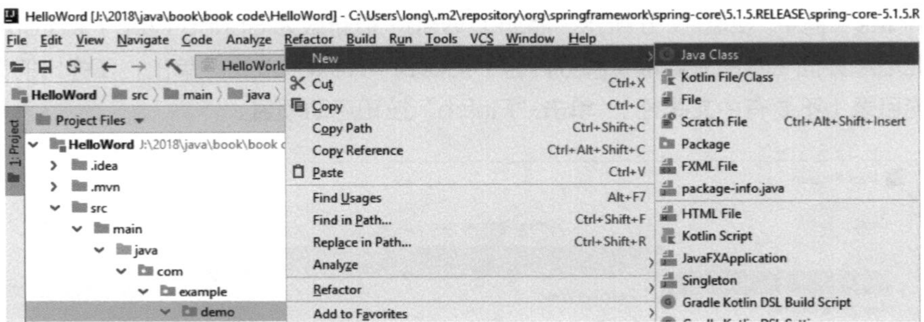

图 3-7　创建控制器类

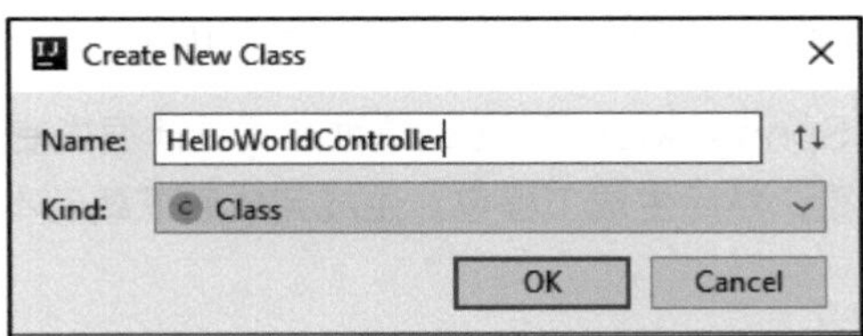

图 3-8　创建 HelloWorldController 控制器类

代码解释如下。

- package：代表包路径。HelloWorldController 类在 com/example/demo 包下。
- import：代表在当前类引入其他类，以便用这个类创建对象或使用它们的方法。

package 和 import 写在语句最上层。

- @RestController：代表这个类是 REST 风格的控制器，返回 JSON/XML 类型的数据。
- @RequestMapping：配置 URL 和方法之间的映射。可注解在类和方法上。注解在方法上的@RequestMapping 路径会继承注解在类上的路径。

- Hello：代表方法名，用来定义返回 String 类型的方法。
- return：代表返回字符串。

3.2.3　在 IDEA 中运行程序

在完成了上面代码的编写后，就可以运行程序了。

（1）单击打开“HelloWordApplication”入口类，如图 3-9 所示，然后单击第 7 行代码处的绿色按钮，在弹出的选项中选择“Run HelloWorldAppli…main()”，启动 Spring Boot 应用程序。

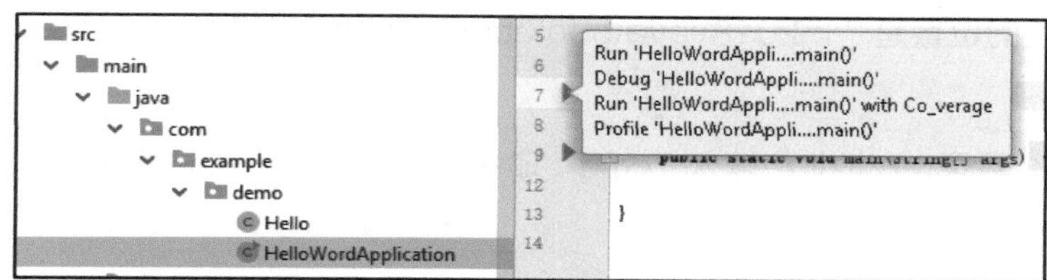

图 3-9　启动 Spring Boot 应用程序

（2）访问“http://localhost:8080/hello”（这里的 8080 是默认的端口），在网页中就可以看到以下内容：

```
Hello ,Spring Boot!
```

至此，第一个 Spring Boot 应用程序就成功运行了。

3.2.4　打包成可执行的 JAR 包

在项目开发完成之后，可以直接用 IDEA 将其打包成 JAR 包运行，也可以打包成 WAR 包，以便在多服务器、多配置环境下运行。

这里以打包成 JAR 包为例进行讲解。

（1）单击 IDEA 菜单栏的“File→Project struct→Artifacts”命令，单击界面上的“+”按钮，选择“JAR”，然后选择“From modules with dependencies”。

（2）在弹出的窗口中，在 Main Class 框中选择入口类“com.example.demo.HelloWordApplication”，单击“OK”按钮，在切换回来的窗口中，再单击“OK”按钮。

（3）单击 IDEA 开发工具右侧的“Maven 构造”按钮，在弹出的窗口中单击“lifeCycle→clean”命令，IDEA 就会运行“clean”命令，此时控制台会有执行情况提示。

（4）根据控制台提示，稍等一会儿，等待提示完成之后，继续单击 IDEA 开发工具右侧的“Maven 构造”按钮，在弹出的窗口中单击“lifeCycle→package”命令，等待控制台提示，当提示完成时，代表 JAR 包被成功打包。

（5）在打包成功后，控制台输出下方信息。可以根据这个控制台的提示找到 JAR 包的位置，“Building jar:”后的值就是 JAR 包的地址。

```
[INFO] --- maven-jar-plugin:3.1.1:jar (default-jar) @ demo ---
[INFO] Building jar: I:\2018\java\book\book code\HelloWord\target\demo-0.0.1-SNAPSHOT.jar
[INFO] --- spring-boot-maven-plugin:2.1.3.RELEASE:repackage (repackage) @ demo
[INFO] Replacing main artifact with repackaged archive
[INFO] BUILD SUCCESS
```

这里 JAR 包的位置是“I:\2018\java\book\book code\HelloWord\target\demo-0.0.1-SNAPSHOT.jar”。

（6）进入这个目录，在地址栏输入“cmd”命令，在弹出的 cmd 命令窗口中，输入如下命令：

```
java -jar demo-0.0.1-SNAPSHOT.jar
```

启动刚刚打包好的 JAR 包（demo-0.0.1-SNAPSHOT.jar 是文件名）。若正常启动，则出现如图 3-10 所示效果。

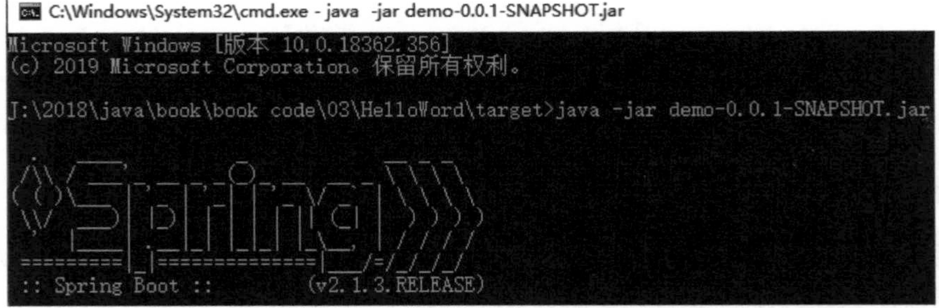

图 3-10　启动 JAR 包

在启动 JAR 包之前，如果在 IDEA 中启动了工程，则一定要将其停掉，否则会抢占端口，导致启动报错。

在实际的项目中，如果有手动添加 Maven 仓库中没有的 JAR 包依赖，则需要运行如下命令：

:mvn install:install-file-Dfile=I:\java-20181216\kaptcha-2.3.2.jar-DgroupId=kcDgroupId-DartifactId= kcartifactId -Dversion=0.0.1 -Dpackaging=jar

其中，“DgroupId，DartifactId”后面的值可以自己定义，然后根据自定义值将其加入 POM 依赖，就可以成功打包。

3.3　在 Eclipse 中开发 Spring Boot 应用程序

Eclipse 也是一个非常优秀的开发工具，其用户也非常多。所以，本节将讲解如何使用 Eclipse 开发 Spring Boot 应用程序。

3.3.1　安装 Eclipse

（1）访问 Eclipse 官方网站。

（2）单击“Download　xxx bit”按钮（网站会根据浏览器信息获取用户电脑的配置，所以直接单击下载按钮即可），下载 Eclipse。

（3）在下载完成后，双击 Eclipse 的安装文件，在弹出窗口中选择安装类型，双击“Eclipse IDE for Enterprise Java Developers”按钮，如图 3-11 所示。

（4）在弹出的窗口中选择安装路径，如图 3-12 所示。选择自己要安装的路径，然后单击“INSTALL”按钮，按照提示勾选“Accept”协议，接着一步一步单击“下一步”按钮完成安装。

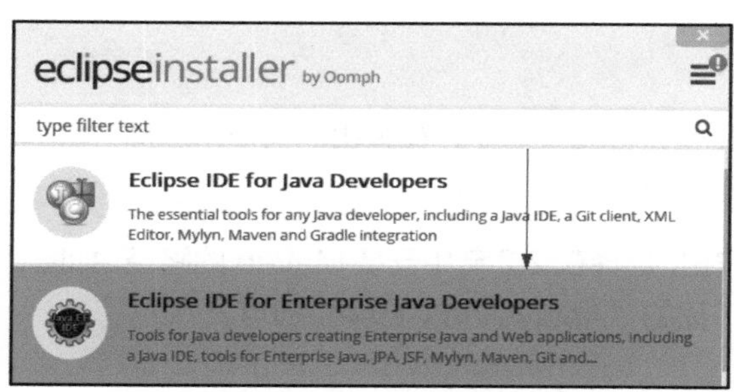

图 3-11　选择安装类型

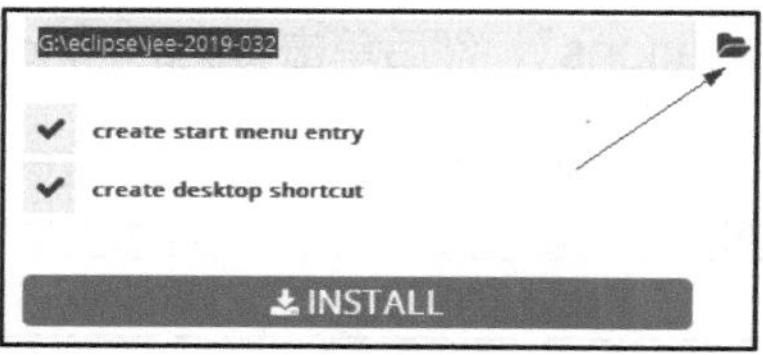

图 3-12　选择安装目录

3.3.2　安装 Spring Tools 4 插件

Spring 官方提供了 STS（Spring Tools 3/Spring Tools 4）插件，用它可以非常方便地进行 Spring Boot 应用程序的开发。所以，这里先安装 STS 插件，再进行开发。

（1）单击 Eclipse 菜单栏的“Help→EclipseMarketspace”命令，打开插件市场。在 Find 后的搜索框中输入“sts”，然后按键盘上的“Enter”键或者单击搜索框后面的“Go”按钮搜索插件，则在搜索结果中会出现“Spring Tools 4”插件选项，如图 3-13 所示。

（2）单击“Install”按钮安装，在安装完成后重启 Eclipse，这样就可以通过插件创建 Spring Boot 项目了。

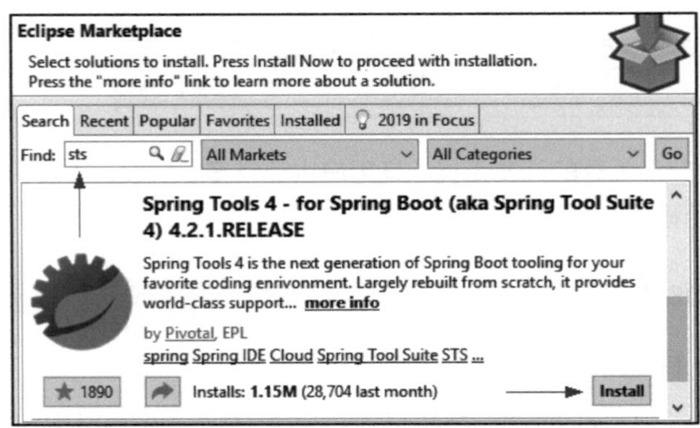

图 3-13　安装 Spring Tools 4 插件

有可能少部分人会出现安装 STS 插件之后找不到 Maven 的情况，这多半是 Eclipse 和 STS 版本不兼容或者是 Eclipse 自动切换到 Perspective（透视图）引起的。所以，可以考虑重新安装 STS 或 Eclipse 版本，或者通过右击 Eclipse 工具栏，然后选择“Customize Perspective”（定制透视图）命令来调整。

3.3.3　配置 Eclipse 的 Maven 环境

（1）在 Eclipse 中，单击“window→prferences”命令，在弹出的窗口中选择“Maven→Installations”，然后单击右侧的“Add”按钮，如图 3-14 所示。

（2）在弹出的窗口中，单击“Directory”按钮，选择在 2.2 节中安装 Maven 的路径，如图 3-15（此图为部分截图）所示。然后单击该窗口最下面的“Apply And Close”即可。

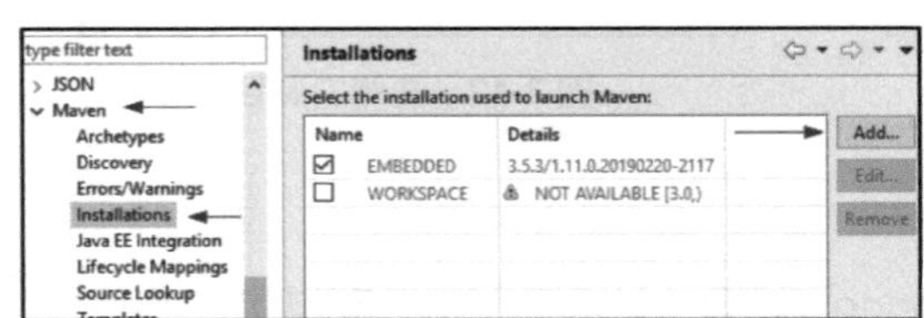

图 3-14　配置 Maven

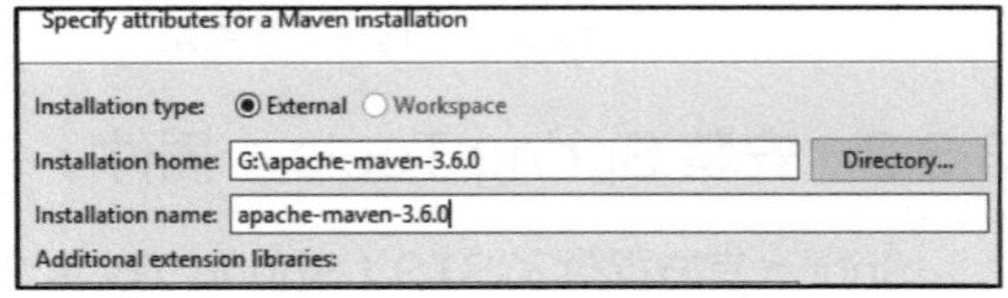

图 3-15　选择 Maven 目录路径

理论上，在完成上面配置之后即可开发 Spring Boot 应用程序，但是有时往往会出现错误，以致 Eclipse 下载不了 JAR 包依赖。如果出现错误，则需要更改为国内的 Maven 镜像仓库。

具体步骤为：

（1）配置国内仓库（参考 2.2.4 节“配置国内仓库”）。

（2）在 Eclipse 中，单击“window→preferences”命令，在弹出的窗口中选择“Maven→User Settings”，然后在“User Settings(open file)”下面的框中选择配置好国内 Maven 镜像的配置文件，如图 3-16 所示。

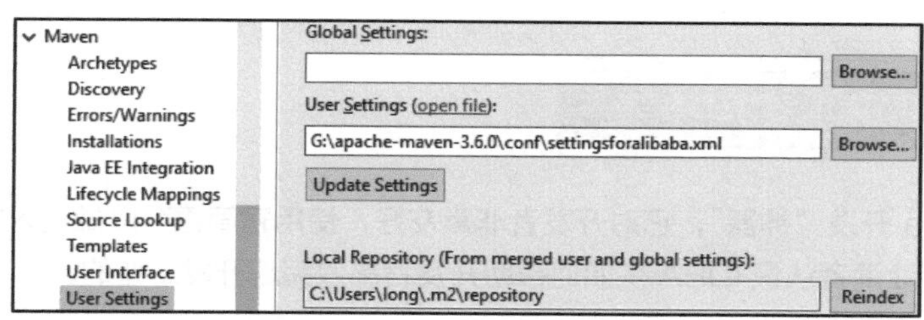

图 3-16　修改 Maven 仓库地址

3.3.4　创建 Spring Boot 项目

（1）在 Eclipse 中单击“File→New→Other”命令，就可以看到创建 Spring Boot 项目的按钮，双击 Spring Boot 下的“Spring Starter Project”，如图 3-17 所示。

（2）弹出配置窗口，如图 3-18 所示，这里就和 IDEA 创建项目一样了。根据需要设置即可。

图 3-17　使用 Spring Tools 插件创建项目

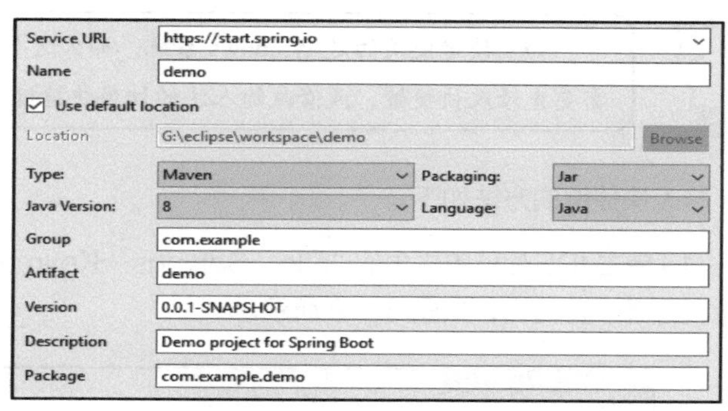

图 3-18　配置 Spring Boot 项目

3.4　了解 Spring 官方开发工具 STS

1. 安装 STS4

（1）访问 Spring 官方网站。

（2）单击“Download STS4 Windows 64-bit”按钮下载 STS4。

（3）在下载完成后，解压 STS4 的压缩包，然后双击 SpringToolSuite4.exe 即可运行。

2. 使用 STS4

STS 是 Spring 官方提供给 Eclipse 的开发工具，可以将其理解为就是 Eclipse 改了个名字，所以开发方法和 3.3 节是一样的。

3.5 必会的 IDEA 实用技能

IDEA 是 Java 开发“神器”，它对开发者非常友好，使用它简直可以做到人机一体。下面讲解一些常用的功能，让读者认识 IDEA 是如何帮助开发者高效完成开发工作的。

3.5.1 智能提示代码

编辑器一般都会提供基本的提示功能，可以快速提示可用的方法、变量等。IDEA 也有，而且做得比其他同类开发工具更好。在 IDEA 中使用“Ctrl + Space”快捷键，可以实现快速提示。

除最基本的代码提示功能外，IDEA 还提供了更加智能的代码提示功能，可以做到基于上下文环境智能匹配使用的方法。该快捷键为“Ctrl+Shift+Space”。

如果读者使用的是 Windows 系统，那么这个快捷键可能会和电脑的输入法存在冲突，需要先修改快捷键，或修改输入法的切换快捷键“Ctrl + Space”。

修改快捷键的方法如下。

（1）单击 IDEA 菜单栏中的“File→Settings→Keymap→Main Menu→Code→Completion”命令，打开设置窗口，如图 3-19 所示。

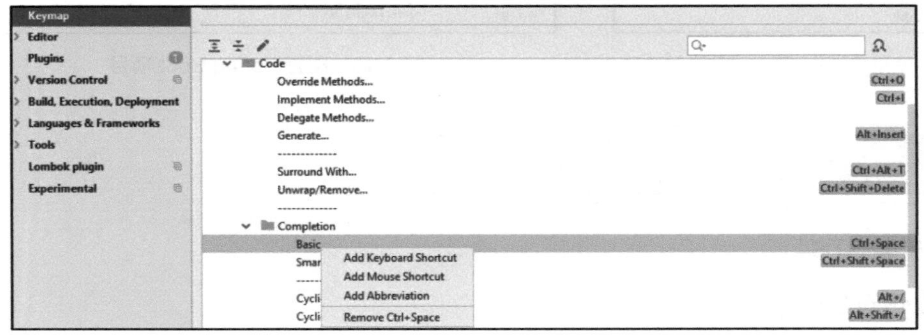

图 3-19　修改快捷键

（2）选中“Basic”选项，单击鼠标右键，在弹出的菜单中选择“Remove Ctrl+Space”选项，先移除原来的快捷键，接着再次用鼠标右击“Basic”选项，在弹出的菜单中选择“Add Keyboard Shortcut”命令，在弹出的窗口中输入想要的快捷键。如果快捷键存在，则会提示“Already assigned to”，需要修改或更新。

3.5.2　自动提示参数

IDEA 的自动提示参数非常方便好用。如果使用的方法参数过多，则只要将光标放置在需要放入参数的位置，等待一会儿，IDEA 就会进行智能提示。如果并不想等待，则可以在方法内使用“Ctrl+P”快捷键。

3.5.3　实现自动转义

在编写 JSON 字符串时，如果一个一个地用“\”去转义双引号，则太费劲了，而且容易出错。可以使用 Inject language 来实现自动转义双引号。

具体操作方法如下。

（1）将光标定位到双引号里面，按“Alt+Enter”快捷键弹出 Inject language 视图，在其中选中“Inject language or reference”，并按“Enter”键，如图 3-20 所示。

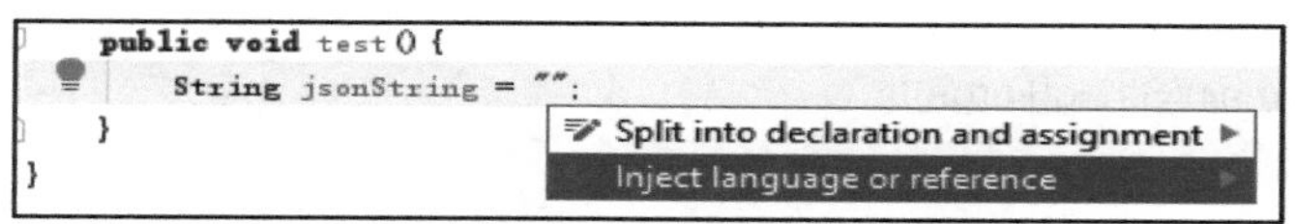

图 3-20　弹出 Inject language 视图

（2）弹出 Inject language 列表，在其中选择 JSON 组件，然后光标会自动定位在双引号里面，这时再次按“Alt+Enter”快捷键，则可以看到出现了“Edit JSON Fragment”选项，如图 3-21 所示。

```
public void test () {
    String jsonString = "";
}
}
Split into declaration and assignment
Edit JSON Fragment
Un-inject Language/Reference
```

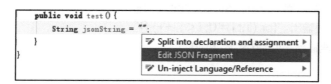

图 3-21　选择 Edit JSON Fragment

选中“Edit JSON Fragment”，并按“Enter”键，出现编辑 JSON 文件的视图，如图 3-22 所示。

（3）在 JSON Fragment 窗口中，输入要转义的 JSON 值，如图 3-22 所示，IDEA 就自动转义双引号。如果要退出编辑 JSON 信息的视图，则按“Ctrl+F4”快捷键。

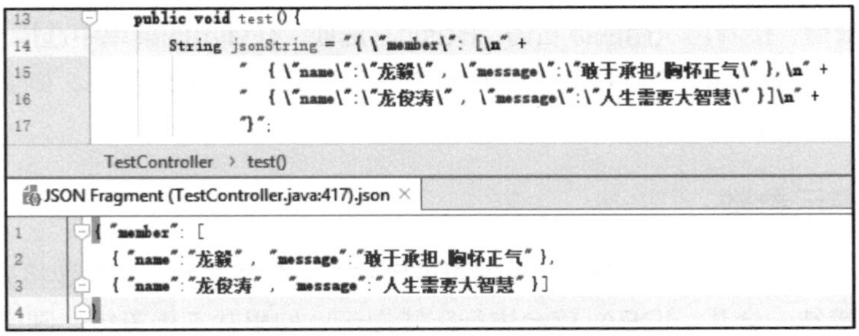

```
public void test() {
    String jsonString = "{ \"member\": [\n" +
            "  { \"name\":\"龙毅\", \"message\":\"敢于承担,胸怀正气\" },\n" +
            "  { \"name\":\"龙俊涛\", \"message\":\"人生需要大智慧\" }]\n" +
            "}";
```

TestController › test()

JSON Fragment (TestController.java:417).json

```
{ "member": [
  { "name":"龙毅", "message":"敢于承担,胸怀正气" },
  { "name":"龙俊涛", "message":"人生需要大智慧" }]
}
```

图 3-22　编辑 JSON 界面

Inject language 还可以支持其他的语言和操作，读者可以在以后的使用中研究。

3.5.4　自定义高复用代码块

在开发过程中，很多时候会存在着需要重复使用的代码片段。为了便于快速复制、粘贴，可以使用 IDEA 的 Live Template 保存这些代码片段，且可以自定义关键字。在使用时，只需要输入关键字然后按“Enter”键，即可直接输出代码块。

例如，在 IDEA 中输入“psvm”并按“Enter”键（或按“Tab”键），就会快速生成 main 方法。生成的代码块如下：

```
public static void main(String[] args) {
        }
```

1. IDEA 提供的 Live Template

IDEA 默认提供了以下 Live Template。

- sout：可以快速生成“System.out.println()”。
- soutm：可以快速输出当前类和方法名“System.out.println(hello.hello)”。
- psfs：可以快速输出“public static final String”。
- fori：可以快速输出“for (int i = 0; i < ; i++) {}”。
- ifn：可以快速输出“if (args == null) {}”。

2. 自定义 Live Template

如果默认提供的 Live Template 并不能满足自己的需求，则可以使用自定义 Live Template。自定义方法为：

选择 IDEA 菜单栏的“File→Settings”命令，打开设置窗口（或按“Ctrl + Alt + S”快捷键），选择“Editor→Live Template”，接着单击“+”号，在弹出的窗口中就可以自定义代码块了，如图 3-23 所示。

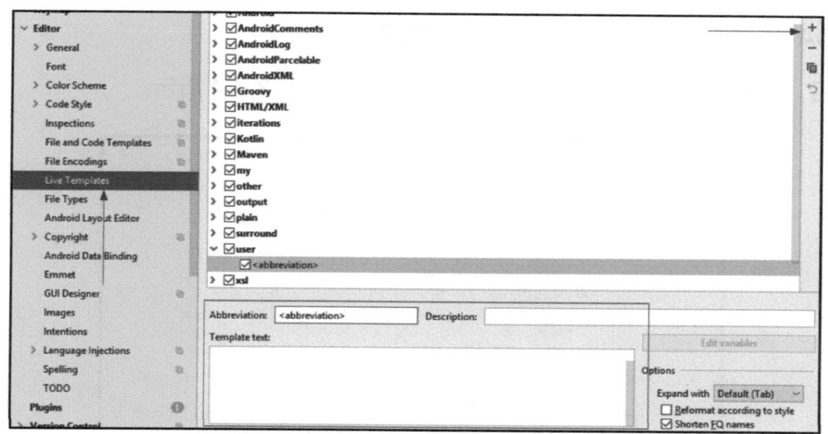

图 3-23　自定义 Live Template

Abbreviation 代表添加缩写语句，比如 psvm。

Description 代表描述信息，以便后期查阅。

Template text 代表要复制的代码。

3.5.5　设置注释信息

在开发过程中常需要设置注释信息，IDEA 提供了“file and code template”模板，可以在新建代码时自动添加注释信息。

例如，添加作者注释信息的具体方法如下。

（1）打开 IDEA，在菜单栏中选择“File→Settings”命令。

（2）在弹出的 Settings 窗口中单击“Editor”按钮，在弹出的窗口中单击“file and code template”按钮。在窗口右侧，单击“includes”按钮；在右边的框中，输入下方注释作者信息的模板。

```
/**
 * Copyright (C), 2019-${YEAR}, XXX 有限公司
 * FileName: ${NAME}
 * Author:    longzhonghua
 * Date:      ${DATE} ${TIME}
 * Description: ${DESCRIPTION}
 * History:
 * <author>          <time>          <version>          <desc>
 *  作者姓名           修改时间          版本号              描述
 */
```

其中，DATE 和 TIME 分别代表创建文件的日期和时间。

设置好后，以后新建 class 类时就会出现作者信息，如图 3-24 所示。

```
package com.example.demo.controller;
/**
 * Copyright (C), 2019-2019, XXX有限公司
 * FileName: TestController
 * Author:    longzhonghua
 * Date:      5/25/2019 3:50 PM
 * Description:
 * History:
 * <author>          <time>          <version>          <desc>
 * 作者姓名          修改时间          版本号              描述
 */
public class TestController {
    public void test() {
```

图 3-24　设置注释信息

3.5.6　超能的“Alt+Enter”快捷键

这是一个非常特殊的快捷键，简直是超能。它的功能与光标所在位置有关，光标放的位置不同，使用此快捷键弹出来的菜单选项也不同，它的用法如下。

- 对光标所在的对象进行包导入。
- 在接口类中，如果把光标放在已经在接口实现类中实现了的方法上，则此快捷键的效果是跳转。
- 在接口实现类中添加一个方法后，可以让该接口类也自动生成。
- 给 Hibernate 的 Entity 对象分配数据源，从而产生一系列智能功能。
- 对当前光标所在类生成单元测试类。
- 对当前光标所在类创建子类。常用在对接口生成接口实现类。例如，选中服务接口名字，按“Alt+Enter”快捷键，在弹出的窗口中选择“implements interface”命令，可以快速创建服务实现类。
- 移除未使用的变量、对象等元素。
- 把自定义的单词加入词库中，可以让拼写单词检查错误的波浪线提示消失。

3.5.7　使用全局配置

1. 全局 JDK

在安装 IDEA 时已经选择了 JDK，如果想改变配置，那么单击菜单栏中的“File→Project Structure→SDKs”命令进行配置。

2. 全局 Maven

由于 IDEA 提供的 Maven 版本较老，所以可能需要修改版本。

在菜单栏中选择“File→Other Settings→Settings for New Projects→Build & Tools→Maven”命令，在弹出的窗口中，修改默认的 Maven 安装目录和自定义设置文件路径（根据自己的情况）。

一定要根据自己本地的环境配置灵活设置。

3. 全局版本控制 Git/Svn

选择“File→Settings→Version Control→Git”命令，进行设置。

IDEA 内置的 Git 插件非常好用，Git 客户端可以使用 SourceTree。

4. 自动导包与智能移除

如果没有进行全局设置，则在新加入依赖之后，IDEA 会自动提示是否“自动导入包”。如果要设置，则可以选择“File→Other Settings→Settings For New Projects→Other Settings→Auto Import”命令进行设置。

3.5.8　自动生成语句

1. 快速生成 if 语句

在 IDEA 中，如果要自动生成“not null”这种 if 判断，则可以使用 IDEA 的自动生成语句功能，在参数输入结束后，接着输入“.notnull”并按“Enter”键，IDEA 就自动生成 if 语句。

2. Postfix Code 功能

这个功能可以在编写代码时，减少向后插入符号的跳转，可以在变量后面直接跟上 for、sout、switch 等表达式，IDEA 会直接转换成相应的语句，如图 3-25 所示。

```
public void test() {
    int i=5;
    i.fo
}   fori                for (int i = 0; i < expr.length; i++)
}   forr                for (int i = expr.length-1; i >= 0; i--)
    Ctrl+Down and Ctrl+Up will move caret down and up in the editor >>
```

图 3-25　自动完成语句

自动完成的结果如下（为了代码规范，最好把 i1 手动改为 j 等）：

```
public class HelloSpring Boot {
    public static void main(String[] args) {
      int i=5;
        for (int i1 = 0; i1 < i; i1++) {
        }
    }
}
```

3. 快速生成 try /catch、if/else 代码

使用“Ctrl+Alt+T”快捷键，可以快速生成 try /catch、if/else 代码。

4. 快速生成构造器，以及 Getter/Setter、Override 方法

在实体编辑窗口中，使用“Alt+Insert”快捷键可以快速生成构造器，以及 Getter/Setter、Override 等方法。

3.6 比较 IDEA 与 Eclipse

Eclipse 是历史悠久的开发工具，被广大用户所喜爱。但是近年来其功能已经严重滞后，而 IDEA 是没有历史包袱的后起之秀，在很多方面比 Eclipse 做得好。Google 都选择在 IDEA 上二次开发了 Android studio 环境，可见 IDEA 是多么受欢迎。

然而，选择一种开发工具需要根据自己的习惯和环境决定，正如练武之人，有的善于舞剑，而有人善于力量型的大锤。笔者这里强烈建议大家，特别是新手一定要使用 IDEA，如果之前使用 Eclipse 的读者不习惯 IDEA 的快捷键，也可以自定义修改成与 Eclipse 一样的，对于插件也可以寻找替代产品。

两者的区别（不做任何优化和自定义配置下的比较）主要有以下几点。

1. 项目结构

在 IDEA 的项目中，聚合工程或普通的根目录是工程（Project）。它的每一个子模块（Module）都可以使用独立的 JDK 和 Maven，下面的子工程称为模块（Module），子模块之间可以相关联，也可以没有关联。

IDEA 中的 Project 相当于 Eclipse 系中的 Workspace（Project 本身可以有 pom.xml 文件，Workspace 是没有的）。

IDEA 中的 Module 相当于 Eclipse 系中的 Project，IDEA 中的 Project 可以包括多个 Module。

Eclipse 中的 Workspace 可以包括多个 Project。

2. 理解上下文

IDEA 懂得上下文，它检索整个项目，分析项目所有内容。在任何时候无论光标放在哪里，IDEA 都知道开发人员需要什么。

比如下面的例子，要使用“println”命令，IDEA 可以智能识别这可能是要填写打印的参数 i，而 Eclipse 则是提示 println 的用法，如图 3-26 所示。

这里使用了自动代码补全快捷键（IDEA 是“Ctrl+shift+空格”，Eclipse 使用了“Alt+/”），当然 IDEA 还提供了 basic 模式（“Ctrl+空格”，可能会与输入法冲突，记得按照 3.5.1 节提供的方式修改），提示代码也和智能模式差不多。

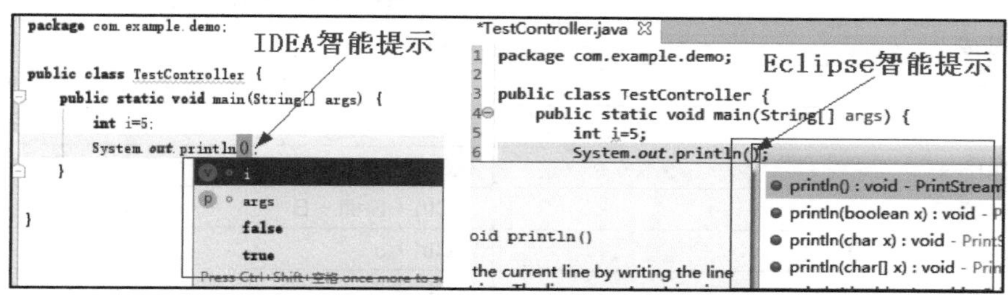

图 3-26　IDEA 和 Eclipse 的智能提示比较

再如，新建一个 class 类，IDEA 会把包路径和类名自动添加好，而 Eclipse 新建的文件是空白的。这对新人十分不友好。

下面是 IDEA 根据类名和包位置自动创建的，而 Eclipse 创建的是空白的类。

```
package com.example.demo;
public class TestController {
}
```

这些例子说明：IDEA 在上下文理解方面非常智能，而 Eclipse 似乎不能准确地理解上下文，或者说不能给开发者提供友好的提示。

3. 硬件要求

IDEA 比 Eclipse 更耗费内存，需要更好的内存配置来支持 IDEA 运行，在没有运行项目的情况下，两者的内存占用如图 3-27 所示。

IDEA 占用内存较大，它把建立的索引都保存到内存中，但 IDEA 实际占用的 CPU 资源少。

Eclipse 使用的内存空间少，但会占用很多 CPU 资源，有时反而会导致 Eclipse 比较卡。

名称	PID	提交(KB)	工作集(KB)	可共享(...	专用(KB)
eclipse.exe	3180	922,736	887,300	64,452	822,848
idea64.exe	10440	998,084	1,124,312	140,272	984,040

图 3-27　IDEA 与 Eclipse 对系统资源的占用情况

4. 快捷键

大部分快捷键都是可以自定义的。如果有使用 Eclipse 的经验，则可以把 IDEA 的快捷键设置成与 Eclipse 一样的。两者快捷键的对比见表 3-1。

表 3-1　部分 IDEA 和 Eclipse 的快捷键对比

功　能	IDEA 快捷键	Eclipse 快捷键
自动代码补全	Basic 模式：Ctrl+空格 智能模式：Ctrl + Shift+空格	Alt + /
自动代码生成	Alt + Insert	
删除当前行	Ctrl + X	Ctrl + D
搜索类	Ctrl + N	Ctrl + Shift + T
跟进代码和方法	Ctrl + B	F3
查看继承及重写	Ctrl + Shift + B	
代码模板	Ctrl + J	
最近编辑文件	Ctrl + E	
提示方法参数	Ctrl + P	
跳转最近编辑内容	Ctrl + Shift + Backspace	Alt + 左右箭头
查看方法、类说明	Ctrl + Q	F2
覆盖父类方法	Ctrl +O	
搜索文件	Ctrl + Shift + N	Ctrl + Shift + T
方法调用	Ctrl + Alt + H	Ctrl + Alt + H
格式化代码	Ctrl + Alt + L	Ctrl + Shift + F
整理 import	Ctrl + Alt + O	Ctrl + Shift + O
快速修复错误	Alt + Enter	Ctrl + 1
切换窗口	Ctrl + Tab	

需要注意是否和其他软件的快捷键冲突。比如，默认情况下，IDEA 中常用的快捷键“Ctrl+Shift+F”和搜狗输入法的切换繁体的快捷键会冲突！另外，IDEA 中有一个非常强大的功能：单击菜单栏“Help→Find Action(Ctrl+Shift+A)”命令，可以根据描述搜索快捷键。

5. 市场关注度

目前，Eclipse、IDEA 的市场关注度如图 3-28 所示。

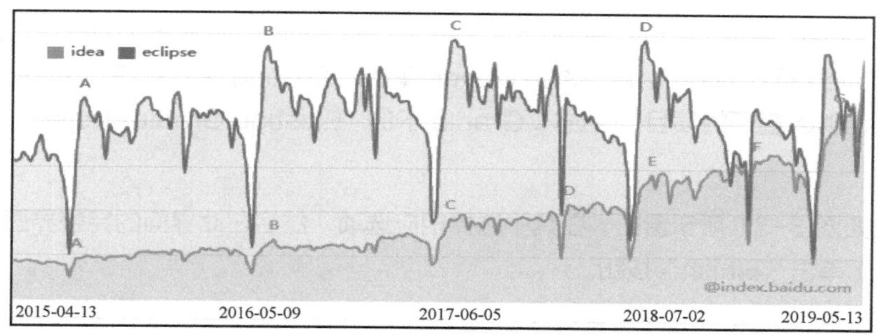

图 3-28　Eclipse、IDEA 的市场关注度（中国）

可见，IDEA 的关注度正在逐渐超越 Eclipse。

3.7　如何使用本书源代码

3.7.1　在 IDEA 中使用

本书提供的源代码都是在 IDEA 中开发的。若在 IDEA 中使用，则只需要在下载文件之后，单击 IDEA 的菜单栏的“File→Open”命令，在弹出的窗口中选择文件路径，然后单击“OK”按钮打开。

有些代码是写在测试类里的。所以，如果找不到代码，请一定要尝试去测试类目录（src/test/java 目录下，具体见 4.1.1 节的目录介绍）寻找。

如果打开的源代码出现飘红错误，则需要设置本地 Maven 信息。具体步骤如下。

（1）单击菜单栏的“File →Settings →Build & Tools →Maven”命令，在弹出的设置窗口中设置本地的 Maven 路径。

（2）单击 IDEA 右边的“Maven 构造”按钮，在弹出的窗口中单击“刷新”按钮，以重新导入所有的 Maven 依赖，如图 3-29 所示。

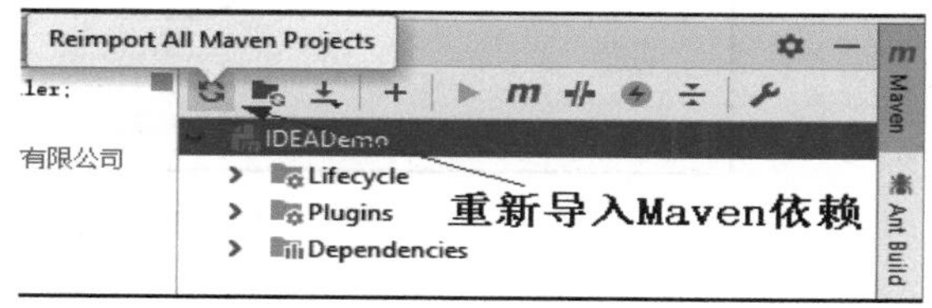

图 3-29　重新导入所有的 Maven 依赖

如果依然不成功，则可以尝试重启 IEDA，再执行步骤（2），重新导入 Maven 依赖。

3.7.2　在 Eclipse（STS）中使用

如果想把本书提供的源代码在 Eclipse 中导入使用，则可以通过以下步骤完成。

（1）在 Eclipse 中单击“File→Import”命令，在弹出的窗口中根据项目的类型选择相应的选项。这里是 Maven 管理的项目，所以选择 Maven 下的“Existing Maven Projects”（如果要导入其他由 Gradle 创建管理的项目，则选择 Gradle 下的“Existing Gradle Project”），如图 3-30 所示。

（2）弹出如图 3-31 所示窗口，在其中选择相应选项，然后在此界面的完整界面中（此图为界面的部分截图）单击“Finish”按钮。

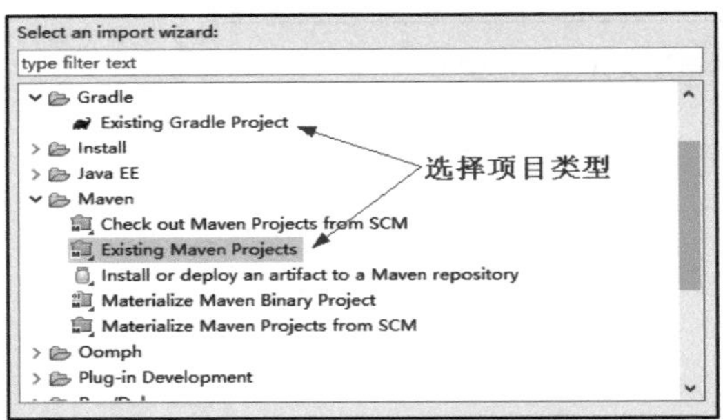

图 3-30　选择存在的项目类型

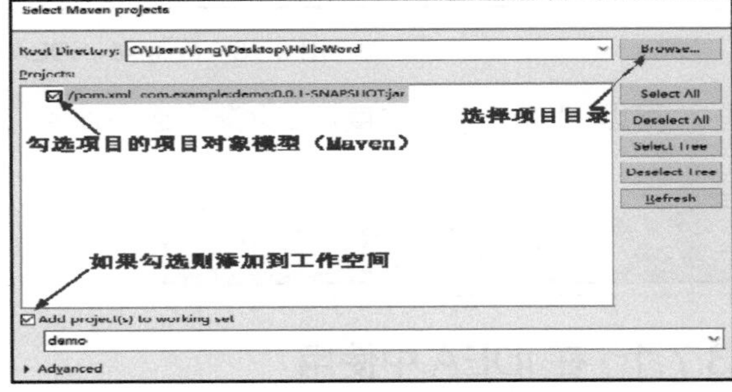

图 3-31　选择项目路径导入项目

（3）导入后的项目如图 3-32 所示。在入口类（HelloWorldApplication）上单击鼠标右键，在弹出的菜单中选择“Run As→Spring Boot APP”命令，即可成功运行项目。

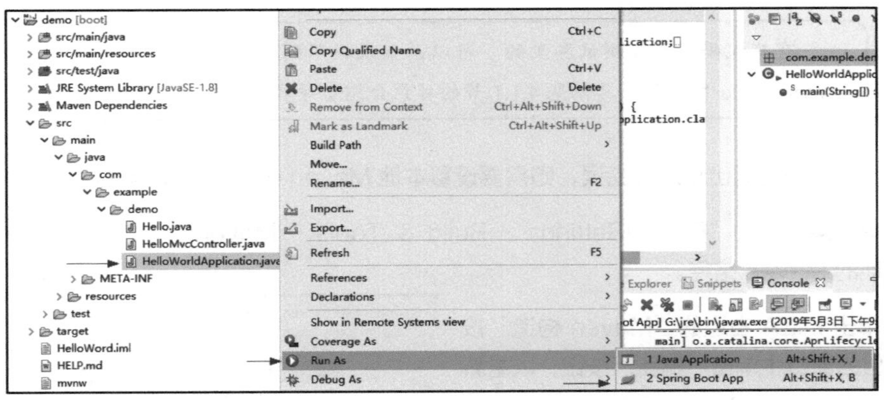

图 3-32　启动 Spring Boot 项目

因为安装过 STS 插件，所以 Spring Boot 项目导入后会被正常识别。但是要注意原项目和自己本地的 Maven 版本是否相同。

基础篇

第 4 章 Spring Boot 基础

本章首先介绍 Spring Boot 的基础知识；然后讲解如何定制启动画面、实现热部署；最后介绍如何使用配置文件，以及通过配置文件配置多环境。

4.1 了解 Spring Boot

4.1.1 了解 Spring Boot 项目结构

在创建好 Spring Boot 工程后，即可看到其基础结构。Spring Boot 的基础结构分为三个文件目录，如图 4-1 所示。

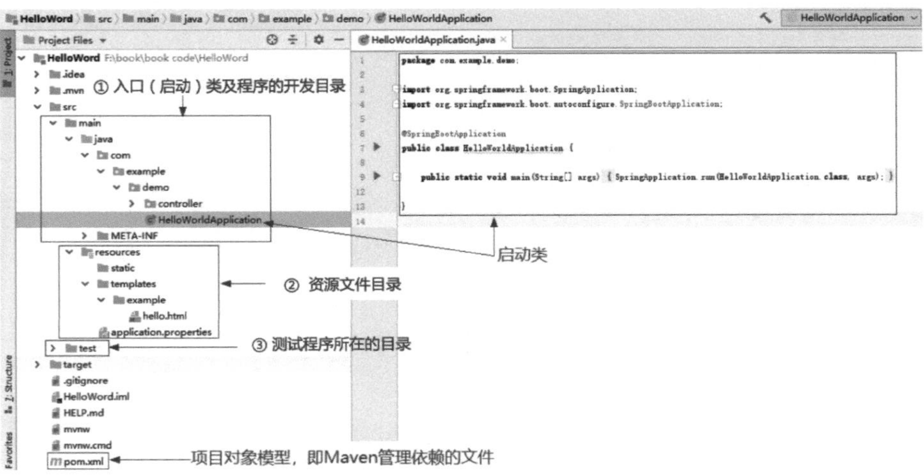

图 4-1 Spring Boot 项目结构

（1）src/main/java：入口（启动）类及程序的开发目录。在这个目录下进行业务开发、创建实体层、控制器层、数据连接层等。

（2）src/main/resources：资源文件目录，主要用于存放静态文件和配置文件。

- static：用于存放静态资源，如层叠样式表 CSS（Cascading Style Sheets）文件、JavaScript 文件、图片等。
- templates：用于存放模板文件。
- application.properties：用于配置项目运行所需的配置数据。如果用 YAML 方式管理配置，则 YAML 文件也放在这个目录中。

（3）src/test/java：测试程序所在的目录（本书提供的源代码有一部分应该放在这里）。

图 4-1 左侧最下方有一个 pom.xml 文件，用鼠标单击打开它，可以查看其中的代码。在 3.2 节创建“Hello World”项目时，选择了 Web 和 Lombok 依赖项，所以在 pom.xml 文件中可以看到 Spring Boot 自动添加了这两个依赖，见以下代码：

```
<dependency>
    <groupId>org.springframework.boot</groupId>
    <artifactId>spring-boot-starter-web</artifactId>
</dependency>
<dependency>
    <groupId>org.projectlombok</groupId>
    <artifactId>lombok</artifactId>
    <optional>true</optional>
</dependency>
```

在创建工程时，如果什么依赖都不选择（在新版本中必须要选择一项），则 Spring Boot 也会在 pom.xml 文件中加入以下依赖模块。

- 核心模块 spring-boot-starter：用于支持自动配置、日志和 YAML。
- 测试模块 spring-boot-starter-test：包括 JUnit、Hamcrest 和 Mockito，用于测试。

在使用 Maven 管理项目时，最常使用的是 pom.xml 文件。在一般情况下，只要会添加依赖即可，具体的使用方法请见本书 2.2.2 节。

4.1.2　了解 Spring Boot 的入口类

在创建 Spring Boot 项目时，会自动创建一个用于启动的、名为“项目名+Application”的入口类，它是项目的启动入口。在 IDEA 中打开入口类之后，可以单击类或“main”方法左侧的三角形按钮，通过弹出的选项来运行或调试 Spring Boot 应用程序。

本书 3.2 节创建的“Hello World”项目中会自动创建一个名为“HelloWorldApplication”的入口类，其代码如下：

```
package com.example.demo;
import org.springframework.boot.SpringApplication;
import org.springframework.boot.autoconfigure.SpringBootApplication;
@SpringBootApplication
public class HelloWorldApplication {
    public static void main(String[] args) {
        SpringApplication.run(HelloWorldApplication.class, args);
    }
}
```

从上述代码中可以看到，默认会加上注解@SpringBootApplication，以标注这是 Spring Boot 项目的入口类。

在入口类中有一个“main”方法，其中使用了 SpringApplication 的静态“run”方法，并将“HelloWorldApplication”类和“main”方法的参数“args”传递了进去，以启动“HelloWorldApplication”类。

4.1.3 了解 Spring Boot 的自动配置

Spring Boot 会根据配置的依赖信息进行自动配置，从而减轻开发者搭建环境和配置的负担。如果在项目中依赖了 spring-boot-starter-web，则 Spring Boot 会自动配置 Web 环境（配置 Tomcat、WebMVC、Validator、JSON 等）。

Spring Boot 自动配置是通过注解@EnableAutoConfiguration 来实现的，具有非入侵性。如果要查看当前有哪些自动配置，则可以使用下方的“debug”调试命令：

```
java –jar *.jar  - debug
```

如果在 IDEA 中进行开发，则可以单击“run→EditConfigurations”命令，在弹出的窗口中设置“Program arguments”参数为“--debug”。在启动应用程序之后，在控制台中即可看到条件评估报告（CONDITIONS EVALUATION REPORT）。

如果不需要某些自动配置，则可以通过注解@EnableAutoConfiguration 的“exclude 或 excludeName”属性来指定，或在配置文件（application.properties 或 application.yml）中指定“spring.autoconfigure.exclude”的值。

4.1.4 了解 Spring Boot 热部署

Spring Boot 热部署是为了更好地支持调试，在项目进行修改之后不需要耗费时间重启，在应用程序正运行的情况下即可实时生效，以节约时间和操作。要实现热部署，则需要添加下方的热部署的依赖：

```
<dependency>
<groupId>org.springframework.boot</groupId>
<artifactId>spring-boot-devtools</artifactId>
<optional>true</optional>
</dependency>
```

该依赖在项目打包时会被禁用。如果用"java -jar"命令启动应用程序，或使用一个特定的 classloader 启动应用程序，则 Spring Boot 会认为这是一个"生产环境"，所以不会运行。如果项目中使用了 Redis 作为缓存，则请禁止使用热部署，以免出现类型转换等问题。

4.1.5　实例 2：定制启动画面

本实例可以实现在 Spring Boot 应用程序启动时显示自定义画面。

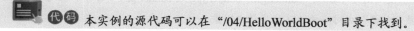

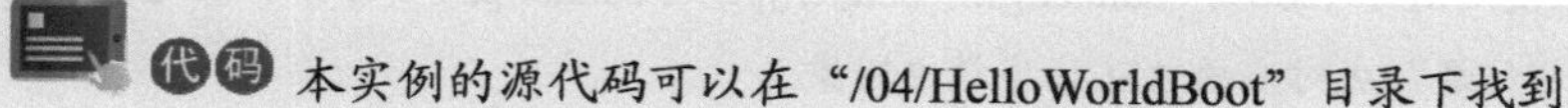

代码 本实例的源代码可以在"/04/HelloWorldBoot"目录下找到。

1. 自定义 Banner

如果想在 Spring Boot 应用程序启动时显示自定义信息，则可以通过定制个性化启动的横幅画面（Banner）来实现：在 resources 资源目录下新建 banner.txt 文件，然后在其中输入想显示的文字。

还可以在 banner.txt 文件中加入一些属性信息，比如 Spring Boot 的版本信息、应用程序的名称等，如，

- ${AnsiColor.BRIGHT_RED}：设置控制台中输出内容的颜色，具体参考 org.springframework.boot.ansi.AnsiColor。
- ${application.version}：用来获取 MANIFEST.MF 文件中的版本号。
- ${application.formatted-version}：格式化后的{application.version}版本信息。
- ${spring-boot.version}：Spring Boot 的版本号。
- ${spring-boot.formatted-version}：格式化后的{spring-boot.version}版本信息。

在 banner.txt 文件中写入"${spring-boot.formatted-version}"等自定义信息后，启动 Spring Boot 应用程序，控制台的输出信息如图 4-2 所示。

2. 设置颜色

很多人可能不喜欢黑白的启动界面，Spring Boot 提供了一个枚举类"AnsiColor"，它可以控制 banner.txt 文件中的字符颜色。

比如，要将一段字符颜色设置成亮红色，只要在这段字符的前面加入"${AnsiColor.

BRIGHT_RED}”代码即可。但因为版本不同，很多人设置好之后可能并不会改变颜色，可以继续添加下方代码到 application.properties 配置文件中，代表所有情况下都支持字符颜色。

```
spring.output.ansi.enabled=ALWAYS
```

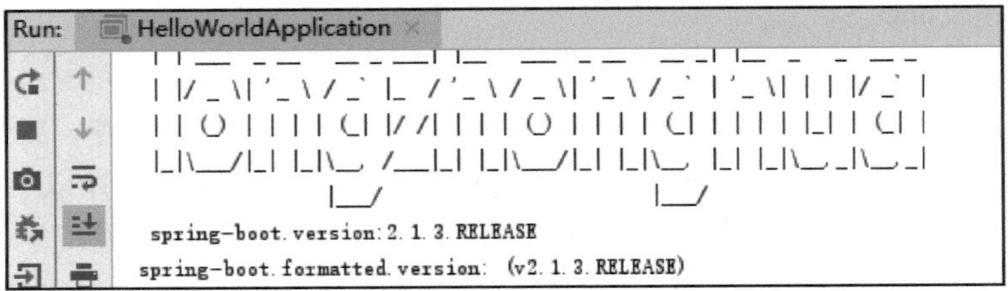

图 4-2　自定义 Banner 信息

还可以使用图片（添加“banner.gif、banner.jpg 或 banner.png”文件）来定制 Banner（图片会被“编译”成对应的 ASCII 字符画图案）。

如果同时存在文本文件和图片文件，则可以同时显示它们。但是，多个图片只会显示一个。

如果想要图案好看，还可以使用字符画工具（利用搜索引擎搜索字符画工具）生成字符画，然后保存到 banner.txt 文件。

3. 关闭 Banner

如果不喜欢显示这种信息，想要关闭它，则可以通过修改入口类的“main”方法来实现，见以下代码：

```
public static void main(String[] args) {
    SpringApplication sApp= new SpringApplication(HelloWorldApplication.class);
    sApp.setBannerMode(Banner.Mode.OFF);
    sApp.run(args);
}
```

其中，“setBannerMode(Banner.Mode.OFF)”代表 Banner 模式关闭。也可以在 application.properties 配置文件中配置下方代码关闭 Banner 模式：

```
spring.main.banner-mode = off
```

4.2　Spring Boot 的常用注解

未来框架的趋势是“约定大于配置”，代码的封装会更严密。开发人员会将更多的精力放在代码的整体优化和业务逻辑上，所以注解式编程会被更加广泛地使用。

4.2.1　什么是注解式编程

注解（annotations）用来定义一个类、属性或一些方法，以便程序能被编译处理。它相当于一个说明文件，告诉应用程序某个被注解的类或属性是什么，要怎么处理。注解可以用于标注包、类、方法和变量等。

下方代码中的注解@RestController，是一个用来定义 Rest 风格的控制器。其中，注解@GetMapping("/hello")定义的访问路径是“/hello”。

```
@RestController
public class Hello {
    @ GetMapping("/hello")
    public String hello()   throws Exception{
        return "Hello ,Spring Boot!";
    }
}
```

4.2.2　了解系统注解

系统注解见表 4-1。

表 4-1　系统注解

注　　解	说　　明
@Override	用于修饰方法，表示此方法重写了父类方法
@Deprecated	用于修饰方法，表示此方法已经过时。经常在版本升级后会遇到
@SuppressWarnnings	告诉编译器忽视某类编译警告

下面重点介绍一下@SuppressWarnnings 注解。它有以下几种属性。

- unchecked：未检查的转化。
- unused：未使用的变量。
- resource：泛型，即未指定类型。
- path：在类中的路径。原文件路径中有不存在的路径。
- deprecation：使用了某些不赞成使用的类和方法。
- fallthrough：switch 语句执行到底，不会遇到 break 关键字。
- serial：实现了 Serializable，但未定义 serialVersionUID。
- rawtypes：没有传递带有泛型的参数。
- all：代表全部类型的警告。

4.2.3 Spring Boot 的常用注解

1. 使用在类名上的注解

表 4-2 中列出了使用在类名上的注解。

表 4-2　使用在类名上的注解

注　　解	使用位置	说　　明
@RestController	类名上	作用相当于@ResponseBody 加@Controller
@Controller	类名上	声明此类是一个 SpringMVC Controller 对象
@Service	类名上	声明一个业务处理类（实现非接口类）
@Repository	类名上	声明数据库访问类（实现非接口类）
@Component	类名上	代表其是 Spring 管理类，常用在无法用@Service、@Repository 描述的 Spring 管理的类上，相当于通用的注解
@Configuration	类名上	声明此类是一个配置类，常与@Bean 配合使用
@Resource	类名上、属性或构造函数参数上	默认按 byName 自动注入
@Autowired	类名上、属性或构造函数参数上	默认按 byType 自动注入
@RequestMapping	类名或方法上	如果用在类上，则表示所有响应请求的方法都是以该地址作为父路径的
@Transactional	类名或方法上	用于处理事务
@Qualifier	类名或属性上	为 Bean 指定名称，随后再通过名字引用 Bean

下面进一步讲解各个注解的知识点和用法。

（1）@RestController。

它用于返回 JSON（JavaScript Object Notation, JS 对象简谱）、XML（eXtensible Markup Language）等数据，但不能返回 HTML（HyperText Markup Language）页面。相当于注解@ResponseBody 和注解@Controller 合在一起的作用。

例如，本书第一个实例程序输出的就是一个 JSON 格式的字符串“Hello ,Spring Boot”，见以下代码：

```
@RestController
public class HelloWorldController {
    @RequestMapping("/hello")
    public String hello() {
        return "Hello ,Spring Boot!";
    }
```

```
}
```

（2）@Controller。

它用于标注控制器层，在 MVC 开发模式中代表 C（控制器）。

下面的代码程序和“（1）@RestController。”中的例子是等效的，也是返回 JSON 格式的数据。

```
@Controller
public class HelloWorldBMvcController {
    @RequestMapping("/helloworldB")
    @ResponseBody
    public String helloWorld( ) throws Exception {
        return "Hello ,Spring Boot!";
    }
}
```

@Controller 主要用于构建 MVC 模式的程序（本书第 5 章会专门讲解）。

（3）@Service。

它用于声明一个业务处理类（实现非接口类），用于标注服务层，处理业务逻辑。

例如，以下代码就是继承 ArticleService 来实现其方法。

```
/**
 * Description: 标注为服务类
 */
@Service
public class ArticleServiceImpl implements ArticleService {
    @Autowired
private ArticleRepository articleRepository;
    /**
     * Description: 重写 service 接口的实现，实现根据 id 查询对象功能
     */
    @Override
    public Article findArticleById(long id) {
        return articleRepository.findById(id);
    }
}
```

（4）@Repository。

它用于标注数据访问层。

（5）@Component。

它用于把普通 POJO（Plain Ordinary Java Objects，简单的 Java 对象）实例化到 Spring 容器中。当类不属于注解@Controller 和@Service 等时，就可以使用注解@Component 来标注这个类。它可配合 CommandLineRunner 使用，以便在程序启动后执行一些基础任务。

Spring 会把被注解@Controller、@Service、@Repository、@Component 标注的类纳入 Spring 容器中进行管理。第 7 章会讲解 IoC 容器。

（6）@Configuration。

它用于标注配置类，并且可以由 Spring 容器自动处理。它作为 Bean 的载体，用来指示一个类声明、一个或多个@Bean 方法，在运行时为这些 Bean 生成 BeanDefinition 和服务请求。

（7）@Resource。

@Autowired 与@Resource 都可以用来装配 Bean，也都可以写在字段上或 Setter 方法上。

```
public class AritcleController {
    @Resource
    private ArticleRepository articleRepository;
  /**
     * Description: 新增保存方法
     */
    @PostMapping("")
    public String saveArticle(Article model) {
        articleRepository.save(model);
        return "redirect:/article/";
    }
}
```

（8）@Autowired。

它表示被修饰的类需要注入对象。Spring 会扫描所有被@Autowired 标注的类，然后根据类型在 IoC 容器中找到匹配的类进行注入。被@Autowired 注解后的类不需要再导入文件。

（9）@RequestMapping。

它用来处理请求地址映射，用在类或方法上。如果用在类上，则表示类中的所有响应请求的方法都是以该地址作为父路径的。该注解有 6 个属性。

- Params：指定 Request 中必须包含某些参数值，才让该方法处理。
- Headers：指定 Request 中必须包含某些指定的 header 值，才能让该方法处理请求。
- Value：指定请求的实际地址，指定的地址可以是 URI Template 模式。

- Method：指定请求的 Method 类型，如 GET、POST、PUT、DELETE 等。
- Consumes：指定处理请求的提交内容类型 Content-Type，如“application/json,text/html”。
- Produces：指定返回的内容类型。只有当 Request 请求头中的 Accept 类型中包含该指定类型时才返回。

（10）@Transactional。

它可以用在接口、接口方法、类及类方法上。

但 Spring 不建议在接口或者接口方法上使用该注解，因为该注解只有在使用基于接口的代理时才会生效。如果异常被捕获（try { } catch { }）了，则事务就不回滚了。如果想让事务回滚，则必须再往外抛出异常（try { } catch { throw Exception }）。

（11）@Qualifier。

它的意思是“合格者”，用于标注哪一个实现类才是需要注入的。需要注意的是，@Qualifier 的参数名称为被注入的类中的注解@Service 标注的名称。

@Qualifier 常和@Autowired 一起使用，如以下代码：

```
@Autowired
@Qualifier("articleService")
```

而@Resource 和它不同，@Resource 自带 name 属性。

2. 使用在方法上的注解

表 4-3 列出了使用在方法上的主要注解。

表 4-3　使用在方法上的主要注解

注　解	使用位置	说　明
@RequestBody	方法参数前	常用来处理 application/json、application/xml 等 Content-Type 类型的数据，意味着 HTTP 消息是 JSON/XML 格式，需将其转化为指定类型参数
@PathVariable	方法参数前	将 URL 获取的参数映射到方法参数上
@Bean	方法上	声明该方法的返回结果是一个由 Spring 容器管理的 Bean
@ResponseBody	方法上	通过适当的 HttpMessageConverter 将控制器中方法返回的对象转换为指定格式（JSON/XML）后，写入 Response 对象的 body 数据区

（1）@RequestBody。

它常用来处理 JSON/XML 格式的数据。通过@RequestBody 可以将请求体中的（JSON/XML）字符串绑定到相应的 Bean 上，也可以将其分别绑定到对应的字符串上。

举例：用 AJAX（前端）提交数据，然后在控制器（后端）接收数据。

在前端页面中使用 AJAX 提交数据的代码如下：

```
$.ajax({
        url:"/post",
        type:"POST",
        data:'{"name":"longzhiran"}',
//这里不能写成 content-type
        contentType:"application/json charset=utf-8"
        success:function(data){
        alert("request success ! ");
            }
        });
```

在控制器中接收数据的代码如下：

```
@requestMapping("/post")
    public void post(@requestBody String name){
        //省略
    }
```

（2）@PathVariable。

用于获取路径中的参数。

（3）@Bean。

它代表产生一个 Bean，并交给 Spring 管理。用于封装数据，一般有 Setter、Getter 方法。在 MVC 模型中，对应的是 M（模型）。

（4）@ResponseBody。

它的作用是通过转换器将控制器中方法返回的对象转换为指定的格式，然后写入 Response 对象的 body 区。它常用来返回 JSON/XML 格式的数据。

使用此注解后，数据直接写入输入流中，不需要进行视图渲染。用法见以下代码：

```
@GetMapping( "/test" )
  @ResponseBody
  public String test(){
      return " test";
  }
```

3. 其他注解

除上面介绍的注解外，Spring Boot 还有一些常用的注解，见表 4-4。

表 4-4　其他常用注解

注解	使用位置	作用说明
@EnableAutoConfiguration	入口类/类名上	用来提供自动配置
@SpringBootApplication	入口类/类名上	用来启动入口类 Application
@EnableScheduling	入口类/类名上	用来开启计划任务。Spring 通过@Scheduled 支持多种类型的计划任务，包含 cron、fixDelay、fixRate 等
@EnableAsync	入口类/类名上	用来开启异步注解功能
@ComponentScan	入口类/类名上	用来扫描组件，可自动发现和装配一些 Bean。它根据定义的扫描路径，把符合扫描规则的类装配到 Spring 容器中，告诉 Spring 哪个包（package）的类会被 Spring 自动扫描并且装入 IoC 容器。它对应 XML 配置中的元素。可以通过 basePackages 等属性来细粒度地定制自动扫描的范围，默认会从声明@ComponentScan 所在类的包进行扫描
@Aspec	入口类/类名上	标注切面，可以用来配置事务、日志、权限验证，在用户请求时做一些处理等
@ControllerAdvice	类名上	包含@Component，可以被扫描到。统一处理异常
@ExceptionHandler	方法上	用在方法上，表示遇到这个异常就执行该方法
@Value	属性上	用于获取配置文件中的值

Spring Boot 提供的注解非常多，这里不可能面面俱到。在本书后面的章节中还会详细讲解一些注解。

4.3 使用配置文件

Spring Boot 支持使用 Properties 和 YAML 两种配置方式。两者功能类似，都能完成 Spring Boot 的配置，但是 Properties 的优先级要高于 YAML（YAML 语言的文件以“.yml”为后缀）。

YAML 文件的好处是——它采用的是树状结构，一目了然。但是，使用 YAML 配置方式时要注意以下几点。

- 原来以“.”分隔的 key 会变成树状结构。例如，“server.port=8080”会变成：

```
server:
  port: 8080
```

- 在 key 后的冒号后一定要跟一个空格，如“port: 8080”。
- 如果把原有的 application.properties 删除，则建议执行一下“maven -X clean install”命令。
- YAML 格式不支持用注解@PropertySource 导入配置。

4.3.1 实例 3：演示如何使用 application.yml 文件

本实例演示如何使用 application.yml 文件配置 Spring Boot 项目。主要对 Spring Boot 项目的端口号、超时时间、参数值等进行配置。

 代码 本实例的源代码可以在“/04/Application”目录下找到。

1. 创建 application.yml 文件

新建一个项目，然后将 application.properties 文件的名称修改为 application.yml，如图 4-3 所示。（如果不存在 application.properties，则直接新建 application.yml。）

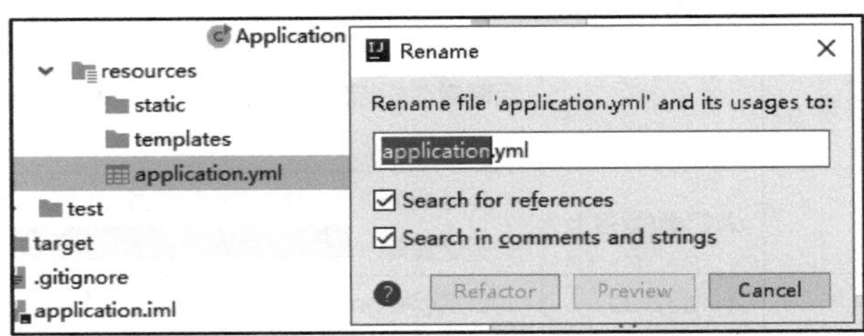

图 4-3　修改为 YAML 配置文件 application.yml

2. 配置 application.yml 文件

在 application.yml 文件中添加以下代码，以便在测试类中测试获取下面代码配置项的值。

```
server:
  port: 8081
  servlet:
    session:
      timeout: 30
  tomcat:
    uri-encoding: UTF-8
age: 19
name: zhaodabao
personinfo:
  name: zhaoxiaobao
  age: 3
```

代码解释如下。

- server：定义服务器的配置。
- port：定义要访问的端口是“8081”（默认端口是 8080）。
- “timeout: 30”：定义 Session 的超时时间是 30s。
- “uri-encoding: UTF-8”：定义 URI 编码是 UTF-8 格式。

3. 编写测试

编写测试，用于获取配置文件中的配置项的值，并调用前缀为“personinfo”的配置项的值。

```
package com.example.demo;
import org.junit.Test;
import org.junit.runner.RunWith;
import org.springframework.beans.factory.annotation.Value;
import org.springframework.boot.test.context.SpringBootTest;
import org.springframework.test.context.junit4.SpringRunner;
import static org.junit.Assert.*;
@SpringBootTest
@RunWith(SpringRunner.class)
public class propertTest {
    //获取配置文件中的 age
    @Value("${age}")
private int age;

    //获取配置文件中的 name
    @Value("${name}")
private String name;
    //该注解表示一个测试方法
    @Test
    public void getAge() {
        System.out.println(age);
}
    //该注解表示一个测试方法
    @Test
    public void getName() {
        System.out.println(name);
    }
}
```

代码解释如下。

- @SpringBootTest：用于测试的注解，可指定入口类或测试环境等。
- @RunWith(SpringRunner.class)：在 Spring 测试环境中进行测试。
- @Test：表示一个测试方法。
- @Value：获取配置文件中的值。

在运行测试方法 getAge 后，输出以下内容：

```
19
```

在运行测试方法 getName 后，输出以下内容：

```
zhaodaobao
```

4. 新建 GetPersonInfoProperties 类

定义一个实体类，以装载配置文件的信息。并用于处理配置文件中以“personinfo”为前缀的配置项的值。

```
package com.example.demo;
import org.springframework.boot.context.properties.ConfigurationProperties;
import org.springframework.stereotype.Component;
@Component
@ConfigurationProperties(prefix = "personinfo")
public class GetPersonInfoProperties {
    private String name;
    private int age;
    public String getName() {
        return name;
    }
    public void setName(String name) {
        this.name = name;
    }
    public int getAge() {
        return age;
    }
    public void setAge(int age) {
        this.age = age;
    }
}
```

代码解释如下。

- @Component：声明此类是 Spring 管理类。它常用在无法用@Service、@Repository 描述的 Spring 管理类上，相当于通用的注解。
- @ConfigurationProperties：把同类配置信息自动封装成一个实体类。其属性 prefix 代表配置文件中配置项的前缀，如在配置文件中定义的“personinfo”。

还可以把@ConfigurationProperties 直接定义在@Bean 的注解里，这时 Bean 实体类就不需要@Component 和@ConfigurationProperties 注解了，在调用时依然一样调用。如以下代码：

```
@Bean
    @ConfigurationProperties(prefix = "personinfo")
    public GetPersonInfoProperties getPersonInfoProperties(){
        return new GetPersonInfoProperties();
    }
```

5. 获取配置项“personinfo”的值

以下代码演示如何注入 GetPersonInfoProperties 类，并获取配置项“personinfo”的 name 和 age 的值。

```
@Autowired
private GetPersonInfoProperties getPersonInfoProperties;
@Test
public void getpersonproperties() {
System.out.println(getPersonInfoProperties.getName()+getPersonInfoProperties.getAge());
}
```

在运行 getpersonproperties 方法后，输出如下：

```
zhaoxiaobao3
```

4.3.2　实例 4：演示如何使用 application.properties 文件

本实例演示如何使用 application.properties 文件配置 Spring Boot 项目，主要对 Spring Boot 项目的用户名、年龄、数组等配置项进行配置。

本实例的源代码可以在“/04/PropertiesDemo”目录下找到。

1. 编写配置项

在 application.properties 文件中，添加下方配置项及其值，用于测试获取配置项的值。

```
com.example.name=${name:longtao}
com.example.age=18
com.example.address[0]=北京
com.example.address[1]=上海
com.example.address[2]=广州
```

2. 编写类文件处理配置项

编写类文件，用于获取配置文件中配置项的值。

```
import lombok.Data;
import org.springframework.boot.context.properties.ConfigurationProperties;
import org.springframework.stereotype.Component;
import java.util.List;
@Data
@Component
@ConfigurationProperties(prefix ="com.example")
public class CoExample{
    private String name;
```

```
    private int age;
    private List<String> address;
}
```

代码解释如下。

- @Component：声明此类是 Spring 管理类。它常用在无法用@Service、@Repository 描述的 Spring 管理类上，相当于通用的注解。
- @ConfigurationProperties：注入 application.properties 配置文件中的配置项。
- @Data：自动生成 Setter、Getter、toString、equals、hashCode 方法，以及不带参数的构造方法。

3. 编写测试，获取配置项的值

下方代码演示如何获取配置文件中的配置项的值。

```
package com.example.demo;
import org.junit.Test;
import org.junit.runner.RunWith;
import org.springframework.beans.factory.annotation.Autowired;
import org.springframework.boot.test.context.SpringBootTest;
import org.springframework.test.context.junit4.SpringRunner;
import java.util.List;
import static org.junit.Assert.*;
@SpringBootTest
@RunWith(SpringRunner.class)
public class CoExampleTest {
    @Autowired
    private CoExample coExample;

    @Test
    public void   getName() {
        System.out.println(coExample.getName());
    }

    @Test
    public void get_age() {
        System.out.println(coExample.getAge());
    }

    @Test
    public void getAddress() {
        System.out.println(coExample.getAddress());
    }
}
```

代码解释如下。

- @SpringBootTest：用于测试的注解，可指定入口类或测试环境等。
- @RunWith(SpringRunner.class)：在 Spring 测试环境中进行测试。
- @Test：表示一个测试方法。

运行测试 getName 方法，控制台输出以下内容：

```
longtao
```

运行测试 get_age 方法，控制台输出以下内容：

```
18
```

运行测试 getAddress 方法，控制台输出以下内容：

```
[“北京”,”上海”,”广州”]
```

这里一定要注意编码。如果使用的是中文，则有可能出现乱码，请单击 IDEA 菜单栏中的“File→Settings→Editor→File Encodings”命令，然后将 Properties Files (*.properties) 下的“Default encoding for properties files”设置为 UTF-8，并勾选“Transparent native-to-ascii conversion”复选框。如果依然不行，则可以尝试删除文件，然后重新创建这个文件。

4.3.3　实例 5：用 application.yml 和 application.properties 配置多环境

在实际项目的开发过程中，经常需要配置多个环境（如开发环境和生产环境），以便不同的环境使用不同的配置参数。本实例通过配置文件来实现多环境配置。

代码　本实例的源代码可以在“/04/Application”和“/04/MultiYmlDemo”目录下找到。分别代表两种配置方式实现的多环境配置。

1. 用 application.yml 配置多环境

（1）在 resources 目录下新建 3 个 YML 配置文件。

它们分别代表测试环境（application-dev.yml）、生产环境（application-prod.yml）、主配置文件（application.yml）。

（2）配置开发环境。

在 application-dev.yml 文件中输入以下代码：

```
server:
```

```
  port: 8080
  servlet:
    session:
      timeout: 30
  tomcat:
    uri-encoding: UTF-8
myenvironment:
  name: 开发环境
```

（3）配置生产环境。

在 application-prod.yml 文件中输入以下代码：

```
server:
  port: 8080
  servlet:
    session:
      timeout: 30
  tomcat:
    uri-encoding: UTF-8
myenvironment:
  name: 生产环境
```

（4）配置主配置文件。

在 application.yml 中，指定当前活动的配置文件为 application-dev.yml，具体代码如下：

```
spring:
  profiles:
    active: dev
```

active 命令表示当前设定生效的配置文件是 dev（调试环境）。如果要发布，则直接将 active 的值改为“prod”。

（5）编写测试。

通过下面代码获取配置文件中的配置项“myenvironment”的 name 值。

```
@RunWith(SpringRunner.class)
@SpringBootTest
public class MultiYmlDemoApplicationTests {
    @Value("${myenvironment.name}")
    private String name;
    @Test
```

```
    public void getMyEnvironment() {
        System.out.println(name);
    }
}
```

运行测试 getMyEnvironment 方法，在控制台中会输出以下内容：

```
开发环境
```

（6）变更应用程序环境。

如果要变更为生产环境，则将 application.yml 中的“active: dev”改为“active: prod”。在修改之后，再次运行测试 getMyEnvironment 方法，则在控制台中输出以下内容：

```
生产环境
```

2. 用 application.properties 配置多环境

（1）和 YAML 配置方式一样，创建 application-dev.properties、application-prod.properties、application.properties 三个配置文件，它们分别代表开发环境、生产环境和主配置文件。

（2）在主配置文件 application.properties 中配置当前活动选项，例如，要使用“dev”环境，则配置以下代码：

```
spring.profiles.active=dev
```

当然，都可以在运行 JAR 包时指定配置文件。如果要在启动时指定使用 pro 配置文件，则可以输入以下代码运行：

```
java  -jar  name.jar   --spring.profiles.active=pro
```

4.4　Spring Boot 的 Starter

4.4.1　了解 Starter

Spring Boot 为了简化配置，提供了非常多的 Starter。它先打包好与常用模块相关的所有 JAR 包，并完成自动配置，然后组装成 Starter（如把 Web 相关的 Spring MVC、容器等打包好后组装成 spring-boot-starter-web）。这使得在开发业务代码时不需要过多关注框架的配置，只需要关注业务逻辑即可。

Spring Boot 提供了很多开箱即用的 Starter，大概有近 50 种，其中常用的见表 4-5。

表 4-5 常用的 Starter

Starter	说 明
spring-boot-starter-web	用于构建 Web。包含 RESTful 风格框架、SpringMVC 和默认的嵌入式容器 Tomcat
spring-boot-starter-test	用于测试
spring-boot-starter-data-jpa	带有 Hibernate 的 Spring Data JPA
spring-boot-starter-jdbc	传统的 JDBC。轻量级应用可以使用，学习成本低，但最好使用 JPA 或 Mybatis
spring-boot-starter-thymeleaf	支持 Thymeleaf 模板
spring-boot-starter-mail	支持 Java Mail、Spring Email 发送邮件
spring-boot-starter-integration	Spring 框架创建的一个 API，面向企业应用集成（EAI）
spring-boot-starter-mobile	Spring MVC 的扩展，用来简化手机上的 Web 应用程序开发
spring-boot-starter-data-redis	通过 Spring Data Redis、Redis Client 使用 Redis
spring-boot-starter-validation	Bean Validation 是一个数据验证的规范，Hibernate Validator 是一个数据验证框架
spring-boot-starter-websocket	相对于非持久的协议 HTTP，Websocket 是一个持久化的协议
spring-boot-starter-web-services	SOAP Web Services
spring-boot-starter-hateoas	为服务添加 HATEOAS 功能
spring-boot-starter-security	用 Spring Security 进行身份验证和授权
spring-boot-starter-data-rest	用 Spring Data REST 公布简单的 REST 服务

如果要查看全部的 Starter，可以访问官网：

https://docs.spring.io/spring-boot/docs/2.1.3.RELEASE/reference/htmlsingle/#using-boot-starter

4.4.2 使用 Starter

如果想使用 Spring 的 JPA 操作数据库，则需要在项目中添加“spring-boot-starter- data-jpa”依赖，即在 pom.xml 文件中的<dependencies>和</dependencies>元素之间加入依赖，具体代码如下：

```
<dependencies>
...
<dependency>
    <groupId>org.springframework.boot</groupId>
    <artifactId>spring-boot-starter-data-jpa</artifactId>
</dependency>
...
</dependencies>
```

如果依赖项没有版本号，则 Spring Boot 会根据自己的版本号自动关联。如果需要特定的版本，则需要加上 version 元素。

第 5 章 分层开发 Web 应用程序

本章首先介绍 Web 开发中最常用的分层开发的模式 MVC（Model View Controller）；然后讲解视图技术 Thymeleaf 的语法和实用技术，并用实例讲解如何将 MVC 三者联系起来构建 Web 应用程序；最后通过实例讲解如何用 Validator 实现数据验证，以及如何自定义数据验证。

5.1 应用程序分层开发模式——MVC

5.1.1 了解 MVC 模式

Spring Boot 开发 Web 应用程序主要使用 MVC 模式。MVC 是 Model（模型）、View（视图）、Controller（控制器）的简写。

- Model：是 Java 的实体 Bean，代表存取数据的对象或 POJO（Plain Ordinary Java Objects，简单的 Java 对象），也可以带有逻辑。其作用是在内存中暂时存储数据，并在数据变化时更新控制器（如果要持久化，则需要把它写入数据库或者磁盘文件中）。
- View：主要用来解析、处理、显示内容，并进行模板的渲染。
- Controller：主要用来处理视图中的响应。它决定如何调用 Model（模型）的实体 Bean、如何调用业务层的数据增加、删除、修改和查询等业务操作，以及如何将结果返给视图进行渲染。建议在控制器中尽量不放业务逻辑代码。

这样分层的好处是：将应用程序的用户界面和业务逻辑分离，使得代码具备良好的可扩展性、可复用性、可维护性和灵活性。

如果不想使用 MVC 开发模式也是可以的，MVC 只是一个非常合理的规范。MVC 的关系如图 5-1 所示。

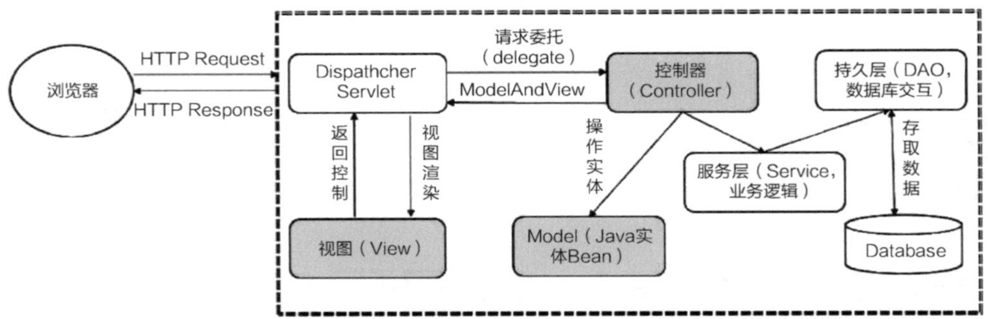

图 5-1 MVC 模式

如果读者对 MVC 开发模式理解得不深入，那么往往会以为用户通过浏览器访问 MVC 模型的页面就是访问视图（View）。实际上，它并不是直接访问视图，而是访问 DispatcherServlet 处理映射和调用视图渲染，然后返回给用户的数据。

在整个 Spring MVC 框架中，DispatcherServlet 处于核心位置，继承自 HttpServlet。它负责协调和组织不同组件，以完成请求处理并返回响应工作。

整个工程流程如下：

（1）客户端（用户）发出的请求由 Tomcat（服务器）接收，然后 Tomcat 将请求转交给 DispatcherServlet 处理。

（2）DispatcherServlet 匹配控制器中配置的映射路径，进行下一步处理。

（3）ViewResolver 将 ModelAndView 或 Exception 解析成 View。然后 View 会调用 render()方法，并根据 ModelAndView 中的数据渲染出页面。

在 MVC 开发模式中，容易混淆的还有 Model，它往往会被认为是业务逻辑层或 DAO 层。这种理解并不能说是错误的，但并不是严格意义上的 MVC 模式。

5.1.2 MVC 和三层架构的关系

三层架构，就是将整个应用程序划分为表现层（UI）、业务逻辑层（Service）、数据访问层（DAO/Repository）。

- 表现层：用于展示界面。主要对用户的请求进行接收，以及进行数据的返回。它为客户端（用户）提供应用程序的访问接口（界面）。
- 业务逻辑层：是三层架构的服务层，负责业务逻辑处理，主要是调用 DAO 层对数据进行增加、删除、修改和查询等操作。

- 数据访问层：与数据库进行交互的持久层，被 Service 调用。在 Spring Data JPA 中由 Hibernate 来实现。

> Repository 和 DAO 层一样，都可以进行数据的增加、删除、修改和查询。它们相当于仓库管理员，执行进/出货操作。
>
> DAO 层的工作是存取对象。Repository 层的工作是存取和管理对象。
>
> 简单理解就是：Repository = 管理对象（对象缓存和在 Repository 的状态） + DAO。

严格地说，MVC 是三层架构中的 UI 层。通过 MVC 把三层架构中的 UI 层又进行了分层。

由此可见，三层架构是基于业务逻辑或功能来划分的，而 MVC 是基于页面或功能来划分的。

5.2　使用视图技术 Thymeleaf

5.2.1　认识 Thymeleaf

Spring Boot 主要支持 Thymeleaf、Freemarker、Mustache、Groovy Templates 等模板引擎。

由于官方提供的大多是关于 Thymeleaf 的案例，且很多初学用户使用的是不支持 Freemarker 的免费版 IDEA，而学会 Thymeleaf 之后再使用其他模板引擎就轻车熟路了，所以本书也以 Thymeleaf 为例进行讲解。

Thymeleaf 可以轻易地与 Spring MVC 等 Web 框架进行集成。

Thymeleaf 语法并不会破坏文档的结构，所以 Thymeleaf 模板依然是有效的 HTML 文档。模板还可以被用作工作原型，Thymeleaf 会在运行期内替换掉静态值。它的模板文件能直接在浏览器中打开并正确显示页面，而不需要启动整个 Web 应用程序。

Thymeleaf 的使用非常简单。比如，要输出“Hello World!”字符串，可以很简单地在模板文件中加入以下代码：

```
<p>Hello World!</p>
```

或：

```
<p th:text="${message}?: ' Hello World!'">Hello World!</p>
```

其中，“<p th:text="${message}">”用来接收控制器传入的参数“message”。如果控制器向模板传入了参数，则 Thymeleaf 会用“message”参数的值替换掉“Hello World!”。

1. 为什么需要模板引擎

Thymeleaf 解决了前端开发人员要和后端开发人员配置一样环境的尴尬和低效。它通过属性进行模板渲染，不需要引入不能被浏览器识别的新的标签。页面直接作为 HTML 文件，用浏览器打开页面即可看到最终的效果，可以降低前后端人员的沟通成本。

2. 使用 Thymeleaf

（1）引入依赖。

要使用 Thymeleaf，首先需要引入依赖。直接在 pom.xml 文件中加入以下依赖即可。

```
<dependency>
      <groupId>org.springframework.boot</groupId>
      <artifactId>spring-boot-starter-thymeleaf</artifactId>
</dependency>
```

（2）在模板文件中加入解析。

在加入依赖后，还需要在 HTML 文件中加入“<html lang="en" xmlns:th="http://www.thymeleaf.org" >”命名空间。这样就能完成 Thymeleaf 的标签的渲染。

以下代码是一个简单完整的 Thymeleaf 模板文件，其作用是显示数据库（实体）中的文章标题和内容。

```
<!DOCTYPE html>
<html lang="en" xmlns:th="http://www.thymeleaf.org" >
<head>
    <meta charset="utf-8">
    <title th:text="${article.title}">标题</title>
</head>
<body>
<div th:text="${article.title}">标题</div>
<div th:text="${article.body}">内容</div>
</body>
</html>
```

3. 配置视图解析器

Spring Boot 默认的页面映射路径（即模板文件存放的位置）为“classpath: /templates/*.html”。静态文件路径为“classpath:/static/”，其中可以存放层叠样式表 CSS（Cascading Style Sheets）、JS（JavaScript）等模板共用的静态文件。

在 application.properties 文件中，可以配置 Thymeleaf 模板解析器属性，如以下代码：

```
spring.thymeleaf.mode=HTML5
spring.thymeleaf.encoding=UTF-8
spring.thymeleaf.content-type=text/html
#为便于测试，在开发时需要关闭缓存
spring.thymeleaf.cache=false
```

代码解释如下。

- spring.thymeleaf.mode：代表 Thymeleaf 模式。
- spring.thymeleaf.encoding：代表 Thymeleaf 编码格式。
- spring.thymeleaf.content-type：代表文档类型。
- spring.thymeleaf.cache：代表是否启用 Thymeleaf 的缓存。

Thymeleaf 检查 HTML 格式很严格。如果 HTML 格式不对，则会报错。如果想禁止这种严格的语法检查模式，则可以在 application.properties 配置文件中加入“spring.thymeleaf.mode = LEGACYHTML5”来解决。在开发过程中，一般将 Thymeleaf 的模板缓存设置为关闭，即在 application.properties 配置文件中加入“spring.thymeleaf.cache=false”。否则，修改之后可能不会及时显示修改后的内容。

5.2.2　基础语法

本节讲解 Thymeleaf 基础语法。

本节的实例源代码可以在“/05/Thymeleaf”目录下找到。

1. 引用命名空间

要使用 Thymeleaf，则需要先要加入依赖，然后在模板文件中引用命名空间，如下：

```
<html lang="zh" xmlns:th="http://www.thymeleaf.org">
```

之后，会进行 Thymeleaf 模板标签的渲染。如果用 Spring Security 作为安全认证，且需要显示登录用户的信息，则可以先在视图中加入额外的 thymeleaf-extras-springsecurity 依赖，然后在模板文件中加入 thymeleaf-extras-springsecurity 命名空间，具体见以下代码：

```
<!DOCTYPE html>
<html lang="en" xmlns:th="http://www.thymeleaf.org"
      xmlns:sec="http://www.thymeleaf.org/thymeleaf-extras-springsecurity5">
//省略部分 HTML 标签
<span sec:authentication="name"></span></strong></span>
<span sec:authorize="hasRole('ROLE_ADMIN')">管理员</span>
<span sec:authorize="hasRole('ROLE_USER')" >普通用户</span>
```

```
//省略部分 HTML 标签
```

这里特别要注意查看 spring-boot-starter-thymeleaf 依赖和 thymeleaf-extras-springsecurity 依赖的版本是否兼容。如果不兼容，则无法调用登录用户的信息。

2. 常用 th 标签

（1）th:text。

```
<div th:text="${name}">name</div>
```

它用于显示控制器传入的 name 值。

如果 name 不存在，要显示默认值，则使用以下代码：

```
<span th:text="${name} ?: '默认值'"></span>
```

（2）th:object。

它用于接收后台传过来的对象，如以下代码：

```
th:object="${user}"
```

（3）th:action。

它用来指定表单提交地址。

```
<form th:action="@{/article/}+${article.id}" method="post"></form>
```

（4）th:value。

它用对象将 id 的值替换为 value 的属性。

```
<input type="text" th:value="${article.id}" name="id" />
```

（5）th:field。

它用来绑定后台对象和表单数据。Thymeleaf 里的“th:field”等同于“th:name”和“th:value”，其具体使用方法见以下代码：

```
<input type="text" id="title" name="title" th:field="${article.title}"/>
<input type="text" id="title" name="title" th:field="*{title}"/>
```

3. Thymeleaf 中的 URL 写法

Thymeleaf 是通过语法@{…}来处理 URL 的，需要使用“th:href”和“th:src”等属性，如以下代码：

```
<a th:href="@{http:// eg.com/}">绝对路径</a>
<a th:href="@{/}">相对路径</a>
<a th:href="@{css/bootstrap.min.css}">默认访问 static 下的 css 文件夹</a>
```

4. 用 Thymeleaf 进行条件求值

Thymeleaf 通过“th:if”和“th:unless”属性进行条件判断。在下面的例子中，<a>标签只有在“th:if”中的条件成立时才显示。

```
<a th:href="@{/login}" th:if=${session.user == null}>Login</a>
```

“th:unless”与“th:if”恰好相反——只有当表达式中的条件不成立时才显示其内容。在下方代码中，如果用户 session 为空，则不显示登录（login）链接。

```
<a th:href="@{/login}" th:unless=${session.user == null}>Login</a>
```

5. Switch

Thymeleaf 支持 Switch 结构，如以下代码：

```
<div th:switch="${user.role}">
    <p th:case="admin">管理员</p>
    <p th:case="vip">vip 会员</p>
    <p th:case="*">普通会员</p>
</div>
```

上述代码的意思是：如果用户角色（role）是 admin，则显示“管理员”；如果用户角色是 vip，则显示“vip 会员”；如果都不是，则显示“普通会员”，即使用“*”表示默认情况。

6. Thymeleaf 中的字符串替换

有时需要对文字中的某一处地方进行替换，可以通过字符串拼接操作完成，如以下代码：

```
<span th:text="'欢迎您, ' + ${name} + '!'"></span>
```

或，

```
<span th:text="|欢迎您, ${name}!|"></span>
```

上面的第 2 种形式限制比较多，|...|中只能包含变量表达式${...}，不能包含其他常量、条件表达式等。

7. Thymeleaf 的运算符

（1）算数运算符。

如果要在模板中进行算数运算，则可以用下面的写法。以下代码表示求加和取余运算。

```
<span th:text="1+3">1 + 3</span><br />
<span th:text="9%2">9 % 2</span><br />
```

（2）条件运算符 th:if。

下方代码演示了 if 判断，表示：如果从控制器传来的 role 值等于“admin”，则显示“欢迎您，管理员”；如果 role 值等于“vip”，则显示“欢迎您，vip 会员”。

```
<div th:if="${role} eq admin">
    <span>欢迎您，管理员</span>
</div>
<div th:if="${role} eq vip">
    <span>欢迎您，vip 会员</span>
</div>
```

eq 是判断表达式，代表等于。其他的判断表达式如下。

- gt：大于。
- ge：大于或等于。
- eq：等于。
- lt：小于。
- le：小于或等于。
- ne：不等于。

（3）判断空值。

可以使用 if 来判断值是否为空，如以下代码：

- 判断不为空：

```
<span th:if="${name} != null">不为空</span>
```

- 判断为空：

```
<span th:if="${name} == null">为空</span>
```

8. Thymeleaf 公用对象

Thymeleaf 还提供了一系列公用（utility）对象，可以通过“#”直接访问，如以下用法。

- 格式化时间：

```
<td th:text="${#dates.format(item.createTime, 'yyyy-MM-dd HH:mm:ss')}">格式化时间</td>
```

- 判断是不是空字符串：

```
<span th:if="${#strings.isEmpty(name)}">空的</span>
```

- 是否包含（分大小写）：

```
<span th:if="${#strings.contains(name,'long')}">包含 long</span>
```

5.2.3 处理循环遍历

本节讲解如何用 Thymeleaf 处理循环遍历。

  本节的实例源代码可以在“/05/Thymeleaf”目录下找到。

1. 遍历对象（object）

在开发过程中，经常会遇到遍历对象的情况，可以通过“th:each=” Object: ${Objects}”” 标签来处理。以下代码是遍历从控制器中传来的文章对象。

```
<div th:each="article: ${articles}">
    <li th:text="${article.title}">文章标题</li>
    <li th:text="${article.body}">文章内容</li>
</div>
```

2. 遍历分页（page）

分页也是极为常见的开发需求。在 Thymeleaf 中，可以通过“th:each=” item : ${page.content}”” 标签来处理 page 对象。如以下代码：

```
<div th:each="item : ${page.content}">
<li th:text="${item.id}">id</li>
<li th:text="${item.title}">title</li>
</div>
```

3. 遍历列表（list）

要处理 list，也使用“th:each="item : ${list}"”标签来实现。

如果 list 中只有一个元素，则使用以下代码：

```
<div   th:each="item : ${list}">
<li th:text="${item}">id</li>
</div>
```

如果 list 中有多个元素，则使用以下代码：

```
<div   th:each="item : ${list}">
<li th:text="${item.id}">id</li>
<li th:text="${item.name}"> name </li>
</div>
```

4. 遍历数组（array）

使用“th:each="item:${arrays}"”标签来遍历数组，如以下代码：

```
<div th:each="item:${arrays}">
<li th:text="${item}"></li>
</div>
```

5. 遍历集合（map）

集合通过“th:text="${item.key}”显示集合的 key，通过“th:text="${item.value}"”显示集合的值，如以下代码：

```
//遍历 key
<div th:each="item : ${map}">
<li th:text="${item.key}"></li>
</div>

//遍历 value
<div th:each="item : ${map}">
<li th:text="${item.value}"></li>
</div>

//遍历 key-value
<div th:each="item:${map}">
<li th:text="${item}"></li>
</div>
```

5.2.4 处理公共代码块

一个网页的结构基本可以分为上（header）、中（body）、下（footer）三个部分。在一般情况下，header 和 footer 的信息在各个页面都会重复显示，如果每个页面都复制一份代码则太麻烦了。

设计Thymeleaf 的团队也考虑到代码复用的问题，提供了“th:fragment”“th:include”和“th:replace”标签用来处理重复的代码块。具体用法如下。

1. 用 fragment 标记重复代码块

可以通过“th:fragment="header"”标签来标记重复代码块，如以下代码：

```
<!DOCTYPE html>
<html lang="en" xmlns:th="http://www.thymeleaf.org">
<div class="footer" id="header"   th:fragment="header">
   公共  header
</div>

<div class="footer" id="footer"   th:fragment="footer">
   公共  footer
</div>
</body>
</html>
```

2. 调用重复代码块

在需要调用的地方，用“th:include”或“th:replace”标签根据 fragment 值来调用，如以下代码：

```
<!DOCTYPE html>
<html lang="en" xmlns:th="http://www.thymeleaf.org">
```

```
<div>replace 调用方式：</div>
<div th:replace="~{common :: header}"></div>
<div>body</div>
<div>include 调用方式：</div>
<div th:include="~{common :: footer}"></div>
</body>
</html>
```

“th:include”和“th:replace”标签都可以调用公共代码。它们的区别如下。

- th:replace：替换当前标签为模板中的标签。比如上面用 replace 标签，则代码替换为：

```
<div class="header">
   公共 header
</div>
```

- th:include：只加载模板的内容。比如上面用 include 标签，则代码替换为：

```
<div>
   公共 footer
</div>
```

5.2.5　处理分页

在 MVC 开发过程中，分页也是常用的功能。Thymeleaf 可以处理由控制器传入的分页参数。

1. 用控制器传入 page 对象

```
Pageable pageable = PageRequest.of(start, limit, sort);
        Page<Article> page = articleRepository.findAll(pageable);
        ModelAndView mav = new ModelAndView("article/list");
        mav.addObject("page", page);
return mav;
```

2. 用 Thymeleaf 接收 page 对象并处理

```
<div>
<a th:href="@{/article(start=0)}">[首页]</a>
<a th:if="${not page.isFirst()}" th:href="@{/article(start=${page.number-1})}">[上页]</a>
<a th:if="${not page.isLast()}" th:href="@{/article(start=${page.number+1})}">[下页]</a>
<a th:href="@{/article(start=${page.totalPages-1})}">[末页]</a>
</div>
```

3. 处理路径多参数

如果分页 URI（Universal Resource Identifier，URI 是统一资源标识符，而 URL 是统一资源定位符。因此，可以笼统地说，每个 URL 都是 URI，但不一定每个 URI 都是 URL）中有多个参数，则一定要注意格式，中间用“,”隔开，而不是用“&”。

如，路径（http://localhost:8080/search?key=%E9%BE%99%E4%B8%AD%E5%8D%8E&start =1）

中有两个参数 key 和 start，在 URL 路径中是用“&”隔开的。但在 Thymeleaf 中需要用“,”隔开，如“@{/search(key=${keys},start=${page.number+1})}”。具体用法见以下代码：

```
<div>
    <span th:text="共+${page.totalPages}+页"></span>
    <a th:href="@{/search(key=${keys},start=0,)}">[首页]</a>
    <a th:if="${not page.isFirst()}" th:href="@{/search(key=${keys},start=${page.number-1})}">[上页]</a>
    <a th:if="${not page.isLast()}" th:href="@{/search(key=${keys},start=${page.number+1})}">[下页]</a>
    <a th:href="@{/search(key=${keys},start=${page.totalPages-1})}">[末页]</a>
</div>
```

代码解释如下。

- page.totalPages：总页数。
- page.isFirst()：判断是否为第一页。
- page.isLast()：判断是否为最后一页。
- page.number：当前页数。

5.2.6 验证和提示错误消息

大多数表单信息都需要进行字符串的验证，以及提供错误消息反馈。Thymeleaf 提供了几种提示错误信息的方法。

1. 字段错误信息提示

Thymeleaf 通过“th:field”提供了“th:errors”和“th:errorclass”属性，用来验证和提示错误消息，如以下代码。如果邮箱信息验证出错，则会提示错误信息。

```
<div>
<span>邮箱:</span>
<span><input TYPE="text" th:field="*{email}"/></span>
<span   class="warn" th:if="${#fields.hasErrors('email')}" th:errors="*{email}">邮箱错误</span>
</div>
```

#fields.hasErrors()方法接收字段返回来的错误信息，并显示给用户。在 Spring Boot 中，#fields.hasErrors()方法常常结合其内置的验证器（Validator）一起使用，它直接通过实体定义的 API 返回信息。比如在实体中加入 Email 验证，如下：

```
@Email(message = "请输入邮箱")
@NotBlank(message = "邮箱不能为空")
private String email;
```

除反馈错误信息外，还可以定义错误的 CSS 样式，如以下代码：

```
<input type="text" th:field="*{name}" class="small" th:errorclass="warn" />
```

当出现错误之后，则变为：

```
<input type="text" id="name" name="name" class="small warn" />
```

这样就可以通过 CSS 的样式来起到提示错误信息的作用。

2. 提示所有错误

如果想在表单中提示所有的错误信息，则可以使用#fields.hasErrors()或#fields.errors()，其参数可以是“*” 或“all”，如：

```
<ul th:if="${#fields.hasErrors('*')}">
  <li th:each="err : ${#fields.errors('*')}" th:text="${err}">输入错误</li>
</ul>
```

5.2.7　实例 6：编写 Thymeleaf 视图以展示数据

在 3.2 节的实例中展示了第 1 个 Spring Boot 应用程序。它是 Restful 风格的，一般用于提供 API 接口，供手机或其他客户端调用，并没有使用 View 的模板。下面将它加入 Thymeleaf 模板来构建 MVC 模式的程序，以便理解 MVC 的使用方法。

本实例的源代码可以在“/05/HelloWord”目录下找到。

1. 编写控制器

新添加一个 MVC 模式的控制器“HelloWorldMvcController”，并输入以下内容：

```
package com.example.demo;
import org.springframework.stereotype.Controller;
import org.springframework.ui.Model;
import org.springframework.web.bind.annotation.RequestMapping;
//MVC 模式的控制器
@Controller
public class HelloWorldMvcController {
    @RequestMapping("/helloworld")
    public String helloWorld(Model model) throws Exception {
        model.addAttribute("mav", "Hello ,Spring Boot!我是 MVC 结构");
        //视图（view）的位置和名称。视图位于 example 文件夹下，视图文件为 hello.html
        return "example/hello";
    }
}
```

上述代码中使用了注解@Controller，以标注此控制器为 MVC 模式的控制器。然后用注解@RequestMapping 标注方法的 URL 映射路径“/helloworld”，并通过 return 指定参与渲染的视图。

2. 添加 Thymeleaf 模板

在 templates 文件夹下新建文件夹“example”，在 example 下新建 hello.html 文件，然后写入以下代码：

```
<!DOCTYPE html>
<html lang="en" xmlns:th="http://www.thymeleaf.org">
<head>
    <meta charset="UTF-8"/>
    <title th:text="${mav}">mav</title>
</head>
<body class="container">
<h1 th:text="${mav}">mav</h1>
</body>
</html>
```

3. 添加依赖

Thymeleaf 模板已经编写好了，但依然不能被渲染，需要添加 Thymeleaf 的依赖。单击打开项目中的 pom.xml 文件，然后添加 Thymeleaf 依赖，见以下代码：

```
<!--项目的依赖项，该元素描述了项目相关的所有依赖，它们会自动从项目定义的仓库中下载依赖-->
    <dependencies>
        <dependency>
            <groupId>org.springframework.boot</groupId>
            <artifactId>spring-boot-starter-web</artifactId>
        </dependency>
        <dependency>
            <groupId>org.springframework.boot</groupId>
            <artifactId>spring-boot-starter-thymeleaf</artifactId>
        </dependency>
        <dependency>
            <groupId>org.projectlombok</groupId>
            <artifactId>lombok</artifactId>
            <optional>true</optional>
        </dependency>
        <dependency>
            <groupId>org.springframework.boot</groupId>
            <artifactId>spring-boot-starter-test</artifactId>
            <scope>test</scope>
        </dependency>
    </dependencies>
```

启动项目，然后访问“http://localhost:8080/helloworld”，可以看到网页中显示了 H1 标签样式（网页中的一号标题字体）的文字：

```
Hello ,Spring Boot!我是 MVC 结构
```

至此，一个完整的 MVC 模式的 Web 开发完成。

5.3 使用控制器

在 Spring MVC 中，控制器（Controller）负责处理由 DispatcherServlet 接收并分发过来的请求。它把用户请求的数据通过业务处理层封装成一个 Model，然后再把该 Model 返回给对应的 View 进行展示。

Controller 无须继承特定的类或实现特定的接口。只需使用@Controller（@RestController）来标记一个控制器，然后用注解@RequestMapping 定义 URL 请求和 Controller 方法之间的映射，这样 Controller 就能被外界访问到。它可以包含多个请求处理方法。

5.3.1 常用注解

Spring MVC 控制器中常使用的注解有如下几种。

1. @Controller

@Controller 标记在类上。使用@Controller 标记的类表示是 Spring MVC 的 Controller 对象。分发处理器将会扫描使用了该注解的类，并检测其中的方法是否使用了注解@RequestMapping。注解@Controller 只是定义了一个控制器类，使用了注解@RequestMapping 的方法才是真正处理请求的处理器，完成映射关系。

2. @RestController

@RestController 是 Spring 4.0 之后才有的注解。它等价于原来的注解@Controller 加上注解@ResponseBody 的功能，直接返回字符串。用它来标注 Rest 风格的控制器类。

3. @RequestMapping

它用来处理请求地址映射的注解，可用在类或方法上。如果用在类上，则表示类中的所有响应请求的方法都以该地址作为父路径。

RequestMapping 注解有 6 个属性。

- value：指定请求的地址。
- method：指定请求的 method 类型——GET、HEAD、POST、PUT、PATCH、DELETE、OPTIONS、TRACE。
- consumes：消费消息，指定处理请求的提交内容类型（Content-Type），例如 application/json、text/html。

- produces：生产消息，指定返回的内容类型。仅当 request 请求头中的 Accept 类型中包含该指定类型时才返回。
- params：指定 request 中必须包含某些参数值才让该方法处理请求。
- headers：指定 request 中必须包含某些指定的 header 值才能让该方法处理请求。

4. @PathVariable

将请求 URL 中的模板变量映射到功能处理方法的参数上，即获取 URI 中的变量作为参数。以下代码先通过获取路径中的 id 值，再根据获取的 id 值来获取数据库中产品的对象。

```
    @RequestMapping(value="/product/{id}",method = RequestMethod.GET)
    public String getProduct(@PathVariable("id") String id){
Product product = productRepository.findById(id);
        System.out.println("产品 id : " + product.getId());
        System.out.println("产品名称 : " + product.getTitle());
        return "product/show";
    }
```

5.3.2 将 URL 映射到方法

将 URL（统一资源定位符）映射到方法，是通过注解@RequestMapping 来处理的。URL 映射其实就是用控制器定义访问的 URL 路径。用户通过输入路径来访问某个方法，如图 5-2 所示。

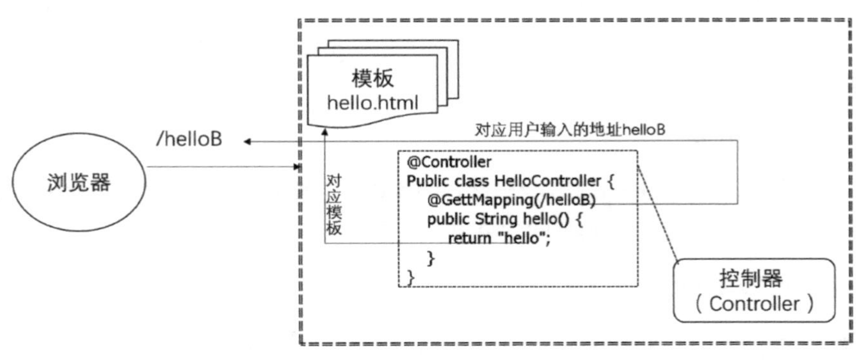

图 5-2 控制器处理 URL 映射

注解@RequestMapping 可以在类和方法上使用。如在类上使用，则可以窄化映射。如以下代码：

```
@RestController
@RequestMapping("news")
Public class NewsController {
//GET 方式
@RequestMapping(value = "/", method = RequestMethod.GET)
```

```
    public void add() {}
//POST 方式
 @RequestMapping(value = "/", method = RequestMethod.POST)
    public void save() {}
}
```

访问 add 和 save 方法都需要加上 news 级目录，如下所示。

- GET 方式访问 add 方法的路径：http://localhost:8080/news/。
- POST 方式访问 save 方法的路径：http://localhost:8080/news/。

这里的路径是一样的，但并不错误，因为资源路径一样，只是 HTTP 方法不一样。

Spring Boot 还提供了更简洁的编写 URL 映射的方法，如@GetMapping("/")，它等价于@RequestMapping(value = "/",method = RequestMethod.GET)。除此之外还有下面的写法。

- @GetMapping：处理 GET 请求。
- @PostMapping：处理 POST 请求。
- @DeleteMapping：处理删除请求。
- @PutMapping：处理修改请求。

5.3.3　处理 HTTP 请求的方法

RequestMapping 的 method 类型有 GET、HEAD、POST、PUT、PATCH、DELETE、OPTIONS、TRACE。可以通过这些 method 来处理前端用不同方法提交的数据。

1. GET

GET 方法是最常用的方法。用 GET 方法可以获取资源。比如，以下代码用 GET 方法根据 id 来获取文章对象。

```
@GetMapping("/{id}")
public ModelAndView getArticle(@PathVariable("id") Integer id) throws Exception {
    Article articles = articleRepository.findById(id);
    ModelAndView mav = new ModelAndView("article/show");
    mav.addObject("article", articles);
    return mav;
}
```

2. DELETE

如果需要删除一个数据，根据 Restful 风格则需要使用 DELETE 方法。在使用 DELETE 方法删除资源时，要注意判断是否成功，因为返回的是 VOID 类型。

一般有以下三个方法进行判断。

- 使用 try catch exception：如果不发生异常，则默认为成功，但是这样并不好。
- 通过存储过程返回值来判断是否正确执行：如果执行成功，则返回 1 或大于 0 的值；如果执行失败，则返回 0。
- 在执行 DELETE 方法前先查询是否有数据：在执行 DELETE 方法后返回值是 0，所以，一般先查询一下是否有数据。

3. POST

如果需要添加对象，那一般使用 POST 方法传递一个 Model 对象。

在求职面试时，有时面试官会询问 GET 和 POST 的区别。一般而言，GET 和 POST 有如下区别。

- GET 在浏览器中可以回退，而 POST 访问同一个地址时也是再次提交请求。
- GET 请求会被浏览器主动缓存，而 POST 则不会。
- GET 中的参数会被完整地保留在浏览器历史记录里，而 POST 中的参数则不会被保留。
- GET 只能进行 URL 编码，而 POST 支持多种编码方式。
- GET 只接收 ASCII 字符，而 POST 没有限制。
- GET 的安全性相比 POST 低，因为参数直接暴露在 URL 上，所以不能用它传递敏感信息。
- GET 的参数是通过 URL 传递的，而 POST 的参数是放在 request body 中的。

但是，以上这些都不是绝对的，比如 POST 也可以通过 URL 路径提交参数。

4. PUT

如果对象需要更新，则用 PUT 方法发送请求。

5. PATCH

PATCH 是一个新引入的方法，是对 PUT 方法的补充，用来对已知资源进行局部更新。

很多人对这个方法不太理解，因为使用 PUT 和 PATCH 方法都能成功，导致不太理解什么叫局部更新。下面以更新 User 对象来理解它们的区别。

User 对象有 id、name、password、sex 等属性。如果只需要修改 name 的值，则此时的更新操作就可以用 PATCH 方法。

但是在大多数的应用程序中，很多人都会使用 PUT 方法提交完整的 User 对象给后端。这种做法虽然在功能上是可以实现的，但对资源是一种浪费——提交的数据过多了。如果遇到文章类型的对象，为了改一个标题，而要同时提交很多的内容实在是不划算（一篇文章一般由标题和内容等构成，内容往往很多）。

6. OPTIONS

该方法用于获取当前 URL。若请求成功，则会在 HTTP（HyperText Transfer Protocol，超文本传输协议）头中包含一个名为“Allow”的头，其值是所支持的方法，如值为“GET,POST”。它还允许客户端查看服务器的性能。如果遇到“500 错误”，则 OPTIONS 不进行第二次请求。

7. TRACE

它显示服务器收到的请求，主要用于测试或诊断。

5.3.4　处理内容类型

1. 认识 HTTP 中的媒体类型 Content-Type

在 HTTP 协议消息头中，用 Content-Type 来表示具体请求中的媒体类型信息。PC 端网页常用的是“text/html”格式，手机 APP 常用的是 JSON 格式。

（1）常见的媒体格式如下。

- text/html：HTML 格式。
- text/plain：纯文本格式　。
- text/xml：XML 格式。
- image/gif：GIF 图片格式。
- image/jpeg：JPG 图片格式。
- image/png：PNG 图片格式。

（2）以 application 开头的媒体格式如下。

- application/xhtml+xml：XHTML+XML 格式。
- application/xm：XML 数据格式。
- application/atom+xml：Atom XML 聚合格式。
- application/json：JSON 数据格式。
- application/pdf：PDF 格式。
- application/msword：Word 文档格式。
- application/octet-stream：二进制流数据（常用于文件下载）。
- application/x-www-form-urlencoded：表单数据编码方式，<form encType=” ”>中默认的 encType，Form（表单）数据被默认编码为 key/value 格式发送给服务器。
- multipart/form-data：如果在表单中进行文件上传，则需要使用该格式。

2. 用 Produces 和 Consumes 处理内容类型

（1）Produces 的例子。

下面是一个返回 JSON 格式的数据的例子。代码中可以省略 Produces 属性，因为已经使用了注解@RestController，它的返回值就是 JSON 格式的数据。

```
@RestController
@RequestMapping(value = "/{id}", method = RequestMethod.GET, produces="application/json")
public Model getModel (@PathVariable String id, Model model) {
    //
}
```

如果要强制返回编码，则加上编码类型，如以下代码：

```
produces="MediaType.APPLICATION_JSON_VALUE"+";charset=utf-8")
```

（2）Consumes 的例子。

在以下例子中，Consumes 是消费者，用于指定获取消费者的数据类型。

```
@RestController
@RequestMapping(value = "/{id}", method = RequestMethod.POST, consumes="application/json")
public void addModel (@RequestBody Model model) {
    //
}
```

5.3.5 在方法中使用参数

对于程序开发的初学者来说，比较困难的可能并不是理论，而是程序的具体实现。比如，如何把最简单的程序运行起来，如何实现参数的接收和发送等。本节讲解的就是如何在控制器的方法中使用参数。

1. 获取路径中的值

```
/**
 * Description：根据 id 获取文章对象
 */
@GetMapping("article/{id}")
public ModelAndView getArticle(@PathVariable("id") Integer id) {
    Article articles = articleRepository.findById(id);
    ModelAndView mav = new ModelAndView("article/show");
    mav.addObject("article", articles);
    return mav;
}
```

在访问“http://localhost/article/123”时，程序会自动将 URL 中的模板变量{id}绑定到通过@PathVariable 注解的同名参数上，即“程序获取路径中 123 的值”。

2. 获取路径中的参数

对于路径中的参数获取，可以写入方法的形参中。下面代码是获取参数 username 的值。

```
@RequestMapping("/addUser")
public String addUser(String username) {
}
```

这里的参数和上面所讲的获取路径值是不一样的，比如 http://localhost/user/?username=longzhiran，它是由“=”隔开的。

3. 通过 Bean 接收 HTTP 提交的对象

可以通过 Bean 获取 HTTP 提交的对象，如以下代码：

```
public String addUser(UserModel user)
```

4. 用注解@ModelAttribute 获取参数

用于从 Model、Form 或 URL 请求参数中获取属性值，如以下代码：

```
@RequestMapping(value="/addUser",method=RequestMethod.POST)
 public String addUser(@ModelAttribute("user") UserModel user)
```

5. 通过 HttpServletRequest 接收参数

可以通过 HttpServletRequest 接收参数，如以下代码：

```
@RequestMapping("/addUser")
public String addUser(HttpServletRequest request)
 {
System.out.println("name:"+request.GETParameter("username"));
return "/index";
 }
```

6. 用@RequestParam 绑定入参

用法如以下代码：

```
@RequestParam(value="username", required=false)
```

当请求参数不存在时会有异常发生，可以通过设置属性“required=false”来解决。

7. 用@RequestBody 接收 JSON 数据

可以通过@RequestBody 注解来接收 JSON 数据，如以下代码：

```
@RequestMapping(value = "adduser", method = {RequestMethod.POST })
@ResponseBody
    public void saveUser(@RequestBody List<User> users) {
            userService.Save(users);
    }
```

8. 上传文件 MultipartFile

通过@RequestParam 获取文件，如以下代码：

```
public String singleFileUpload(@RequestParam("file") MultipartFile file,
RedirectAttributes redirectAttributes) {
  if (file.isEmpty()) {
    redirectAttributes.addFlashAttribute("message", "请选择文件");
    return "redirect:uploadStatus";
  }
  try {
byte[] bytes = file.getBytes();
Path path = Paths.get(UPLOADED_FOLDER + file.getOriginalFilename());
Files.write(path, bytes);
redirectAttributes.addFlashAttribute("message","成功上传 '" + file.getOriginalFilename() + "'");
}
catch (IOException e) {
          e.printStackTrace();
    }
  return "redirect:/uploadStatus";
}
```

出于安全考虑，在生产环境中需要判断文件的类型，一般不允许上传“.exe”等格式的可执行文件。

9. 上传图片

很多人在整合富文本编辑器时不容易成功，特别是在不同版本要求返回的数据类型不一样时，而网络上的资料很多是不带版本号或是过时的。

这里以常用的富文本编辑器 CKEditor 4.10.1 为例，实现上传图片功能。CKEditor 4.10.1 之后的版本只有返回的是 JSON 格式的数据才能成功，如：[{"uploaded":1, "fileName": "fileName", "url"="","message":"上传成功"}]。上传图片的代码如下：

```
long l=System.currentTimeMillis();
    //新建日期对象
    Date date=new Date(l);
    //转换日期输出格式
    SimpleDateFormat dateFormat=new SimpleDateFormat("yyyyMMdd");
    String nyr = dateFormat.format(date);
```

```
    private static String UPLOADED_FOLDER = "/UPLOAD/img/";
    @PostMapping("/upload")
    @ResponseBody
    //注意，ckeditor 上传的是 upload 字段
    public Map<String, Object> singleFileUpload(@RequestParam("upload") MultipartFile file,
                                        RedirectAttributes redirectAttributes) {
     Map<String, Object> map = new HashMap<String, Object>();
if(file.getOriginalFilename().endsWith(".jpg")||file.getOriginalFilename().endsWith(".png")||file.getOriginalFil
ename().endsWith(".gif"))
         {

try {
byte[] bytes = file.getBytes();
                String S=nyr+Math.random()+file.getOriginalFilename();

                Path path = Paths.get(UPLOADED_FOLDER +S);
                Files.write(path, bytes);
                map.put("uploaded", 1);
                map.put("fileName",S);
                map.put("url", "/UPLOAD/img/" + S);
                map.put("message", "上传成功");
                return map;
                //return "[{"uploaded":1, "fileName":"fileName","url"="", "message":"上传成功"}]";
            } catch (IOException e) {
                e.printStackTrace();
            }
        }
        else
        {
            map.put("uploaded", 0);
            map.put("fileName", file.getOriginalFilename());
            map.put("url", "/img/"+file.getOriginalFilename());
            map.put("message", "图片后缀只支持 png,jpg,gif,请检查！ ");
            return map;
        }
        return map;
    }
```

5.4　理解模型

模型(Model)在MVC模式中是实体Bean，代表一个存取数据的对象或POJO(Plain Ordinary Java Object)。它可以带有逻辑，其作用是暂时存储数据 (存在内存中)，以便进行持久化 (存入数

据库或写入文件)，以及在数据变化时更新控制器。简单地理解是：Model 是数据库表对应的实体类。

以下代码定义了一个用户实体 Bean（Model）。

```
@Getter
@Setter
public class User {
//定义 id
    private long id;
//定义用户名
    private String name;
//定义用户年龄
private   int age;
}
```

可以通过常用的 Getter、Setter 封装来对实体 Bean 进行赋值、获值操作，并在其中添加逻辑代码。

5.5 实例 7：实现 MVC 模式的 Web 应用程序

本实例实现一个 MVC 模式的 Web 应用程序，以便读者能够理解 MVC 模式的 Web 应用程序开发流程。

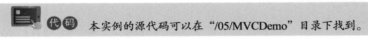

本实例的源代码可以在“/05/MVCDemo”目录下找到。

5.5.1 添加依赖

MVC 模式的 Web 应用程序需要依赖 Spring Boot 的 spring-boot-starter-web（Starter），还需要添加模板的依赖。具体依赖如以下代码：

```
<dependency>
    <groupId>org.springframework.boot</groupId>
    <artifactId>spring-boot-starter-thymeleaf</artifactId>
</dependency>
<dependency>
    <groupId>org.springframework.boot</groupId>
    <artifactId>spring-boot-starter-web</artifactId>
</dependency>
<dependency>
    <groupId>org.projectlombok</groupId>
    <artifactId>lombok</artifactId>
```

```
    <optional>true</optional>
</dependency>
```

5.5.2 创建实体模型

创建实体 Bean，用于和 Controller 进行数据交互，见以下代码：

```
package com.example.demo.model;
import lombok.Data;
@Data
public class User {
    //定义 id
    private long id;
    //定义用户名
    private String name;
    //定义用户年龄
    private    int age;
}
```

5.5.3 创建控制器

控制器层用来实例化实体 Bean（Model），并传值给视图模板，见以下代码：

```
package com.example.demo.controller;
import com.example.demo.model.User;
import org.springframework.stereotype.Controller;
import org.springframework.web.bind.annotation.GetMapping;
import org.springframework.web.servlet.ModelAndView;
@Controller
public class MVCDemoController {
    //映射 URL 地址
    @GetMapping("/mvcdemo")
    public ModelAndView hello() {
        //实例化对象
        User user=new User();
        user.setName("zhonghua");
        user.setAge(28);
        //定义 MVC 中的视图模板
        ModelAndView modelAndView=new ModelAndView("mvcdemo");
        //传递 user 实体对象给视图
        modelAndView.addObject("user",user);
        return modelAndView;
    }
}
```

5.5.4 创建用于展示的视图

以下代码用于获取控制器中传递的实体 Bean，并进行渲染。

```
<!DOCTYPE html>
<!--Thymeleaf 模板支持-->
<html lang="en" xmlns:th="http://www.thymeleaf.org">
<head>
    <meta charset="utf-8">
    <meta name="viewport" content="width=device-width, initial-scale=1.0">
</head>
<body>
<div>
   <!-- 显示由控制器传递过来的实体 user 的值-->
    <div th:text="${user.name}"></div>
    <div th:text="${user.age}"></div>
</div>
 </body>
</html>
```

启动项目，然后访问“http://localhost:8080/mvcdemo”，会在网页中（非控制台）显示“zhonghua，28”。

上述代码被渲染后变成如下内容：

```
//省略
<body>
<div>
    <div>zhonghua</div>
    <div>28</div>
</div>
</body>
//省略
```

5.6 验证数据

5.6.1 认识内置的验证器 Hibernate-validator

Hibernate-validator 可实现数据的验证，它是对 JSR（Java Specification Requests）标准的实现。在 Web 开发中，不需要额外为验证再导入其他依赖，只需要添加 Web 依赖即可。Web 依赖不只集成了 Hibernate-validator，还有如下的子依赖：

- spring-boot-starter。

- spring-boot-starter-json。
- spring-boot-starter-tomcat。
- hibernate-validator。
- spring-web。
- spring-webmvc。

由此可见，Web 依赖集成了服务器环境（Tomcat）、JSON、MVC、Validator。在开发 Web 时，只需要关注业务逻辑即可。

Spring Boot 2.1.3 的 Validator 的版本是 6.0.16（不需要花费时间去研究对应关系，功能方法不常变化，添加好依赖，相应版本就自动地对应起来了），是依据 JSR-380 标准实现的，其常用注解见表 5-1。

表 5-1　Validator 验证的常用注解

注　解	作用类型	说　明
@NotBlank(message =)	字符串	验证字符串非 null，且长度必须大于 0
@Email	字符串	被注释的元素必须是电子邮箱地址
@Length(min=,max=)	字符串	被注释的字符串的大小必须在指定的范围内，min 代表最小，max 代表最大
@NotEmpty	字符串	被注释的字符串必须非空
@NotEmptyPattern	字符串	在字符串不为空的情况下，是否匹配正则表达式
@DateValidator	字符串	验证日期格式是否满足正则表达式，Local 为英语
@DateFormatCheckPattern	字符串	验证日期格式是否满足正则表达式，Local 是自己手动指定的
@CreditCardNumber	字符串	验证信用卡号码
@Range(min=,max=,message=)	数值类型、字符串、字节等	被注释的元素必须在合适的范围内
@Null	任意	被注释的元素必须为 null
@NotNull	任意	被注释的元素必须不为 null
@AssertTrue	布尔值	被注释的元素必须为 true
@AssertFalse	布尔值	被注释的元素必须为 false
@Min(value)	数字	被注释的元素必须是一个数字，且大于或等于指定的最小值
@Max(value)	数字	被注释的元素必须是一个数字，且小于或等于指定的最大值
@DecimalMin(value)	数字	被注释的元素必须是一个数字，且大于或等于指定的最小值
@DecimalMax(value)	数字	被注释的元素必须是一个数字，且小于或等于指定的最大值
@Size(max=, min=)	数字	被注释的元素的大小必须在指定的范围内，min 代表最小，max 代表最大
@Digits (integer, fraction)	数字	被注释的元素必须是一个数字，且在可接收的范围内
@Past	日期	被注释的元素必须是一个过去的日期

（续表）

注　解	作用类型	说　明
@Future	日期	被注释的元素必须是一个将来的日期
@Pattern(regex=,flag=)	正则表达式	被注释的元素必须符合指定的正则表达式
@ListStringPattern	List<String>	验证集合中的字符串是否满足正则表达式

5.6.2 自定义验证功能

Spring Boot 的验证功能可以满足大多数的验证需求，但如果在系统内需要实现一些其他的验证功能，则可以根据规则进行自定义。

自定义验证需要提供两个类：①自定义注解类；②自定义验证业务逻辑类。

1. 自定义注解类

如果要自定义验证功能，则需要先自定义注解，以便在实体 Bean 中使用它，见以下代码：

```
package com.example.demo;
import com.example.MyCustomConstraintValidator;
import javax.validation.Constraint;
import javax.validation.Payload;
import java.lang.annotation.ElementType;
import java.lang.annotation.Retention;
import java.lang.annotation.RetentionPolicy;
import java.lang.annotation.Target;
//限定使用范围——只能在字段上使用
@Target({ElementType.FIELD})
//表明注解的生命周期，它在代码运行时可以通过反射获取到注解
@Retention(RetentionPolicy.RUNTIME)
//@Constraint 注解，里面传入了一个 validatedBy 字段，以指定该注解的校验逻辑
@Constraint(validatedBy = MyCustomConstraintValidator.class)
public @interface MyCustomConstraint {
    /**
     * @Description: 错误提示
     */
    String message() default "请输入中国政治或经济中心的城市名";
    Class<?>[] groups() default {};
    Class<? extends Payload>[] payload() default {};
}
```

2. 自定义验证业务逻辑类

在自定义验证实现类中需要两个方法（initialize 和 isValid）——初始化验证消息的方法和执行验证的方法。

在初始化验证消息的方法中，可以得到配置的注解内容；而验证方法则是用来验证业务逻辑的，它需要继承 ConstraintValidator 接口。

```
package com.example;
import com.example.demo.MyCustomConstraint;
import javax.validation.ConstraintValidator;
import javax.validation.ConstraintValidatorContext;
public class MyCustomConstraintValidator implements ConstraintValidator<MyCustomConstraint, String> {
    //String 为校验的类型
    @Override
    public void initialize(MyCustomConstraint myConstraint) {
        //在启动时执行
    }
    /**
     * @Description: 自定义校验逻辑
     */
    @Override
    public boolean isValid(String s, ConstraintValidatorContext validatorContext) {
        if (!(s.equals("北京") || s.equals("上海"))) {
            return false;
        }
        return true;
    }
}
```

至此，注解@MyCustomConstraint 已被成功定义，可以在其他类中调用它来实现验证功能。

5.6.3　实例 8：验证表单数据并实现数据的自定义验证

本节通过实现一个完整的表单验证，来帮助读者理解如何实现表单的数据验证功能，以及如何使用 5.6.2 节中的自定义的注解进行数据验证。

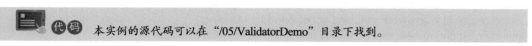

本实例的源代码可以在"/05/ValidatorDemo"目录下找到。

1. 创建实体

创建实体 Bean，用于表单验证。这里要特别注意的是，定义的所有字段都需要被验证，否则会出错。

```
package com.example.demo.entity;
import com.example.demo.MyCustomConstraint;
import lombok.Data;
import org.hibernate.validator.constraints.Length;
import javax.validation.constraints.*;
```

```
import java.io.Serializable;
@Data
public class User implements Serializable {
    /**
     * 主键 id
     */
    private Long id;

    @NotBlank(message = "用户名不能为空")
    @Length(min = 5, max = 20, message = "用户名长度为 5-20 个字符")
    private String name;

    @NotNull(message = "年龄不能为空")
    @Min(value = 18, message = "最小 18 岁")
    @Max(value = 60, message = "最大 60 岁")
    private Integer age;

    @Email(message = "请输入邮箱")
    @NotBlank(message = "邮箱不能为空")
    private String email;
    @MyCustomConstraint
    private String answer;
}
```

2. 编写验证控制器

编写控制器，用于绑定数据验证。

```
package com.example.demo.controller;
import com.example.demo.entity.User;
import org.springframework.stereotype.Controller;
import org.springframework.validation.BindingResult;
import org.springframework.web.bind.annotation.GetMapping;
import org.springframework.web.bind.annotation.PostMapping;
import org.springframework.web.servlet.mvc.support.RedirectAttributes;
import javax.validation.Valid;
@Controller
public class TestValidator {
    @GetMapping("/test")
    public String showForm(User user) {
        return "form";
    }
    @GetMapping("/results")
    public String results() {
        return "results";
    }
```

```
    @PostMapping("/test")
    public String checkUser(@Valid User user, BindingResult bindingResult, RedirectAttributes attr) {
        //特别注意：实体中的属性都必须被验证过，否则不会成功
        if (bindingResult.hasErrors()) {
            return "form";
        }
        attr.addFlashAttribute("user", user);
        return "redirect:/results";
    }
}
```

代码解释如下。

- addAttribute 方法：用 RedirectAttributes 的 addAttribute 方法传递参数，参数应跟在 URL 后面。
- addFlashAttribute 方法：参数不会跟在 URL 后面，会被暂存在 session 中。
- redirect 方法：必须是方法的映射路径。redirect 后的值只会出现一次，刷新后不会出现。可以使用 redirect 方法来防止重复提交。

3. 编写视图

编写视图，用于提交表单和反馈验证，见以下代码：

```
<!DOCTYPE html>
<html lang="en" xmlns:th="http://www.thymeleaf.org">
<body>
<style type="text/css">
    .warn{color:red}
</style>
<form th:action="@{/test}" th:object="${user}" method="post">
    <div>
        <div>
            <span>姓名:</span>
            <span><input type="text" th:field="*{name}"/></span>
            <span   class="warn" th:if="${#fields.hasErrors('name')}" th:errors="*{name}">名字错误
</span>
        </div>
        <div>
            <span>年龄:</span>
            <span><input type="number" th:field="*{age}"/></span>
            <span   class="warn" th:if="${#fields.hasErrors('age')}" th:errors="*{age}">年龄错误</span>
        </div>
        <div>
            <span>邮箱:</span>
            <span><input TYPE="text" th:field="*{email}"/></span>
```

```
            <span   class="warn" th:if="${#fields.hasErrors('email')}" th:errors="*{email}">邮箱错误</span>
        </div>
        <div>
            <span>验证答案:</span>
            <span><input TYPE="text" th:field="*{answer}"/></span>
            <span   class="warn" th:if="${#fields.hasErrors('answer')}" th:errors="*{answer}">答案错误
</span>
        </div>
        <div>
            <span>
                <button type="submit">提交</button>
            </span>
        </div>
    </div>
</form>
</body>
</html>
```

4. 编写验证通过后的处理视图

如果验证成功，则在本视图中渲染数据，见以下代码：

```
<html>
<body>
<div th:each="user: ${user}">
    恭喜您,<span th:text="${user.name}">名字</span>(先生/女士),数据提交成功!
    <div>您的年龄是:
        <span th:text="${user.age}"></span></div>
    <div> 您的邮箱是:
        <span th:text="${user.email}"></span>
    </div>
</div>
</body>
</html>
```

在启动项目后访问 http://localhost:8080/test，显示的页面内容如图 5-3 所示。

如果提交的数据验证失败，则返回表单提示错误，如图 5-4 所示。

姓名:
年龄:
邮箱:
验证答案:
提交

图 5-3　未触发数据验证的表单

姓名: l　用户名长度为5-20个字符
年龄: 1　最小18岁
邮箱: .com　请输入邮箱
验证答案: 杭州　请输入中国政治或者经济中心的城市名
提交

图 5-4　触发数据验证的表单

第 6 章 响应式编程

本章首先介绍响应式编程的基本概念，并对比分析 MVC 和 WebFlux 模式，用实例讲解如何进行 WebFlux 的开发；然后讲解用 MVC 及响应式开发方式开发 WebFlux 的方法；最后用 WebFlux 模式结合 MongoDB 数据库实现数据的增加、删除、修改和查询。

6.1 认识响应式编程

6.1.1 什么是 WebFlux

WebFlux 是从 Spring Framework 5.0 开始引入响应式 Web 框架的。与 Spring MVC 不同，WebFlux 不需要 Servlet API，在完全异步且无阻塞，并通过 Reactor 项目实现 Reactive Streams 规范。

WebFlux 可以在资源有限的情况下提高系统的吞吐量和伸缩性（不是提高性能）。这意味着，在资源相同的情况下，WebFlux 可以处理更多的请求（不是业务）。

WebFlux 除支持 RESTful Web 服务外，还可以用于提供动态 HTML 内容。

6.1.2 比较 MVC 和 WebFlux

Spring MVC 采用命令式编程的方式，代码被一句一句地执行，便于开发者理解与调试代码。WebFlux 则是基于异步响应式编程。

1. 工作方式

（1）MVC。

MVC 的工作流程是：主线程接收到请求（request）→ 准备数据 → 返回数据。

整个过程是单线程阻塞的，用户会感觉等待时间长是因为，在结果处理好之后才返回数据给浏览器。因此，如果请求很多，则吞吐量就上不去。

（2）WebFlux。

WebFlux 的工作流程是：主线程接收到请求 → 立刻返回数据与函数的组合（Mono 或 Flux，不是结果） → 开启一个新 Work 线程去做实际的数据准备工作，进行真正的业务操作 → Work 线程完成工作 → 返给用户真实数据（结果）。

这种方式给人的感觉是响应时间很短，因为返回的是不变的常数，它不随用户数量的增加而变化。

2. Spring MVC 与 Spring WebFlux 的区别

Spring MVC 与 Spring WebFlux 的区别见表 6-1。

表 6-1　Spring MVC 与 Spring WebFlux 的区别

对比项	Spring MVC	Spring WebFlux
地址（路由）映射	@Controller、@RequestMapping 等标准的 Spring MVC 注解	1. Router Functions，提供一套函数式风格的 API，用于创建 Router、Handler 和 Filter 2. @Controller、@RequestMapping 等标准的 Spring MVC 注解
数据流	Servlet API	Reactive Streams：一种支持背压（backpressure）的异步数据流处理标准，主流实现有 RxJava 和 Reactor。Spring WebFlux 默认集成的是 Reactor
容器	Tomcat、Jetty、Undertow	Netty、Tomcat、Jetty、Undertow
I/O 模型	同步阻塞的 I/O 模型	异步非阻塞的 I/O 模型
吞吐性能	低	高
业务处理性能	一样	一样
支持数据库	NoSQL、SQL	支持 NoSQL，不支持 MySQL 等关系型数据库
请求和响应	HttpServletRequest 和 HttpServletResponse	ServerRequest 和 ServerResponse

3. 使用 WebFlux 的好处

下面以餐厅“叫号”来比喻阻塞式开发与 WebFlux。

假设“海底捞”没有叫号机（前台服务员），店里有 200 个餐台供客人进餐，如果此时来了 201 个客人，那么最后一个客人就直接被拒绝服务了。

而现在有叫号机，来了 200 个客人正在用餐，后面再来 100 个客人，叫号机马上给后面的 100

个客人每人一个排队号。这样服务就不阻塞了，每个人都立马得到反馈。来再多的人也能立马给排号，但是进餐依然是阻塞的。

回到程序。我们假设，服务器最大线程资源数为 200 个，当前遇到 200 个非常耗时的请求，如果再来 1 个请求时，阻塞式程序就已经处理不了（拒绝服务）了。

而对于 WebFlux，则可以做到立即响应（告诉用户等着），然后将收到的请求转发给 Work 线程去处理。WebFlux 只会对 Work 线程形成阻塞，如果再来请求也可以处理。其主要应用场景是：在业务处理较耗时的场景中减少服务器资源的占用，提高并发处理速度。

对 WebFlux 的一个简单的理解就是：你来了，我立马应答你，但是服务需要等待；而不是你来了没人理你，咨询服务半天也回复不了。

结论：MVC 能满足的场景，就不需要改用 WebFlux。WebFlux 和 MVC 可以混合使用。如果开发 I/O 密集型服务，则可以选择用 WebFlux 实现。

如果在 pom.xml 文件中同时引用了 spring-boot-starter-web 和 spring-boot-starter-webflux 依赖，则优先会使用 spring-boot-starter-web。这时，控制台输出的启动日志会提示“Tomcat started on port(s): 8080 (http) with context path”，而使用 WebFlux 会提示“Netty started on port(s): 8080”。

6.1.3 认识 Mono 和 Flux

1. Mono 和 Flux 是什么

Mono 和 Flux 是 Reactor 中的两个基本概念。

- Mono 和 Flux 属于事件发布者，为消费者提供订阅接口。当有事件发生时，Mono 或 Flux 会回调消费者的相应方法，然后通知消费者相应的事件。这也是响应式编程模型。
- Mono 和 Flux 用于处理异步数据流，它不像 MVC 中那样直接返回 String/List，而是将异步数据流包装成 Mono 或 Flux 对象。

2. Mono 和 Flux 的区别

（1）Flux 可以发送很多 item，并且这些 item 可以经过若干算子（operators）后才被订阅。Mono 只能发送一个 item。

（2）Mono 主要用于返回单个数据。Flux 用于返回多个数据。

如果要根据 id 查询某个 User 对象，则返回的肯定是单个 User，那么需要将其包装成

Mono<User>。

若需要获取所有 User（这是一个集合），则需要将这个集合包装成 Flux<User>。这里的单个数据并不是指一个数据，而是指封装好的一个对象。多个数据就是多个对象。

（3）Mono 表示包含 0 或 1 个元素的异步序列。在该序列中可以包含 3 种不同类型的消息通知：正常的包含元素的消息、序列结束的消息、序列出错的消息。当消息通知（正常的包含元素的消息、序列结束的消息、序列出错的消息）产生时，订阅者中有对应的方法 onNext()、onComplete()、onError()被调用，见表 6-2。

表 6-2　消息通知与订阅者对应方法

消息通知（事件发布者）	方法（事件订阅者）
正常的包含元素的消息	onNext()
序列结束的消息	onComplete()
序列出错的消息	onError()

（4）Flux 表示的是包含 0 到 *N* 个元素的异步序列，在该序列中可以包含与 Mono 相同的 3 种类型的消息通知。

（5）Flux 和 Mono 之间可以进行转换。对一个 Flux 序列进行计数操作时，得到的结果是一个 Mono<Long>对象。把多个 Mono 序列合并在一起，得到的是一个 Flux 对象。

6.1.4　开发 WebFlux 的流程

1. 注解式开发流程

WebFlux 是响应式框架，其中使用的注解式开发方式只是 Spring 团队为了更好地迁移而提供的。和 MVC 开发模式一样，地址映射也是通过@RequestMapping 提供的，用@Controller 或@RestController 来代替 Handler 类。

2. 响应式开发流程

（1）创建 Handler 类。

这里的 Handler 类相当于 Spring MVC 的 Controller 层中的方法体。在响应式编程中，请求和响应不再是 HttpServletRequest 和 HttpServletResponse，而是变成了 ServerRequest 和 ServerResponse。

（2）配置 RouterFunction。

RouterFunction 和注解@RequestMapping 相似，都用于提供 URL 路径。RouterFunction 的格式也是固定的，第 1 个参数代表路径，第 2 个参数代表方法，合起来代表将 URL 映射到方法。

6.2　实例 9：用注解式开发实现 Hello World

本实例通过注解式开发实现在 WebFlux 模式中输出字符串 Hello World。

本实例的源代码可以在“/06/WebFluxDemoHelloWorld”目录下找到。

6.2.1　配置 WebFlux 依赖

要开发 WebFlux，首先需要在 pom.xml 文件中引入依赖，见以下代码：

```
<dependency>
<groupId>org.springframework.boot</groupId>
<artifactId>spring-boot-starter-webflux</artifactId>
</dependency>
```

也可以在新建项目时选择“Reactive Web”，如图 6-1 所示。

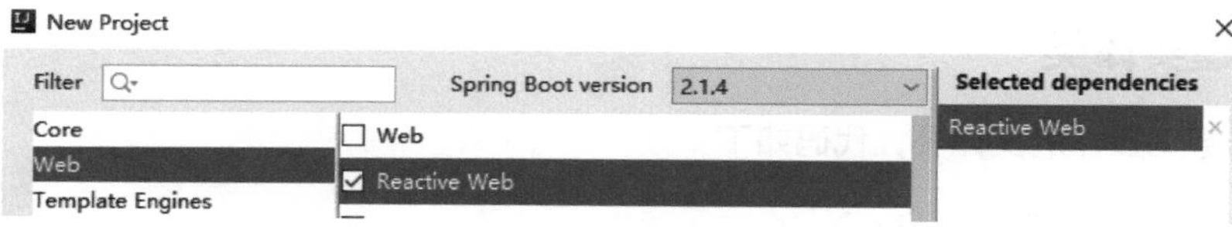

图 6-1　选择“Reactive Web”

6.2.2　编写控制器

用注解式开发 WebFlux 应用程序与 MVC 的开发方式是一样的。通过注解@RestController 标注控制器类，通过注解@GetMapping 指定映射路径。

```
package com.example.demo;
import org.springframework.web.bind.annotation.GetMapping;
import org.springframework.web.bind.annotation.RestController;
import reactor.core.publisher.Mono;
@RestController
public class HelloWorldController {
    @GetMapping("/helloworld")
    public Mono<String> helloworld(){
        return Mono.just("This is WebFlux demo");
    }
}
```

启动工程后，可以看到控制台中输出如图 6-2 所示内容。

```
: Starting WebFluxDemoHelloWorldApplication on zhonghua with PID 2440 (started by long
: No active profile set, falling back to default profiles: default
: Netty started on port(s): 8080
: Started WebFluxDemoHelloWorldApplication in 1.913 seconds (JVM running for 3.254)
```

图 6-2　WebFlux 默认使用的是 Netty 服务器

可以看到，WebFlux 默认使用的是 Netty 服务器，而不是 MVC 模式下的 Tomcat 服务器。

访问“http://localhost:8080/helloworld”，输出以下内容：

```
This is WebFlux demo
```

6.3　实例 10：用注解式开发实现数据的增加、删除、修改和查询

本实例用注解式开发实现数据的增加、删除、修改和查询功能。

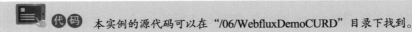

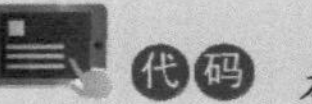
本实例的源代码可以在“/06/WebfluxDemoCURD”目录下找到。

6.3.1　创建实体类

创建用于数据操作的实体类，代码如下：

```
package com.example.demo.webflux.entity;
import lombok.AllArgsConstructor;
import lombok.Data;
import lombok.NoArgsConstructor;
@Data
@AllArgsConstructor
@NoArgsConstructor
public class User {
    private long id;
    private String name;
    private int age;
}
```

6.3.2　编写控制器

编写控制器，实现 WebFlux 操作数据功能，代码如下：

```
package com.example.demo.controller;
import com.example.demo.entity.User;
import org.springframework.http.HttpStatus;
import org.springframework.http.ResponseEntity;
import org.springframework.web.bind.annotation.*;
```

```
import reactor.core.publisher.Flux;
import reactor.core.publisher.Mono;
import javax.annotation.PostConstruct;
import java.util.HashMap;
import java.util.Map;
import java.util.stream.Collectors;
@RestController
@RequestMapping(path = "/user")
public class UserController {
    Map<Long, User> users = new HashMap<>();

    @PostConstruct//依赖关系注入完成之后，执行初始化
    public void init() throws Exception {
        users.put(Long.valueOf(1), new User(1, "longzhonghua", 28));
        users.put(Long.valueOf(2), new User(2, "longzhiran", 2));
    }

    /**
     * 获取所有用户
     */
    @GetMapping("/list")
    public Flux<User> getAll() {
        return Flux.fromIterable(users.entrySet().stream()
                .map(entry -> entry.getValue())
                .collect(Collectors.toList()));
    }

    /**
     * 获取单个用户
    @GetMapping("/{id}")
    public Mono<User> getUser(@PathVariable Long id) {
        return Mono.justOrEmpty(users.get(id));
    }
    /**
     * 创建用户
     */
    @PostMapping("")
    public Mono<ResponseEntity<String>> addUser(User user) {
        users.put(user.getId(), user);
        return Mono.just(new ResponseEntity<>("添加成功", HttpStatus.CREATED));
    }

    /**
     * 修改用户
     */
```

```
    @PutMapping("/{id}")
    public Mono<ResponseEntity<User>> putUser(@PathVariable Long id, User user)
{          user.setId(id);
           users.put(id, user);
           return Mono.just(new ResponseEntity<>(user, HttpStatus.CREATED));
    }

    /**
     * 删除用户
     */
    @DeleteMapping("/{id}")
    public Mono<ResponseEntity<String>> deleteUser(@PathVariable Long id) {
        users.remove(id);
        return Mono.just(new ResponseEntity<>("删除成功", HttpStatus.ACCEPTED));
    }
}
```

在上述代码中，通过 init 方法初始化了两个数据。

6.3.3 测试 API 功能

上面已经实现了数据的增加、删除、修改和查询功能，并进行了数据的初始化。下面通过编写 API 来测试效果。

1. 获取数据

启动项目后访问 URL“http://localhost:8080/user/list”，会得到两个初始化的数据，见下方输出结果：

```
[{"id":1,"name":"longzhonghua","age":28},{"id":2,"name":"longzhiran","age":8}]
```

访问 URL“http://localhost:8080/user/1”，得到的是 id 为 1 的单个对象，见下方输出结果：

```
{"id":1,"name":"longzhonghua","age":28}
```

2. 修改数据

修改数据的方法是通过 PUT 方式访问“http://localhost:8080/user/1”，提交相应的 name 和 age 字段来修改内容（使用的是测试工具 Postman），如图 6-3 所示。稍后会提示修改成功。

3. 添加数据

可以通过 POST 方式提交 User 对象来添加数据。

4. 删除数据

可以通过 DELETE 方式访问 http://localhost:8080/user/1，然后删除其中的内容，如图 6-4

所示，稍后会提示删除成功。

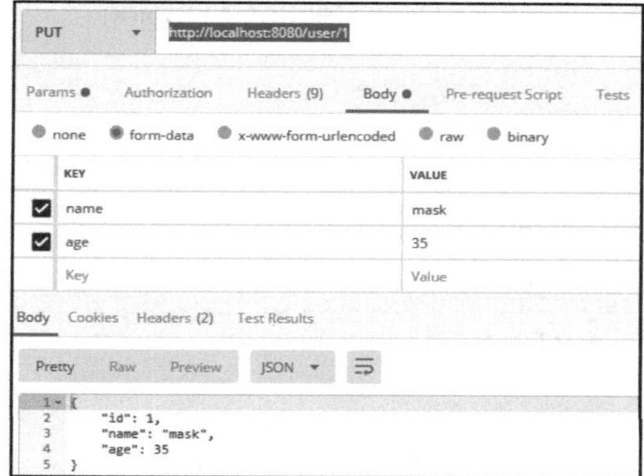

图 6-3　根据 id 使用 PUT 方式修改对象

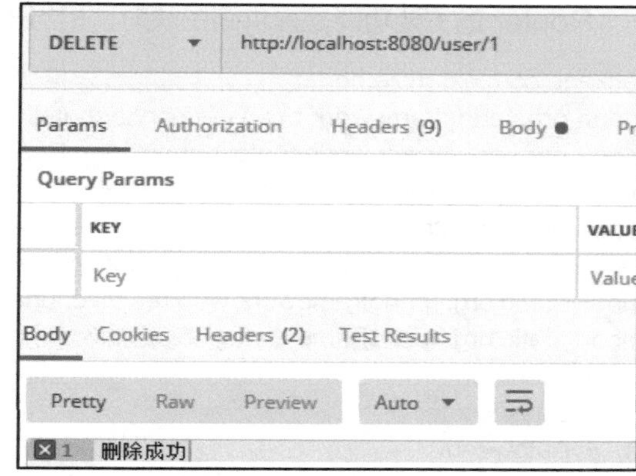

图 6-4　根据 id 删除对象

6.4　实例 11：用响应式开发方式开发 WebFlux

上面通过 MVC 模式开发 WebFlux，算是一个从 MVC 过渡到 WebFlux 的暂时方案。本节讲解如何用响应式开发方式开发 WebFlux。

本实例的源代码可以在“/06/WebfluxReactiveDemo”目录下找到。

6.4.1　编写处理器类 Handler

Handler 相当于 MVC 中的 Controller。用于提供实现功能的方法，代码如下：

```
package com.example.demo;
import org.springframework.http.MediaType;
import org.springframework.stereotype.Component;
import org.springframework.web.reactive.function.server.ServerRequest;
import org.springframework.web.reactive.function.server.ServerResponse;
import reactor.core.publisher.Mono;
@Component
public class HelloWorldHandler {
    public Mono<ServerResponse> sayHelloWorld(ServerRequest serverRequest) {
        return ServerResponse.ok().contentType(MediaType.TEXT_PLAIN).body(Mono.just("This is
WebFlux demo"), String.class);
    }
}
```

6.4.2 编写路由器类 Router

Router 的主要功能是提供路由映射，相当于 MVC 模式中的注解@RequestMapping。

```
package com.example.demo;
import org.springframework.beans.factory.annotation.Autowired;
import org.springframework.context.annotation.Bean;
import org.springframework.context.annotation.Configuration;
import org.springframework.web.reactive.function.server.RouterFunction;
import org.springframework.web.reactive.function.server.ServerResponse;
import static org.springframework.web.reactive.function.server.RequestPredicates.GET;
import static org.springframework.web.reactive.function.server.RouterFunctions.route;
@Configuration
public class Router {
    @Autowired
    private HelloWorldHandler helloWorldHandler;
    @Bean
    public RouterFunction<ServerResponse> getString(){
        return route(GET("/helloworld"),req->helloWorldHandler.sayHelloWorld(req));
    }
}
```

上述代码中，通过“return route(GET("/helloworld"),req->helloWorldHandler.sayHelloWorld(req));”来指定路由，包含 HTTP 方法和对应的功能方法。

6.5 实例 12：用 WebFlux 模式操作 MongoDB 数据库,实现数据的增加、删除、修改和查询功能

本实例通过操作 MongoDB 数据库实现数据的增加、删除、修改和查询功能。

本实例的源代码可以在“/06/WebFluxMongodb”目录下找到。

6.5.1 添加依赖

要操作数据库，则需要添加相应的依赖。可以通过 Spring Boot 集成的 MongoDB 的 Starter 依赖来快速实现配置和操作。具体依赖见以下代码：

```
<dependency>
   <groupId>org.springframework.boot</groupId>
   <artifactId>spring-boot-starter-data-mongodb-reactive</artifactId>
</dependency>
<dependency>
```

```
    <groupId>org.springframework.boot</groupId>
    <artifactId>spring-boot-starter-webflux</artifactId>
</dependency>
<dependency>
    <groupId>org.projectlombok</groupId>
    <artifactId>lombok</artifactId>
    <optional>true</optional>
</dependency>
```

在配置文件中配置 MongoDB 的地址信息（MongoDB 2.4 以上版本），见以下代码：

```
spring.data.mongodb.uri=mongodb://127.0.0.1:27017/test
```

配置 Mongo 的格式如下：

```
spring.data.mongodb.uri=mongodb://用户名:密码@ip 地址:端口号/数据库
```

6.5.2　创建实体类

这里编写实体类并没有特别需要讲解的，只是利用了 Lombok 插件简化代码，具体见以下代码：

```
@Data
@AllArgsConstructor
@NoArgsConstructor
public class User {
    @Id
    private String id;
    private String name;
    private int age;
}
```

6.5.3　编写接口

Spring Boot 的 Starter 提供了 ReactiveMongoRepository 接口，用于操作 Mongo 数据库，用法见以下代码：

```
public interface UserRepository extends ReactiveMongoRepository<User,String> {
}
```

6.5.4　编写增加、删除、修改和查询数据的 API

这里实现用 WebFlux 模式操作数据的 API，具体见以下代码：

```
package com.example.demo.controller;
import com.example.demo.entity.User;
import com.example.demo.repository.UserRepository;
import org.springframework.beans.factory.annotation.Autowired;
```

```
import org.springframework.http.HttpStatus;
import org.springframework.http.MediaType;
import org.springframework.http.ResponseEntity;
import org.springframework.web.bind.annotation.*;
import reactor.core.publisher.Flux;
import reactor.core.publisher.Mono;
import javax.validation.Valid;
import java.time.Duration;
@RestController
@RequestMapping(path = "/user")
public class UserController {
    @Autowired
    private UserRepository userRepository;

    @GetMapping(value = "/list")
    public Flux<User> getAll() {
        return userRepository.findAll();
    }
    //启动测试后，就可以发现查询结果是一个一个出来的，而不是一下全部返回
    @GetMapping(value = "/listdelay", produces = MediaType.APPLICATION_STREAM_JSON_VALUE)
    public Flux<User> getAlldelay() {
        return userRepository.findAll().delayElements(Duration.ofSeconds(1));
    }

    @GetMapping("/{id}")
    public Mono<ResponseEntity<User>> getUser(@PathVariable String id) {

        return userRepository.findById(id)
                .map(getUser -> ResponseEntity.ok(getUser))
                .defaultIfEmpty(ResponseEntity.notFound().build());
    }

    @PostMapping("")
    public Mono<User> createUser(@Valid User user) {
        return userRepository.save(user);
    }

    @PutMapping("/{id}")
    public Mono updateUser(@PathVariable(value = "id") String id,
                           @Valid User user) {
        return userRepository.findById(id)
                .flatMap(existingUser -> {
                    existingUser.setName(user.getName());
                    return userRepository.save(existingUser);
                })
```

```
                .map(updateUser -> new ResponseEntity<>(updateUser, HttpStatus.OK))
                .defaultIfEmpty(new ResponseEntity<>(HttpStatus.NOT_FOUND));
    }

    @DeleteMapping("/{id}")
    public Mono<ResponseEntity<Void>> deleteUser(@PathVariable(value = "id") String id) {

        return userRepository.findById(id)
                .flatMap(existingUser ->
                        userRepository.delete(existingUser)
                                .then(Mono.just(new ResponseEntity<Void>(HttpStatus.OK)))
                )
                .defaultIfEmpty(new ResponseEntity<>(HttpStatus.NOT_FOUND));
    }
}
```

代码解释如下。

- produces = MediaType.APPLICATION_STREAM_JSON_VALUE：这里媒体类型必须是 APPLICATION_STREAM_JSON_VALUE，否则调用端无法滚动得到结果，将一直阻塞直到数据流结束或超时。
- Duration.ofSeconds(1)：代表一秒一秒地返回数据，而不是一下全部返回。
- ResponseEntity.ok：ResponseEntity 继承了 HttpEntity，是 HttpEntity 的子类，且可以添加 HttpStatus 状态码。
- flatMap：返回的是迭代器中的元素。
- HttpStatus.NOT_FOUND：代表 HTTP 状态是 404，表示没有找到。
- HttpStatus.OK：代表 HTTP 状态是 200，表示处理成功。

进阶篇

第 7 章 Spring Boot 进阶

本章首先介绍 AOP、IoC、Servlet 容器；然后深入讲解自动配置原理、自定义 Starter、自定义注解；最后讲解异常的处理，以及如何进行单元测试。

7.1 面向切面编程

7.1.1 认识 Spring AOP

1. 什么是 AOP

AOP（Aspect Oriented Program，面向切面编程）把业务功能分为核心、非核心两部分。

- 核心业务功能：用户登录、增加数据、删除数据。
- 非核心业务功能：性能统计、日志、事务管理。

在 Spring 的面向切面编程（AOP）思想里，非核心业务功能被定义为切面。核心业务功能和切面功能先被分别进行独立开发，然后把切面功能和核心业务功能“编织”在一起，这就是 AOP。

未使用 AOP 的程序如图 7-1 所示，使用 AOP 的程序如图 7-2 所示。由此可见，AOP 将那些与业务无关，却为业务模块所共同调用的逻辑封装起来，以便减少系统的重复代码，降低模块间的耦合度，利于未来的拓展和维护。这正是 AOP 的目的，它是 Spring 最为重要的功能之一，被广泛使用。

2. AOP 中的概念

- 切入点（pointcut）：在哪些类、哪些方法上切入。
- 通知（advice）：在方法前、方法后、方法前后做什么。
- 切面（aspect）：切面 = 切入点 + 通知。即在什么时机、什么地方、做什么。

- 织入（weaving）：把切面加入对象，并创建出代理对象的过程。
- 环绕通知：AOP 中最强大、灵活的通知，它集成了前置和后置通知，保留了连接点原有的方法。

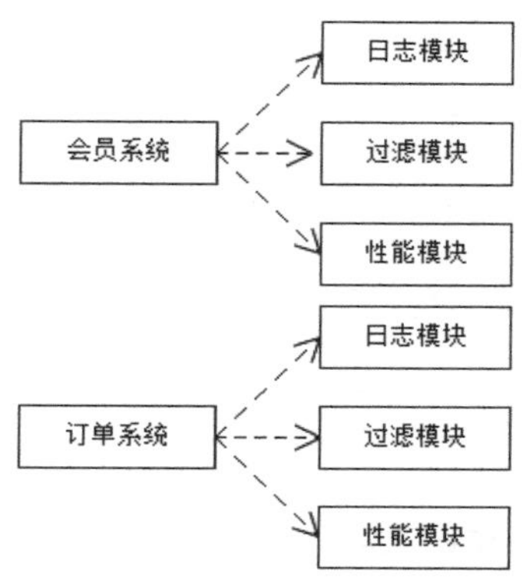

图 7-1　未使用 AOP

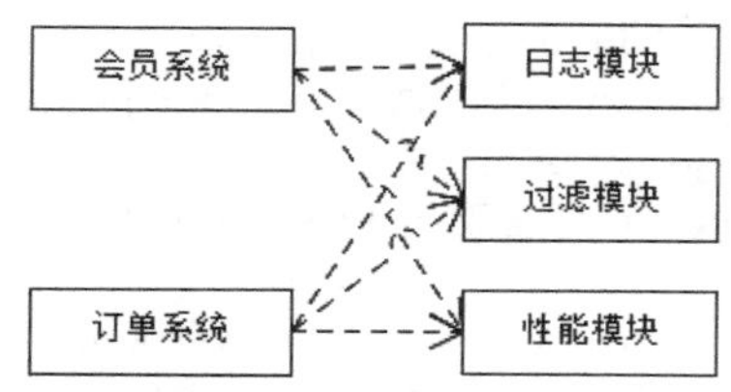

图 7-2　使用 AOP

7.1.2　实例 13：用 AOP 方式管理日志

下面通过实例演示如何用 AOP 方式管理日志。

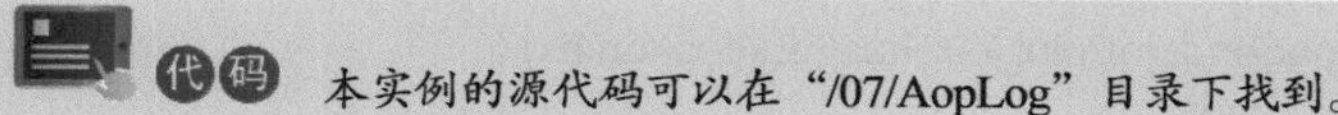

本实例的源代码可以在“/07/AopLog”目录下找到。

1. 编写 AOP 日志注解类

```
package com.example.demo.aop;
//省略
/**
 * Description: 使之成为切面类
 */
@Aspect
/**
 * Description: 把切面类加入 IoC 容器中
 */
@Component
public class AopLog {
    private Logger logger = LoggerFactory.getLogger(this.getClass());
    //线程局部的变量，用于解决多线程中相同变量的访问冲突问题
    ThreadLocal<Long> startTime = new ThreadLocal<>();
    //定义切点
    @Pointcut("execution(public * com.example..*.*(..))")
    public void aopWebLog() {
```

```
    }
    @Before("aopWebLog()")
    public void doBefore(JoinPoint joinPoint) throws Throwable {
        startTime.set(System.currentTimeMillis());
        //接收到请求，记录请求内容
        ServletRequestAttributes attributes = (ServletRequestAttributes)
RequestContextHolder.getRequestAttributes();
        HttpServletRequest request = attributes.getRequest();
        //记录下请求内容
        logger.info("URL : " + request.getRequestURL().toString());
        logger.info("HTTP 方法 : " + request.getMethod());
        logger.info("IP 地址 : " + request.getRemoteAddr());
        logger.info("类的方法 : " + joinPoint.getSignature().getDeclaringTypeName() + "." + joinPoint.get-
Signature() .getName());
         logger.info("参数 : " + request.getQueryString());
    }
    @AfterReturning(pointcut = "aopWebLog()",returning = "retObject")
    public void doAfterReturning(Object retObject) throws Throwable {
        //处理完请求，返回内容
        logger.info("应答值 : " + retObject);
        logger.info("费时: " + (System.currentTimeMillis() - startTime.get()));
    }
    //方法抛出异常退出时执行的通知
    @AfterThrowing(pointcut = "aopWebLog()", throwing = "ex")
    public void addAfterThrowingLogger(JoinPoint joinPoint, Exception ex) {
        logger.error("执行 " + " 异常", ex);
    }
}
```

代码解释如下。

- @Before：在切入点开始处切入内容。
- @After：在切入点结尾处切入内容。
- @AfterReturning：在切入点返回（return）内容之后切入内容，可以用来对处理返回值做一些加工处理。
- @Around：在切入点前后切入内容，并控制何时执行切入点自身的内容。
- @AfterThrowing：用来处理当切入内容部分抛出异常之后的处理逻辑。
- @Aspect：标记为切面类。
- @Component：把切面类加入 IoC 容器中，让 Spring 进行管理。

2. 编写控制器用于测试

下面的控制器构造了一个普通的 Rest 风格的页面。

```
package com.example.demo.controller;
//省略
@RestController
public class AopLogController {
    @GetMapping("/aoptest")
    public String aVoid(){
        return "hello aop test";
    }
}
```

启动项目，在浏览器中访问“http://localhost:8080/aoptest”，在控制台会输出以下信息：

```
URL : http://localhost:8080/aoptest
HTTP 方法 : GET
IP 地址 : 0:0:0:0:0:0:0:1
类的方法 : com.example.demo.controller.AopLogController.aVoid
参数 : null
应答值 : hello aop test
费时: 4
```

7.2　认识 IoC 容器和 Servlet 容器

7.2.1　认识容器

1. 介绍 IoC 容器

IoC（Inversion of Control）容器，是面向对象编程中的一种设计原则，意为控制反转（也被称为“控制反向”或“控制倒置”）。它将程序中创建对象的控制权交给 Spring 框架来管理，以便降低计算机代码之间的耦合度。

控制反转的实质是获得依赖对象的过程被反转了。这个过程由自身管理变为由 IoC 容器主动注入。这正是 IoC 实现的方式之一：依赖注入（dependency injection，DI），由 IoC 容器在运行期间动态地将某种依赖关系注入对象之中。

在传统编程方式中，要实现某种功能一般都需要几个对象相互作用。在主对象中要保存其他类型对象的引用，以便在主对象中实例化对象，然后通过调用这些引用的方法来完成任务，其运行方式如图 7-3 所示。

而 IoC 容器是在主对象中设置 Setter 方法，通过调用 Setter 方法或构造方法传入所需引用（即依赖注入），如图 7-4 所示。

要使用某个对象，只需要从 IoC 容器中获取需要使用的对象，不需要关心对象的创建过程，即把创建对象的控制权反转给了 Spring 框架。

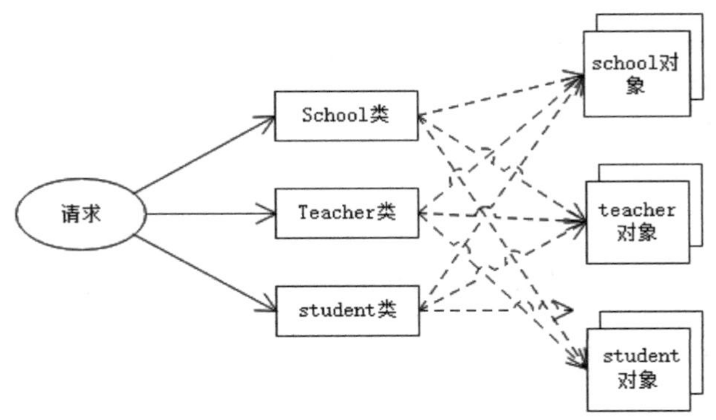

图 7-3　未使用 IoC 容器

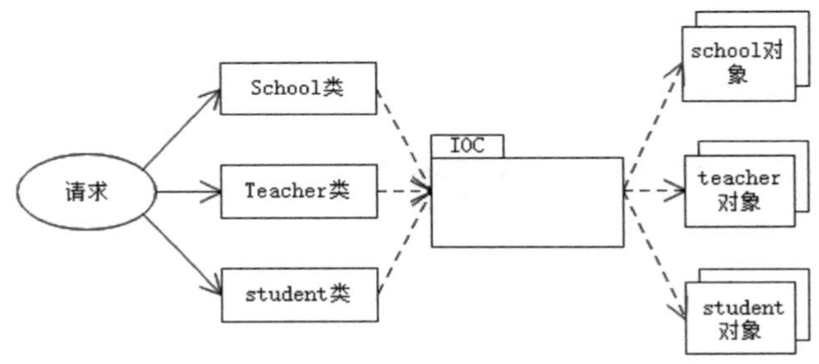

图 7-4　使用了 IoC 容器

2. IoC 的实现方法

IoC 的实现方法主要有两种——依赖注入与依赖查找。

（1）依赖注入。

IoC 容器通过类型或名称等信息将不同对象注入不同属性中。组件不做定位查询，只提供普通的 Java 方法让容器去决定依赖关系。这是最流行的 IoC 方法。依赖注入主要有以下几种方式。

- 设值注入（setter injection）：让 IoC 容器调用注入所依赖类型的对象。
- 接口注入（interface injection）：实现特定接口，以供 IoC 容器注入所依赖类型的对象。
- 构造注入（constructor injection）：实现特定参数的构造函数，在创建对象时让 IoC 容器注入所依赖类型的对象。
- 基于注解：通过 Java 的注解机制让 IoC 容器注入所依赖类型的对象，例如，使用 @Autowired。

IoC 是通过第三方容器来管理并维护这些被依赖对象的，应用程序只需要接收并使用 IoC 容器注入的对象。

（2）依赖查找。

在传统实现中，需要用户使用 API 来管理依赖的创建、查找资源和组装对象。这会对程序有侵入性。

依赖查找则通过调用容器提供的回调接口和上下文环境来获取对象，在获取时需要提供相关的配置文件路径、key 等信息来确定获取对象的状态。依赖查找通常有两个方法——依赖拖拽（DP）和上下文依赖查找（CDL）。

3. 认识 Servlet 容器

Servlet 是在 javax.serlvet 包中定义的一个接口。在开发 Spring Boot 应用程序时，使用 Controller 基本能解决大部分的功能需求。但有时也需要使用 Servlet，比如实现拦截和监听功能。

Spring Boot 的核心控制器 DispatcherServlet 会处理所有的请求。如果自定义 Servlet，则需要进行注册，以便 DispatcherServlet 核心控制器知道它的作用，以及处理请求 url-pattern。

7.2.2 实例 14：用 IoC 管理 Bean

下面通过实例演示如何用 IoC 管理 Bean。

本实例的源代码可以在“/07/IOC”目录下找到。

1. 创建一个 Bean

创建一个名为“User”的 Bean，代码如下：

```
@Data
public class User implements Serializable {
    private int id;
    private String name;
}
```

2. 编写 User 的配置类

编写配置类，并实例化一个对象，代码如下：

```
@Configuration
public class UserConfig {
    //将此返回的值生成一个 bean
    @Bean("user1")
    public User user() {
        User user = new User();
```

```
        user.setId(1);
        user.setName("longzhiran");
        return user;
    }
}
```

代码解释如下。

- @Configuration：用于标注配置类，让 Spring 来加载该类配置作为 Bean 的载体。在运行时，将为这些 Bean 生成 BeanDefinition 和服务请求。
- @Bean：产生一个 Bean，并交给 Spring 管理。目的是封装用户、数据库中的数据，一般有 Setter、Getter 方法。

3. 编写测试类

下面实例化一个 User 对象，然后通过上下文获取 Bean 对象 user1，代码如下：

```
@RunWith(SpringRunner.class)
@SpringBootTest
public class IoCTest {
    @Autowired
    private ApplicationContext applicationContext;
    @Test
public void testIoC() {
//实例化 User 对象，通过上下文获取 Bean 对象 user1
User user = (User) applicationContext.getBean("user1");
    //在控制台中打印 User 数据
System.out.println(user);
    }
}
```

代码解释如下。

- @SpringBootTest：Spring Boot 用于测试的注解，可指定入口类或测试环境等。
- @RunWith(SpringRunner.class)：让测试运行于 Spring 测试环境。
- @Test：一个测试方法。
- ApplicationContext：获取 Spring 容器中已初始化的 Bean，这里是 user1。

运行 testIoC 方法，在控制台输出以下结果：

```
User(id=1, name=longzhiran)
```

7.2.3 实例 15：用 Servlet 处理请求

使用 Servlet 处理请求，可以直接通过注解@WebServlet(urlPattern，descript)注册 Servlet，

然后在入口类中添加注解@ServletComponentScan，以扫描该注解指定包下的所有 Servlet。

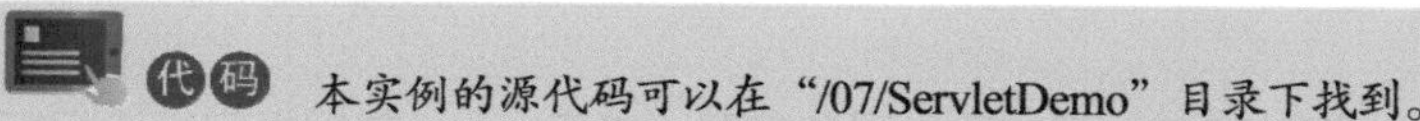
本实例的源代码可以在“/07/ServletDemo”目录下找到。

下面实例演示如何创建一个 Servlet 来处理请求。

1. 注册 Servlet 类

```
package com.example.demo;
//省略
/**
    * Description: 添加注解进行修饰
    */
@WebServlet(urlPatterns = "/ServletDemo02/*")
public class ServletDemo02 extends HttpServlet{
    /**
     * Description:
     * 重写 doGet 方法，父类的 HttpServlet 的 doGet 方法是空的，没有实现任何代码，子类需要重写此方法
     * 客户使用 GET 方法请求 Servlet 时，Web 容器会调用 doGet 方法处理请求
     */
    @Override
    protected void doGet(HttpServletRequest req, HttpServletResponse resp) throws ServletException,
IOException {
        System.out.println("doGet");
        resp.getWriter().print("Servlet ServletDemo02");
    }
}
```

代码解释如下。

- @WebServlet(urlPatterns = "/ServletDemo02/*")：属性 urlPatterns 指定 WebServlet 的作用范围，这里代表 ServletDemo02 下的所有子路径。
- doGet：父类 HttpServlet 的 doGet 方法是空的，没有实现任何代码，子类需要重写此方法。

2. 开启 Servlet 支持

在入口类上添加注解@ServletComponentScan，以使 Servlet 生效。

```
package com.example.demo;
//省略
@ServletComponentScan
@SpringBootApplication
public class ServletDemoApplication {
    public static void main(String[] args) {
        SpringApplication.run(ServletDemoApplication.class, args);
    }
```

```
}
```

代码解释如下。

- @ComponentScan：组件扫描，可自动发现和装配一些 Bean，并根据定义的扫描路径把符合扫描规则的类装配到 Spring 容器中。
- @SpringBootApplication：入口类 Application 的启动注解。

在运行程序后，使用 GET 方法访问“http://localhost:8080/ServletDemo02/*”，会返回重写 doGET 方法的值：

```
Servlet ServletDemo02
```

同时，控制台会输出 doGet 里定义的值：

```
doGet
```

7.3 过滤器与监听器

在很多 Web 项目中，都会用到过滤器（Filter），如参数过滤、防止 SQL 注入、防止页面攻击、空参数矫正、Token 验证、Session 验证、点击率统计等。

7.3.1 认识过滤器

1. 为什么要使用过滤器

在 Web 开发中，常常会有这样的需求：在所有接口中去除用户输入的非法字符，以防止引起业务异常。要实现这个功能，可以有很多方法，如：

- 在前端参数传入时进行校验，先过滤掉非法字符，然后，返回用户界面提示用户重新输入。
- 后端接收前端没有过滤的数据，然后过滤非法字符。
- 利用 Filter 处理项目中所有非法字符。

很明显，前两种实现方法会存在重复代码，因为每个前端页面或后端都需要处理，这样会导致代码极难维护。如果用过滤器来实现，则只需要用过滤器对所有接口进行过滤处理。这样非常方便，同时不会出现冗余代码。

2. 使用 Filter 的步骤

（1）新建类，实现 Filter 抽象类。

（2）重写 init、doFilter、destroy 方法。

（3）在 Spring Boot 入口中添加注解@ServletComponentScan，以注册 Filter。

在重写 3 个方法后，还可以进一步修改 request 参数使用的封装方式，如：

（1）编写 ParameterRequestWrapper 类继承 HttpServletRequestWrapper 类。

（2）编写 ParameterRequestWrapper 类构造器。

（3）在构造器中覆写父类构造器，并将 request.getParameterMap 加入子类的成员变量。

（4）编写 addParam 方法。

（5）修改参数并调用 ParameterRequestWrapper 实例，并保存 params。

（6）调用 doFilter 方法中的 FilterChain 变量，以重新封装修改后的 request。

详细用法见以下步骤。

（1）编写过滤器类。

编写过滤器类，并通过注解@Order 设置过滤器的执行顺序。

```
//如果有多个 Filter，则序号越小，越早被执行
@Order(1)
// URL 过滤配置
@WebFilter(filterName = "FilterDemo", urlPatterns = "/*")
public class FilterDemo implements Filter{
    @Override
    public void init(FilterConfig filterConfig) throws ServletException {
    //init 逻辑，该 init 将在服务器启动时被调用
    }
    @Override
    public void doFilter(ServletRequest request, ServletResponse response, FilterChain chain) throws
IOException, ServletException {
        //请求（request）处理逻辑
        //请求（request）封装逻辑
        //chain 重新写回 request 和 response
    }
    @Override
    public void destroy() {
        //重写 destroy 逻辑，该逻辑将在服务器关闭时被调用
    }
}
```

（2）在 Spring Boot 入口类中注册 Filter。

要在 Spring Boot 入口类中注册 Filter，只需要添加注解@ServletComponentScan。

7.3.2 实例 16：实现过滤器

下面通过实例演示如何实现过滤器。

 本实例的源代码可以在“/07/Servlet”目录下找到。

1. 新建拦截器类

新建拦截器类 FilterDemo01，然后在 FilterDemo01 类中加入以下代码：

```
package com.example.book.controller.example.Servlet.Filter;
//省略
//作用范围
@WebFilter(urlPatterns = "/*")
public class FilterDemo01 implements Filter {
    @Override
    public void init(FilterConfig filterConfig) throws ServletException {
     }
     @Override
    public void doFilter(ServletRequest servletRequest, ServletResponse servletResponse, FilterChain
filterChain) throws IOException, ServletException {
        System.out.println("拦截器");
        filterChain.doFilter(servletRequest,servletResponse);
    }
     @Override
    public void destroy() {
     }
}
```

2. 在入口类中开启 Servlet 支持

直接在入口类加入@ServletComponentScan 即可。因为通过注解@WebFilter(urlPatterns = "/*")定义了 urlPatterns 的变量值为“*”，代表“所有的路径”。所以，用户在访问本项目下的任何路径的页面时，此过滤器都会在控制台输出以下信息：

```
拦截器
```

7.3.3 认识监听器

监听器（Listener）用于监听 Web 应用程序中某些对象或信息的创建、销毁、增加、修改、删除等动作，然后做出相应的响应处理。当对象的状态发生变化时，服务器自动调用监听器的方法，监听器常用于统计在线人数、在线用户、系统加载时的信息初始化等。

Servlet 中的监听器分为以下 3 种类型。

1．**监听 ServletContext、Request、Session 作用域的创建和销毁**

- ServletContextListener：监听 ServeltContext。
- HttpSessionListener：监听新的 Session 创建事件。
- ServletRequestListener：监听 ServletRequest 的初始化和销毁。

2．**监听 ServletContext、Request、Session 作用域中属性的变化（增加、修改、删除）**

- ServletContextAttributeListener：监听 Servlet 上下文参数的变化。
- HttpSessionAttributeListener：监听 HttpSession 参数的变化。
- ServletRequestAttributeListener：监听 ServletRequest 参数的变化。

3．**监听 HttpSession 中对象状态的改变（被绑定、解除绑定、钝化、活化）**

- HttpSessionBindingListener：监听 HttpSession，并绑定及解除绑定。
- HttpSessionActivationListener：监听钝化和活动的 HttpSession 状态改变。

7.3.4　实例 17：实现监听器

下面通过实例演示如何实现监听器。

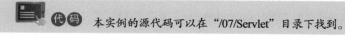

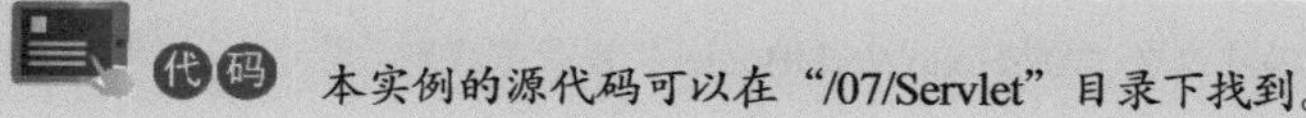
本实例的源代码可以在“/07/Servlet”目录下找到。

1．**创建监听类**

通过注解@WebListener 标注此类是监听类，代码如下：

```
package com.example.book.controller.example.Servlet.listener;
//省略
@WebListener
public class listenerDemo02 implements ServletContextListener{
        @Override
        public void contextInitialized(ServletContextEvent servletContextEvent) {
System.out.println("ServletContex 初始化");
System.out.println(servletContextEvent.getServletContext().getServerInfo());
        }
        @Override
        public void contextDestroyed(ServletContextEvent servletContextEvent) {
            System.out.println("ServletContex 销毁");
        }
    }
```

2．**开启监听器 Bean 扫描**

在入口类上，添加注解@ServletComponentScan。

启动项目后，在控制台中会输出以下信息：

```
ServletContex 初始化
Apache Tomcat/9.0.14
```

如果不停止，在端口被占用的情况下重新启动，则显示以下信息：

```
2019-01-21 15:58:59.433    INFO 13668 --- [restartedMain] o.apache.catalina.core.StandardService: Stopping
service [Tomcat]
ServletContex 销毁
```

7.4 自动配置

本节内容相对较难，如果看不懂，读者可以在将本书阅读完成后再回过头来阅读。

7.4.1 自定义入口类

在 4.1.2 节已经讲解了入口类，下面来看看如何自定义入口类。

本实例的源代码可以在“/07/HelloWorldBooter”目录下找到。

入口类默认提供了注解@SpringBootApplication，它用于标注 Spring Boot 项目的入口。这个注解被@Configuration、@EnableAutoConfiguration、@ComponentScan 三个注解所修饰，即 Spring Boot 提供了统一的注解来替代这三个注解。

用这三个注解替代注解@SpringBootApplication 也是合法的，见以下代码：

```
package com.example.demo;
//省略
//用下面三个注解替代注解@SpringBootApplication
@Configuration
@EnableAutoConfiguration
@ComponentScan

public class HelloWorldApplication {
    public static void main(String[] args) {
        SpringApplication.run(HelloWorldApplication.class, args);
    }
}
```

上面的“run”方法实例化了一个“SpringApplication”对象。执行 run 方法，见以下代码：

```
    public static ConfigurableApplicationContext run(Class<?> primarySource,
```

```
                String... args) {
            return run(new Class<?>[] { primarySource }, args);
    }
```

如果把入口类的“run”方法改成下方的代码，则效果也是一样的：

```
    public static void main(String[] args) {
SpringApplication springApplication =
            new SpringApplication(HelloWorldApplication.class);
            //springApplication.run();
            springApplication.run(args);
    }
```

如果需要创建多层次的“ApplicationContext”，则可以使用“SpringApplicationBuilder”将多个方法调用串联起来，然后通过“parent()和 child()”来创建，见以下代码：

```
    public static void main(String[] args) {
            new SpringApplicationBuilder()
                        .sources(Parent.class)
                        .child(HelloWorldApplication.class)
                        .run(args);
    }
```

如果觉得这些启动方法麻烦，还可以直接通过配置 application.properties 文件来添加一些自定义逻辑方案。

7.4.2　自动配置的原理

7.4.1 节讲解了自定义入口类。下面通过入口类来分析 Spring Boot 是如何实现自动配置的。

在入口类中，默认使用了注解@EnableAutoConfiguration。Spring Boot 也正是通过它来完成自动配置的。

注解@EnableAutoConfiguration 借助注解@Import，将所有符合自动配置条件的 Bean 都加载到 IoC 容器中，其关键代码如下：

```
package org.springframework.boot.autoconfigure;
//省略
import org.springframework.core.io.support.SpringFactoriesLoader; @Target(ElementType.TYPE)
@Retention(RetentionPolicy.RUNTIME)
@Documented
@Inherited
@AutoConfigurationPackage
@Import(AutoConfigurationImportSelector.class)
public @interface EnableAutoConfiguration {
    String ENABLED_OVERRIDE_PROPERTY = "spring.boot.enableautoconfiguration";
```

```
    Class<?>[] exclude() default {};
    String[] excludeName() default {};
}
```

从上述代码可以看到，在 EnableAutoConfiguration 类中导入了“AutoConfigurationImport-Selector.class”，Spring Boot 借助它将所有符合条件的@Configuration 配置都加载到 IoC 容器中。

EnableAutoConfiguration 类还会导入 SpringFactoriesLoader 类。进入 SpringFactories-Loader 类中可以看到，其关键代码如下：

```
public final class SpringFactoriesLoader {
    public static final String FACTORIES_RESOURCE_LOCATION = "META-INF/spring.factories";
private static final Log logger = LogFactory.getLog(SpringFactoriesLoader.class);
//省略
```

从上述代码可以看到，SpringFactoriesLoader 从 classpath 中寻找所有的 META-INF/spring.factories 配置文件。

具体工作原理如图 7-5 所示。

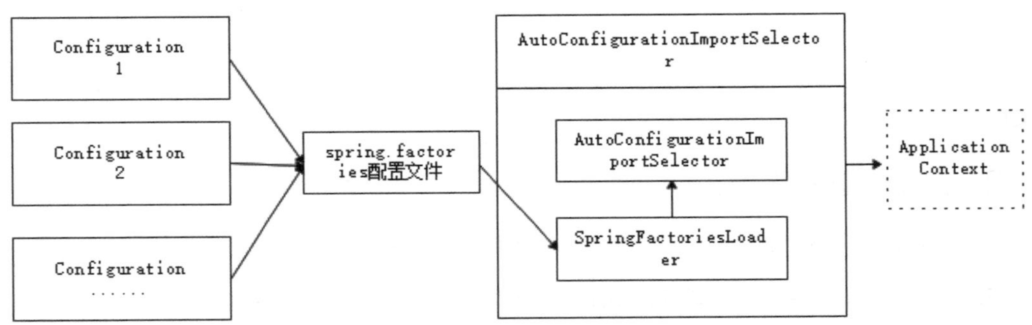

图 7-5　Spring Boot 自动配置原理

通过上面的 SpringFactoriesLoader 代码和图 7-5 可以看出 Spring Boot 自动配置原理（EnableAutoConfiguration 类）的工作原理：它借助 AutoConfigurationImportSelector，调用 SpringFactoriesLoader 的 loadFactoryNames 方法，从 classpath 中寻找所有的 META-INF/spring.factories 配置文件（spring.factories 配置了自动装配的类）；然后，再借助 AutoConfigurationImportSelector，将所有符合条件的@Configuration 配置（如图 7-5 所示的 Configuration1）都加载到 IoC 容器中。

7.4.3　实例 18：自定义 Starter

如果 Spring Boot 自带的入口类不能满足要求，则可以自定义 Starter。自定义 Starter 的步骤如下。

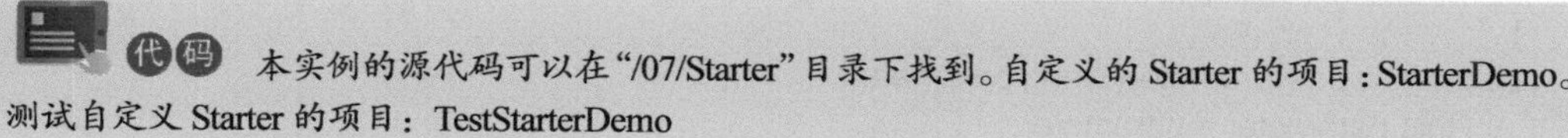

本实例的源代码可以在"/07/Starter"目录下找到。自定义的 Starter 的项目：StarterDemo。测试自定义 Starter 的项目：TestStarterDemo

1. 创建项目

在创建项目时要确定 artifactId 值。Spring 官方的 Starter 通常被命名为"spring-boot-starter-（名字）"，如"spring-boot-starter-web"。Spring 官方建议非官方的 Starter 命名遵循"（名字）-spring-boot-starter 的格式"，如"myxxx-spring-boot-starter"。

2. 引入必要的依赖

要创建自定义的 Starter 需要引入以下依赖：

```
<dependencies>
<dependency>
<groupId>org.springframework.boot</groupId>
<artifactId>spring-boot-starter-web</artifactId>
</dependency>
<dependency>
<groupId>org.projectlombok</groupId>
<artifactId>lombok</artifactId>
</dependency>
<dependency>
<groupId>org.springframework.boot</groupId>
<artifactId>spring-boot-starter-test</artifactId>
<scope>test</scope>
</dependency>
</dependencies>
```

自定义的 Starter 是不能有启动入口的，即它只能作为工具类。所以，不要把自定义的 pom.xml 写成一个可启动的项目。

3. 自定义 Properties 类

在使用 Spring 官方的 Starter 时，可以在 application.properties 文件中配置参数，以覆盖默认值。在自定义 Starter 时，也可以根据需要来配置 Properties 类，以保存配置信息，见以下代码：

```
@ConfigurationProperties(prefix = "spring.mystarter")
public class MyStarterProperties {
    //参数
    private String parameter;
```

```
    public String getParameter() {
        return parameter;
    }
    public void setParameter(String parameter) {
        this.parameter = parameter;
    }
}
```

4. 定义核心服务类

每个 Starter 都需要有自己的功能，所以需要定义服务类，如：

```
public class MyStarter {
    private MyStarterProperties myproperties;
    public MyStarter() {
    }
    public MyStarter (MyStarterProperties   myproperties) {
        this. myproperties = myproperties;
    }
    public String print(){
        System.out.println("参数: " + myproperties.getParameter());
        String s=myproperties.getParameter();
        return s;
    }
}
```

5. 定义自动配置类

每个 Starter 一般至少有一个自动配置类，命名规则为“名字+AutoConfiguration”，如“MyStarterServiceAutoConfiguration”。配置方法见以下代码：

```
@Configuration
@EnableConfigurationProperties(MyStarterProperties.class)
/**
 * Description: 在类路径 classpath 下有指定的类的情况下进行自动配置
 */
@ConditionalOnClass(MyStarter.class)
/**
 * Description: 属性 matchIfMissing =true 时进行自动配置
 */
@ConditionalOnProperty(prefix = "spring.mystarter", value = "enabled", matchIfMissing = true)
public class MyStarterServiceAutoConfiguration {
    @Autowired
//使用配置
    private MyStarterProperties myproperties;
    @Bean
```

```
    /**
     * Description: 在容器中没有指定 Bean 的情况下自动配置 MyStarter 类
     */
    @ConditionalOnMissingBean(MyStarter.class)
    public MyStarter MyStarterService(){
        MyStarter myStarterService = new MyStarter(myproperties);
        return myStarterService;
    }
}
```

最后，在 resources 文件夹下新建目录 META-INF，在目录中新建 spring.factories 文件，并且在 spring.factories 中配置 AutoConfiguration，加入以下代码：

```
org.springframework.boot.autoconfigure.EnableAutoConfiguration=\
com.example.demo.MyStarterServiceAutoConfiguration
```

6. 打包发布

在完成上面的配置后，打包生成 JAR 文件，然后就可以像使用官方 Starter 那样使用了。如果不发布到 Maven 中心仓库，则需要用户手动添加依赖。

7. 创建用于测试 Starter 的项目

在创建新项目后，如果要添加自定义的 Starter 依赖，则不能用添加官方 Starter 的方法，因为此时还未将 Starter 发布到 Maven 中心仓库。只能通过开发工具导入此依赖 JAR 文件（在 IDEA 中，通过单击菜单栏的“FILE→ProjectStructure→Modules→Dependencies”，然后单击“+”号，选择“JARs or directories…”选项添加依赖）。

然后，配置 application.properties 文件，加入以下参数：

```
spring.mystarter.parameter=longzhonghua
```

8. 使用 Starter

在需要使用的地方注入依赖即可，具体使用见以下代码：

```
@Autowired
private MyStarter myStarterService;
@Test
public void hello() {
    System.out.println(myStarterService.print());
}
```

运行上面的单元测试，则输出以下结果：

```
参数: longzhiran
longzhiran
```

正规的 Starter 是一个独立的工程，可以在 Maven 中的新仓库注册发布，以便开发人员使用。

自定义 Starter 包括以下几个方面的内容。

- 自动配置文件：根据 classpath 是否存在指定的类来决定是否要执行该功能的自动配置。
- spring.factories：指导 Spring Boot 找到指定的自动配置文件。
- endpoint：包含对服务的描述、界面、交互（业务信息的查询）。
- health indicator：该 Starter 提供的服务的健康指标。

7.5 元注解

7.5.1 了解元注解

元注解就是定义注解的注解，是 Java 提供的用于定义注解的基本注解，见表 7-1。

表 7-1 元注解

注 解	说 明
@Retention	是注解类，实现声明类 Class，声明类别 Category，声明扩展 Extension
@Target	放在自定义注解的上边，表明该注解可以使用的范围
@Inherited	允许子类继承父类的注解，在子类中可以获取使用父类注解
@Documented	表明这个注释是由 Javadoc 记录的
@interface	用来自定义注释类型

1. @Target

该注解的作用是告诉 Java 将自定义的注解放在什么地方，比如类、方法、构造器、变量上等。它的值是一个枚举类型，有如下属性值。

- ElementType.CONSTRUCTOR：用于描述构造器。
- ElementType.FIELD：用于描述成员变量、对象、属性（包括 enum 实例）。
- ElementType.LOCAL_VARIABLE：用于描述局部变量。
- ElementType.METHOD：用于描述方法。
- ElementType.PACKAGE：用于描述包。
- ElementType.PARAMETER：用于描述参数。
- ElementType.TYPE：用于描述类、接口（包括注解类型）或 enum 声明。

2. @Retention

该注解用于说明自定义注解的生命周期，在注解中有三个生命周期。

- RetentionPolicy.RUNTIME：始终不会丢弃，运行期也保留该注解，可以使用反射机制读取该注解的信息。自定义的注解通常使用这种方式。
- RetentionPolicy.CLASS：类加载时丢弃，默认使用这种方式。
- RetentionPolicy.SOURCE：编译阶段丢弃，自定义注解在编译结束之后就不再有意义，所以它们不会写入字节码。@Override、@SuppressWarnings 都属于这类注解。

3. @Inherited

该注解是一个标记注解，表明被标注的类型是可以被继承的。如果一个使用了@Inherited 修饰的 Annotation 类型被用于一个 Class，则这个 Annotation 将被用于该 Class 的子类。

4. @Documented

该注解表示是否将注解信息添加在 Java 文档中。

5. @interface

该注解用来声明一个注解，其中的每一个方法实际上是声明了一个配置参数。方法的名称就是参数的名称，返回值类型就是参数的类型（返回值类型只能是基本类型、Class、String、enum）。可以通过 default 来声明参数的默认值。

定义注解格式见以下代码：

```
public @interface 注解名 {定义体}
```

7.5.2 实例 19：自定义注解

有时需要自定义注解来快捷地实现功能。本实例演示如何自定义注解，以及实现业务逻辑处理。

本实例的源代码可以在“/07/MyAnnotationDemo”目录下找到。

1. 创建自定义注解类

```
@Target({ElementType.METHOD, ElementType.TYPE})
@Retention(RetentionPolicy.RUNTIME)
@Documented
@Component
public @interface MyTestAnnotation {
    String value();
}
```

代码解释如下。

- 使用@Target 注解标注作用范围。
- 使用@Retention 注解标注生命周期。

- 使用@Documented 将注解信息添加在 Java 文档中。

2. 实现业务逻辑

以 AOP 的方式实现业务逻辑，见以下代码：

```
@Aspect
@Component
public class TestAnnotationAspect {
    //拦截被 MyTestAnnotation 注解的方法；如果需要拦截指定包（package）指定规则名称的方法，则可以使用
表达
    式 execution(...)
    @Pointcut("@annotation(com.example.demo.MyTestAnnotation)")
    public void myAnnotationPointCut() {
    }
    @Before("myAnnotationPointCut()")
    public void before(JoinPoint joinPoint) throws Throwable {
        MethodSignature sign = (MethodSignature) joinPoint.getSignature();
        Method method = sign.getMethod();
        MyTestAnnotation annotation = method.getAnnotation(MyTestAnnotation.class);
        //获取注解参数
        System.out.print("TestAnnotation 参数：" + annotation.value());
    }
}
```

3. 使用自定义注解

在需要使用的地方使用自定义注解，直接添加注解名即可，见以下代码：

```
@MyTestAnnotation("测试 Annotation 参数")
 public void testAnnotation() {
   }
```

运行上面代码，输出如下结果：

```
TestAnnotation 参数：测试 Annotation 参数
```

7.6 异常处理

7.6.1 认识异常处理

异常处理是编程语言的机制，用来处理软件系统中出现的异常状况，增强代码可读性。

1. 异常处理的必要性

异常处理用于解决一些程序无法掌控，但又必须面对的情况。例如，程序需要读取文件、连接网络、使用数据库等，但可能文件不存在、网络不畅通、数据库无效等情况。为了程序能继续运行，此时就需要把这些情况进行异常处理。异常处理的方法通常有以下几种：

- 将异常通知给开发人员、运维人员或用户。
- 使因为异常中断的程序以适当的方式继续运行，或者退出。
- 保存用户的当前操作，或者进行数据回滚。
- 释放资源。

2. 异常的分类

- Error：代表编译和系统的错误，不允许捕获。
- Exception：标准 Java 库的方法所激发的异常，包含运行异常 Runtime_Exception 和非运行异常 Non_RuntimeException 的子类。
- Runtime Exception：运行时异常。
- Non_RuntimeException：非运行时可检测的异常，Java 编译器利用分析方法或构造方法中可能产生的结果来检测程序中是否含有检测异常的处理程序，每个可能的可检测异常、方法或构造方法的 throws 子句必须列出该异常对应的类。
- Throw：用户自定义异常。

3. 如何处理异常

（1）捕获异常。

捕获异常的格式，见以下代码：

```
try{
//… …
}
catch(
//… …
)
finally{
//… …
}
```

代码解释如下。

- try：在 try 语句中编写可能发生异常的代码，即正常的业务功能代码。如果执行完 try 语句不发生异常，则执行 finally 语句（如果有的话）和 finally 后面的代码；如果发生异常，则尝试去匹配 catch 语句。

- catch：捕捉错误并处理。
- finally：finally 语句是可选的，无论异常是否发生、是否匹配、是否被处理，finally 都会执行。

一个 try 至少要有一个 catch 语句，或至少要有 1 个 finally 语句。finally 不是用来处理异常的，也不会捕获异常，是为了做一些清理工作，如流的关闭、数据库连接的关闭等。

（2）抛出异常。

除用 try 语句处理异常外，还可以用 throw、throws 抛出异常。

执行 throw 语句的地方是一个异常抛出点，后面必须是一个异常对象，且必须写在函数中。

throw、throws 的用法见以下代码。

- throw 语法：

```
throw (异常对象);
```

- throws 语法：

```
语法：[(修饰符)](返回值类型)(方法名)([参数列表])[throws(异常类)]{......}
```

（3）自定义异常

在应用程序的开发过程中，经常会自定义异常类，以避免使用 try 产生重复代码。自定义异常类一般是通过扩展 Exception 类来实现的。这样的自定义异常属于检查异常（checked exception）。如果要自定义非检查异常，则需要继承 RuntimeException。

4. Spring Boot 默认的异常处理

Spring Boot 提供了一个默认处理异常的映射。在 Spring Boot 的 Web 项目中，尝试访问一个不存在的 URL（http://localhost:8080/longzhiran），会得到 Spring Boot 中内置的异常处理，如下提示：

```
This application has no explicit mapping for /error, so you are seeing this as a fallback.
Sat May 18 22:49:20 CST 2019
There was an unexpected error (type=Not Found, status=404).
No message available
```

同样的地址，如果发送的请求带有"Content-Type→application/json;charset=UTF-8"，则返回的是 JSON 格式的错误结果，见以下输出结果：

```
{
    "timestamp": "2019-05-18T14:47:46.722+0000",
    "status": 404,
    "error": "Not Found",
```

```
        "message": "No message available",
        "path": "/longzhiran"
    }
```

从上面结果可以看出，Spring Boot 会根据消费者发送的“Content-Type”来返回相应的异常内容，如果“Content-Type”是“application/json”，则返回 JSON 文件；如果“Content-Type”是“text/html”，则返回 HTML 文件。

7.6.2 使用控制器通知

在编写代码时，需要对异常进行处理。进行异常处理的普通的代码是 try…catch 结构。但在开发业务时，只想关注业务正常的代码，对于 catch 语句中的捕获异常，希望交给异常捕获来处理，不单独在每个方法中编写。这样不仅可以减少冗余代码，还可以减少因忘记写 catch 而出现错误的概率。

Spring 正好提供了一个非常方便的异常处理方案——控制器通知（@ControllerAdvice 或@RestcontrollerAdvice），它将所有控制器作为一个切面，利用切面技术来实现。

通过基于@ControllerAdvice 或@RestControllerAdvice 的注解可以对异常进行全局统一处理，默认对所有的 Controller 有效。如果要限定生效范围，则可以使用 ControllerAdvice 支持的限定范围方式。

- 按注解：@ControllerAdvice(annotations = RestController.class)。
- 按包名：@ControllerAdvice("org.example.controller")。
- 按类型：@ControllerAdvice(assignableTypes = {ControllerInterface.class, AbstractController.class})。

这是 ControllerAdvice 进行统一异常处理的优点，它能够细粒度地控制该异常处理器针对哪些 Controller、包或类型有效。

可以利用这一特性在一个系统实现多个异常处理器，然后 Controller 可以有选择地决定使用哪个，使得异常处理更加灵活、降低侵入性。

异常处理类会包含以下一个或多个方法。

- @InitBinder：对表单数据进行绑定，用于定义控制器参数绑定规则。如转换规则、格式化等。可以通过这个注解的方法得到 WebDataBinder 对象，它在参数转换之前被执行。
- @ModelAttribute：在控制器方法被执行前，对所有 Controller 的 Model 添加属性进行操作。
- @ExceptionHandler：定义控制器发生异常后的操作，可以拦截所有控制器发生的异常。
- @ControllerAdvice：统一异常处理，通过@ExceptionHandler(value = Exception.class)来指定捕获的异常。“@ControllerAdvice + @ExceptionHandle”可以处理除“404”以外的运行异常。

7.6.3 实例 20：自定义错误处理控制器

下面通过实例演示如何自定义错误处理控制器。

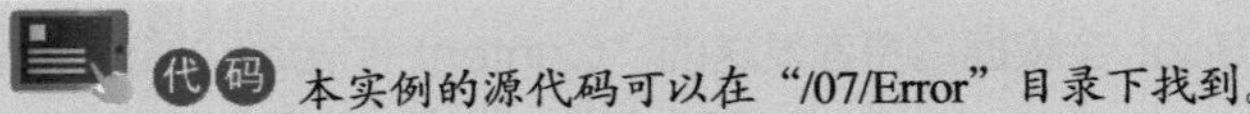

本实例的源代码可以在“/07/Error”目录下找到。

1. 自定义一个错误的处理控制器

以下代码演示如何自定义一个错误的处理控制器。

```
package com.example.demo.Controller;
//省略
@RestController
/*Spring Boot 提供了默认的错误映射地址“error”
@RequestMapping("${server.error.path:${error.path:/error}}")
@RequestMapping("/error")
上面两种写法都可以
*/
@RequestMapping("/error")
//继承 Spring Boot 提供的 ErrorController
public class TestErrorController implements ErrorController {
    //必须重写 getErrorPath 方法。默认返回 null 就可以，否则报错
    @Override
    public String getErrorPath() {
        return null;
    }
    //一定要添加 URL 映射，指向 error
    @RequestMapping
    public Map<String, Object> handleError() {
        //用 Map 容器返回信息
        Map<String, Object> map = new HashMap<String, Object>();
        map.put("code", 404);
        map.put("msg", "不存在");
         return map;
    }
    /**在这里加一个能正常访问的页面，作为比较
    因为该页面写在一个控制器中，所以它的访问路径是
    http://localhost:8080/error/ok
*/
    @RequestMapping("/ok")
    @ResponseBody
    public Map<String, Object> noError() {
        //用 Map 容器返回信息
        Map<String, Object> map = new HashMap<String, Object>();
        map.put("code ", 200);
```

```
            map.put("msg", "正常，这是测试页面");
            return map;
    }
}
```

启动项目，访问一个不存在的网址，则返回下方信息：

```
{"msg":"不存在","code":404}
```

访问正确定义的映射“http://localhost:8080/error/ok”，则返回下方正确信息：

```
{"msg":"正常，这是测试页面","code ":200}
```

2. 根据请求返回相应的数据格式

如果要针对不同的请求方式，返回不同类型的响应，则需要使用下方代码：

```
//这里不要加 consumes="text/html;charset=UTF-8",否则不成功,有部分浏览器提交的是空值
    @RequestMapping( value = "",produces = "text/html;charset=UTF-8")
    @ResponseBody
    public String errorHtml4040(HttpServletRequest request, HttpServletResponse response) {
        //跳转到 error  目录下的  404 模板
        return "404 错误,不存在";
    }
    @RequestMapping(value = "", consumes="application/json;charset=UTF-8",produces =
"application/json;charset=UTF-8")
    @ResponseBody
    public   Map<String, Object> errorJson() {
        //用 Map 容器返回信息
        Map<String, Object> map = new HashMap<String, Object>();
        map.put("code", 404);
        map.put("msg", "不存在");
        return map;
    }
```

当用 PC 端的浏览器访问时，会返回 HTML 格式的“404 错误”提示，因为消费者（浏览器）发送的 Content-Type 是 text/html。而当消费者的 Content-Type 是 application/json 时，会返回 JSON 格式的错误提示，见下方信息：

```
{"msg":"不存在","code":"404"}
```

7.6.4　实例 21：自定义业务异常类

本实例演示如何自定义业务异常类，如何抛出异常信息。

 本实例的源代码可以在“/07/CustomerBusinessException”目录下找到。

1. 自定义异常类

自定义异常类需要继承 Exception（异常）类。这里继承 RuntimeException，代码如下：

```
package com.example.demo.exception;
    public class BusinessException extends RuntimeException{
        //自定义错误码
        private Integer code;
        //自定义构造器，必须输入错误码及内容
        public BusinessException(int code,String msg) {
            super(msg);
            this.code = code;
        }
        public Integer getCode() {
            return code;
        }
        public void setCode(Integer code) {
            this.code = code;
        }
    }
```

关于异常，在面试时被提问的概率会比较大，还可能会被问及你知道的异常类有哪些。

RuntimeException 和 Error 是非检查异常，其他的都是检查异常。所有方法都可以在不声明“throws”方法的情况下抛出 RuntimeException 及其子类，不可以在不声明的情况下抛出非 RuntimeException，即：非 RuntimeException 要自己写 catch 语句处理，如果 RuntimeException 不使用“try…catch”进行捕捉，则会导致程序运行中断。

2. 自定义全局捕获异常

```
package com.example.demo.exception;
//省略
@ControllerAdvice
public class CustomerBusinessExceptionHandler {
    /**
     * 自定义业务处理业务异常类
     */
    @ResponseBody
    @ExceptionHandler(BusinessException.class)
    public Map<String, Object> businessExceptionHandler(BusinessException e) {
        Map<String, Object> map = new HashMap<String, Object>();
        map.put("code", e.getCode());
        map.put("message", e.getMessage());
        //此处省略发生异常进行日志记录的代码，请在随书代码中查看
```

```
        return map;
    }
}
```

3. 测试自定义异常类

创建控制器，以抛出 BusinessException 的自定义异常，代码如下：

```
@RestController
public class TestController {
    @RequestMapping("/BusinessException")
    public String testResponseStatusExceptionResolver(@RequestParam("i") int i){
        if (i==0){
            throw new BusinessException(600,"自定义业务错误");
        }
            return "success";
    }
}
```

启动项目，访问"http://localhost:8080/BusinessException?i=0"测试异常处理情况，则抛出下方错误信息：

```
{"code":600,"message":"自定义业务错误"}
```

7.7 单元测试

7.7.1 了解单元测试

单元测试（unit test）是为了检验程序的正确性。一个单元可能是单个程序、类、对象、方法等，它是应用程序的最小可测试部件。

单元测试的必要性如下：

- 预防 Bug。
- 快速定位 Bug。
- 提高代码质量，减少耦合。
- 减少调试时间。
- 减少重构的风险。

7.7.2 Spring Boot 的测试库

Spring Boot 提供了 spring-boot-starter-test 启动器。通过它，能引入一些有用的测试库，如下所示。

- Spring Test&Spring Boot Test：Spring Boot 提供的应用程序功能集成化测试支持。
- Junit：Java 应用程序单元测试标准类库。
- AssertJ：轻量级的断言类库。
- Hamcrest：对象匹配器类库。
- Mockito：Java Mock 测试框架。
- JsonPath：JSON 操作类库。
- JSONassert：用于 JSON 的断言库。

1. 了解回归测试框架 JUnit

JUnit 是对程序代码进行单元测试的 Java 框架。它用来编写自动化测试工具，降低测试的难度、减少烦琐性，并有效避免出现程序错误。

JUnit 测试是白盒测试（因为知道测试如何完成功能和完成什么样的功能）。要使用 JUnit，则只需要继承 TestCase 类。

JUnit 提供以下注解。

- @BeforeClass：在所有测试单元前执行一次，一般用来初始化整体的代码。
- @AfterClass：在所有测试单元后执行一次，一般用来销毁和释放资源。
- @Before：在每个测试单元前执行，一般用来初始化方法。
- @After：在每个测试单元后执行，一般用来回滚测试数据。
- @Test：编写测试用例。
- @Test(timeout=1000)：对测试单元进行限时。这里的“1000”表示若超过 1s 则超时，测试失败。
- @Test(expected=Exception.class)：指定测试单元期望得到的异常类。如果执行完成后没有抛出指定的异常，则测试失败。
- @Ignore：执行测试时将忽略掉此方法。如果用于修饰类，则忽略整个类。
- @RunWith：在 JUnit 中有很多 Runner，它们负责调用测试代码。每个 Runner 都有特殊功能，应根据需要选择不同的 Runner 来运行测试代码。

2. 了解 assertThat

Unit 4.4 结合 Hamcrest 提供了一个新的断言语法——assertThat。使用 assertThat 的一个断言语句结合 Hamcrest 提供的匹配符，就可以表达全部的测试思想。

（1）assertThat 的基本语法如下。

```
assertThat( [value], [matcher statement] )。
```

- value：要测试的变量值。
- matcher statement：如果 value 值与 matcher statement 所表达的期望值相符，则测试

成功，否则失败。简单地说，就是“两个值进行比较”。

（2）一般匹配符。

- “assertThat(testNumber,allOf(greaterThan(5),lessThan(8)));”：allOf 表示，所有条件必须都成立，测试才能通过。
- “assertThat(testNumber,anyOf(greaterThan(5),lessThan(8)));”：anyOf 表示，所有条件只要有一个成立，则测试通过。
- “assertThat(testNumber,anything()); ”：anything 表示，无论什么条件，结果永远为“true”。

（3）字符串相关匹配符。

- “assertThat(testString,is("longzhiran"));”：is 表示，如果前面待测的 testString 等于后面给出的 String，则测试通过。
- “assertThat(testString, not("zhiranlong"));”：not 表示，如果前面待测的 String 不等于后面给出的 String，则测试通过。
- “assertThat(testString,containsString("zhiranlong"));”：containsString 表示，如果测试的字符串 testString 包含子字符串“zhiranlong”，则测试通过。
- “assertThat(testString,endsWith("ran"));”：endsWith 表示，如果测试的字符串 testString 以子字符串“ran”结尾，则测试通过。
- “assertThat(testString,startsWith("long"));”：startsWith 表示，如果测试的字符串 testString 以子字符串“long”开始，则测试通过。
- “assertThat(testValue,equalTo(Value));”：equalTo 表示，如果测试的 testValue 等于 Value，则测试通过。equalTo 可以用来测试数值、字符串和对象。
- “assertThat(testString,equalToIgnoringCase("Ran"));”：equalToIgnoringCase 表示，如果测试的字符串 testString 在忽略大小写的情况下等于“Ran”，则测试通过。
- “assertThat(testString,equalToIgnoringWhiteSpace("zhiraN"));”：equalToIgnoring-WhiteSpace 表示，如果测试的字符串 testString 在忽略头尾的任意一个空格的情况下等于“zhiraN”，则测试通过。字符串中的空格不能被忽略。

（4）数值相关匹配符。

- “assertThat(testDouble,closeTo(1.0,8.8));”：closeTo 表示，如果测试的浮点型数 testDouble 在 1.0～8.8 之间，则测试通过。
- “assertThat(testNumber,greaterThan(2.0));”：greaterThan 表示，如果测试的数值 testNumber 大于 2.0，则测试通过。
- “assertThat(testNumber,lessThan(35.0));”：lessThan 表示，如果测试的数值 testNumber 小于 35.0，则测试通过。
- “assertThat(testNumber,greaterThanOrEqualTo(2.0));”：greaterThanOrEqualTo

表示，如果测试的数值 estNumber 大于或等于 2.0，则测试通过。

- “assertThat(testNumber,lessThanOrEqualTo(35.0));”：lessThanOrEqualTo 表示，如果测试的数值 testNumber 小于或等于 35.0，则测试通过。

（5）collection 相关匹配符。

- “assertThat(mObject,hasEntry("key","value"));”：hasEntry 表示，如果测试的 Map 对象 mObject 含有一个键值为“key”对应元素值为“value”的 Entry 项，则测试通过。
- “assertThat(mObject,hasKey("key"));”：hasKey 表示，如果测试的 Map 对象 mObject 含有键值“key”，则测试通过。
- “assertThat(mObject,hasValue("key"));”：hasValue 表示，如果测试的 Map 对象 mObject 含有元素值“value”，则测试通过。
- “assertThat(iterableObject,hasItem("zhi"));”：hasItem 表示，如果测试的迭代对象 iterableObject 含有元素“zhi”项，则测试通过。

3. 了解 Mockito

Mockito 是 GitHub 上使用最广泛的 Mocking 框架。它提供简洁的 API 用来测试。Mockito 简单易学、可读性强、验证语法简洁。

与 JUnit 结合使用，Mockito 框架可以创建和配置 Mock 对象。

4. 了解 JSONPath

JSONPath 是 xPath 在 JSON 中的应用。它的数据结构通常不一定有根元素，它用一个抽象的名字“$”来表示最外层对象，而且允许使用通配符“*”表示所有的子元素名和数组索引。

JSONPath 表达式可以使用“.”符号解析 JSON，如以下代码：

```
$.person.card[0].num。
```

或使用“[]”符号，如以下代码:

```
$['person']['card'][0]['num']。
```

5. 测试的回滚

在单元测试中可能会产生垃圾数据，可以开启事务功能进行回滚——在方法或类头部添加注解 @Transactional 即可。用法见以下代码：

```
@RunWith(SpringRunner.class)
@SpringBootTest
@Transactional
public class CardRepositoryTest {
    @Autowired
```

```
    private   CardRepository   cardRepository;
    @Test
    public void testRollBack() {
        //查询操作
        Card card=new Card();
        card.setNum(3);
         cardRepository.save(card);
    }
}
```

上述代码在类上添加了注解@Transactional，测试完成后就会回滚，不会产生垃圾数据。如果要关闭回滚，则只要加上注解@Rollback(false)即可。

如果使用的数据库是 MySQL，有时会发现加了注解@Transactional 也不会回滚，多数情况下是因为默认引擎不是 InnoDB。

7.7.3　快速创建测试单元

在 Spring Boot 中进行单元测试很简单，它已经自动添加好了 Test 的 Starter 依赖，见下方依赖元素：

```
<dependency>
    <groupId>org.springframework.boot</groupId>
    <artifactId>spring-boot-starter-test</artifactId>
    <scope>test</scope>
</dependency>
```

只要在“src/test/java”目录下新建一个测试类即可，格式见以下代码：

```
package com.example.demo;
//省略
@SpringBootTest
@RunWith(SpringRunner.class)
public class test {
    @Test
    public void contextLoads() {
//测试代码
    }}
```

代码解释如下。

- @SpringBootTest：是 Spring Boot 用于测试的注解，可指定入口类或测试环境等。
- @RunWith(SpringRunner.class)：让测试运行于 Spring 的测试环境。

- @Test：表示为一个测试单元。在要测试的方法上加注解@Test，然后鼠标右击“Run”（或单击其左边的绿色三角箭头）即可进行测试。

除用这种方式创建测试单元外，还可以通过 IDEA 的快捷键快速完成创建。

在 IDEA 中，快速创建测试单元主要有以下 3 种方式：

- 通过快捷键 Ctrl+Shift+T（在 Windows 系统中）来创建测试。
- 单击菜单栏中的“Navigator→Test”命令。
- 在方法处单击鼠标右键，在弹出的菜单中选择“Go To→Test”命令。

接下来运行测试。直接单击“测试”按钮，或将鼠标光标放在对应的方法上，单击鼠标右键，在弹出的菜单中选择“Run ×××”命令，如图 7-6 所示。

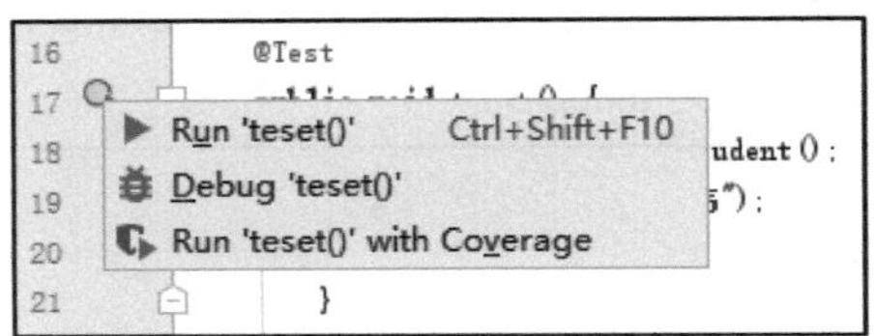

图 7-6　运行测试

7.7.4　实例 22：Controller 层的单元测试

下面通过实例演示如何在控制器中使用 MockMvc 进行单元测试。

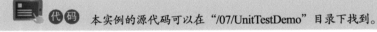

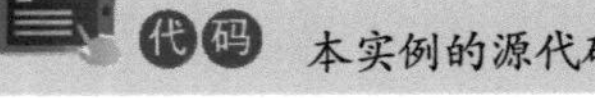
本实例的源代码可以在“/07/UnitTestDemo”目录下找到。

1. 创建一个用于测试的控制器

在控制器中写入以下代码：

```
package com.example.demo.controller;
//省略
@RestController
public class HelloController {
    @RequestMapping("/hello")
    public String hello(String name){
        return "hello "+name;
    }
}
```

代码解释如下。

- @RestController：代表这个类是 REST 风格的控制器，返回 JSON/XML 类型的数据。

- @RequestMapping：用于配置 URL 和方法之间的映射。可用在类和方法上。用在方法上，则其路径会继承用在类上的路径。

2. 编写测试

```
package com.example.demo.controller;
//省略
@SpringBootTest
@RunWith(SpringRunner.class)
public class HelloControllerTest {
    //启用 Web 上下文
    @Autowired
    private WebApplicationContext webApplicationContext;
    private MockMvc mockMvc;

    @Before
    public void setUp() throws Exception{
        //使用上下文构建 MockMvc
        mockMvc = MockMvcBuilders.webAppContextSetup(webApplicationContext).build();
    }
    @Test
    public void hello() throws Exception {
        //得到 MvcResult 自定义验证，执行请求
        MvcResult mvcResult= mockMvc.perform(MockMvcRequestBuilders.get("/hello")
        //.post("/hello") 发送 POST 请求
                .contentType(MediaType.APPLICATION_JSON_UTF8)
                //传入参数
                .param("name","longzhonghua")
                //.accept(MediaType.TEXT_HTML_VALUE))
                //接收的类型
                .accept(MediaType.APPLICATION_JSON_UTF8))
                //等同于 Assert.assertEquals(200,status);
                //判断接收到的状态是否是 200
                .andExpect(MockMvcResultMatchers.status().isOk())
                 //等同于 Assert.assertEquals("hello longzhonghua",content);
                .andExpect(MockMvcResultMatchers.content().string("hello longzhonghua"))
                .andDo(MockMvcResultHandlers.print())
                //返回 MvcResult
                .andReturn();
                //得到返回代码
                int status=mvcResult.getResponse().getStatus();
                //得到返回结果
                String content=mvcResult.getResponse().getContentAsString();
                //断言，判断返回代码是否正确
```

```
            Assert.assertEquals(200,status);
            //断言，判断返回的值是否正确
            Assert.assertEquals("hello longzhonghua",content);
    }
}
```

代码解释如下。

- @SpringBootTest：是 Spring Boot 用于测试的注解，可指定入口类或测试环境等。
- @RunWith(SpringRunner.class)：让测试运行于 Spring 的测试环境。
- @Test：表示一个测试单元。
- WebApplicationContext：启用 Web 上下文，用于获取 Bean 中的内容。
- @Before：表示在测试单元执行前执行。这里使用上下文构建 MockMvc。
- MockMvcRequestBuilders.get：指定请求方式是 GET。一般用浏览器打开网页就是 GET 方式。

测试代码不能写在上面的控制器中，而需要新建测试类。

运行测试，在控制器中会输出以下结果：

```
MockHttpServletRequest:
      HTTP Method = GET
      Request URI = /hello
       Parameters = {name=[longzhonghua]}
          Headers = [Accept:"application/json;charset=UTF-8"]
             Body = <no character encoding set>
    Session Attrs = {}
Handler:
             Type = com.example.demo.controller.HelloController
           Method = public java.lang.String com.example.demo.controller.HelloController.hello(java.lang.String)
Async:
    Async started = false
     Async result = null
Resolved Exception:
             Type = null

ModelAndView:
        View name = null
             View = null
            Model = null
FlashMap:
```

```
        Attributes = null
MockHttpServletResponse:
           Status = 200
    Error message = null
          Headers = [Content-Type:"application/json;charset=UTF-8", Content-Length:"18"]
     Content type = application/json;charset=UTF-8
             Body = hello longzhonghua
    Forwarded URL = null
   Redirected URL = null
          Cookies = []
```

在上述结果中可以看到访问方式、路径、参数、访问头、ModelAndView、FlashMap、MockHttpServletResponse。

7.7.5　实例 23：Service 层的单元测试

本实例演示如何在 Service 中使用 Assert 进行单元测试。

本实例的源代码可以在"/07/UnitTestDemo"目录下找到。

1. 创建实体类

先创建一个实体类用于测试。

```
package com.example.demo.entity;
//省略
@Getter
@Setter
public class User {
    private String name;
    private   int age;
}
```

2. 创建服务类

这里用@Service 来标注服务类，并实例化了一个 User 对象，见以下代码。

```
package com.example.demo.service;
//省略
@Service
public class UserService {
    public User getUserInfo(){
        User user = new User();
        user.setName("zhonghua");
        user.setAge(18);
        return user;
```

```
    }
}
```

3. 编写测试

编写测试用于比较实例化的实体 User 和测试预期值是否一样，见以下代码：

```
package com.example.demo.service;
//省略
//表明要在 Spring 测试环境中运行
@RunWith(SpringRunner.class)
//启动整个 Spring Boot 工程
@SpringBootTest
public class UserServiceTest {
@Autowired
private UserService userService;
    @Test
    public void getUserInfo() {
        User user = userService.getUserInfo();
        //比较实际的值和用户预期的值是否一样
        Assert.assertEquals(18,user.getAge());
        Assert.assertThat(user.getName(),is("zhonghualong"));

    }
}
```

运行测试，结果显示出错，表示期望的值和实际值不一样，如下所示。

```
java.lang.AssertionError:
Expected: is "zhonghualong"
     but: was "zhonghua"
Expected :zhonghualong
Actual   :zhonghua
```

7.7.6 实例 24：Repository 层的单元测试

Repository 层主要用于对数据进行增加、删除、修改和查询操作。它相当于仓库管理员的进出货操作。

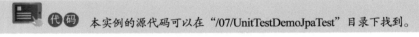

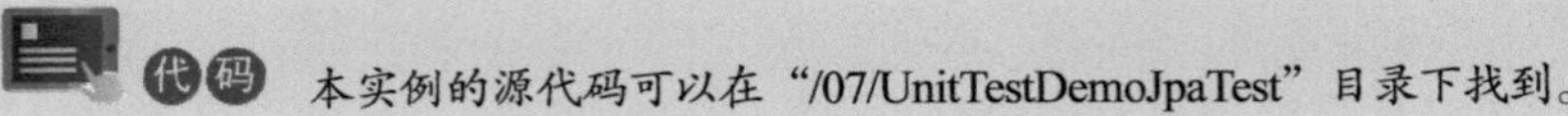
本实例的源代码可以在“/07/UnitTestDemoJpaTest”目录下找到。

下面通过实例演示如何在 Repository 中进行单元测试，以及使用@Transactional 注解进行回滚操作。

```
package com.example.demo.repository;
//省略
```

```
//表明要在 Spring 测试环境中运行
@RunWith(SpringRunner.class)
//启动整个 Spring Boot 工程
@SpringBootTest
@Transactional
public class CardRepositoryTest {
    @Autowired
    private   CardRepository   cardRepository;
    @Test
  public void testQuery() {
   //查询操作
  List<Card> list = cardRepository.findAll();
        for (Card card : list) {
            System.out.println(card);
        }
    }
   @Test
   public void testRollBack() {
        //查询操作
        Card card=new Card();
        card.setNum(3);
         cardRepository.save(card);
    }
}
```

代码解释如下。

- @Transactional：即回滚的意思。所有方法执行完之后，回滚成原来的样子。
- testRollBack 方法：执行添加一条记录。如果开启了@Transactional，则会在添加之后进行回滚，删除刚添加的数据，如果注释掉@Transactional，则完成添加后不回滚。大家在测试时可以尝试去掉和添加@Transactional 状态下的不同效果。这里的@Transactional 放在类上，也可以加在方法上以作用于方法。

运行 testRollBack 测试，可以看到控制台中输出以下信息：

```
Hibernate: insert into cardtestjpa (num) values (?)
2019-04-28 16:08:51.616   INFO 6756 --- [ main] o.s.t.c.transaction.TransactionContext : Rolled back
transaction for test: ……
```

上述结果表示先添加，然后操作被立即回滚了。

第 8 章 用 ORM 操作 SQL 数据库

本章首先介绍如何使用 ORM（JPA、MyBatis）操作数据库；然后讲解常用的查询方式、自定义查询方式、原生 SQL (Structured Query Language，结构化查询语言)的开发和映射，还会深入地讲解一对一、一对多、多对多的关系映射操作以及事务的使用；最后对比分析 JPA 和 MyBatis 的区别。

8.1 认识 Java 的数据库连接模板 JDBCTemplate

8.1.1 认识 JDBCTemplate

1. 了解 JDBC

在学习使用 JDBCTemplate 之前，我们先来了解一下 JDBC（ Java DataBase Connectivity ）。它是 Java 用于连接数据库的规范，也就是用于执行数据库 SQL 语句的 Java API。从 JDBC 的名称上看，它似乎没有指定某种数据库。可以猜想它可以为多种数据库提供统一访问的接口，这更符合程序设计的模式。实际上，它由一组用 Java 语言编写的类和接口组成，为大部分关系型数据库提供访问接口。

JDBC 需要每次进行数据库连接，然后处理 SQL 语句、传值、关闭数据库。如果都由开发人员编写代码，则很容易出错，可能会出现使用完成之后，数据库连接忘记关闭的情况。这容易导致连接被占用而降低性能，为了减少这种可能的错误，减少开发人员的工作量，JDBCtemplate 就被设计出来了。

2. 了解 JDBCTemplate

JDBCTemplate=JDBC+Template 的组合，是对 JDBC 的封装。它更便于程序实现，替我们完成所有的 JDBC 底层工作。因此，对于数据库的操作，再不需要每次都进行连接、打开、关闭了。

现在通过 JDBCtemplate 不需要进行全局修改，就可以轻松地应对开发人员常常要面对的增加、删除、修改和查询操作。

JDBC 和 JDBCtemplate 就像是仓库管理员，负责从仓库（数据库）中存取物品。而后者不需要“每次进入都开门，取完关门”，因为有电动门自动控制。

下面通过具体使用 JDBCTemplate 的实例来理解它。

8.1.2　实例 25：用 JDBCTemplate 实现数据的增加、删除、修改和查询

本实例演示如何通过 JDBCTemplate 实现数据的增加、删除、修改和查询。

本实例的源代码可以在“/08/Jdbc”目录下找到。

1. 配置基础依赖

要使用 JDBCTemplate，则需要添加其 Starter 依赖。因为要操作数据库，所以也需要配置数据库（以 MySQL 为例）的连接依赖，见以下代码：

```
<!-- JDBCTemplate 依赖  -->
<dependency>
    <groupId>org.springframework.boot</groupId>
    <artifactId>spring-boot-starter-jdbc</artifactId>
</dependency>
<!-- MySql 数据库依赖  -->
<dependency>
    <groupId>mysql</groupId>
    <artifactId>mysql-connector-java</artifactId>
    <scope>runtime</scope>
</dependency>
```

添加完依赖后，还需要配置数据库的连接信息。这样 JDBCTemplate 才能正常连接到数据库。在 application.properties 配置文件中配置数据库的地址和用户信息，见以下代码：

```
//配置 IP 地址、编码、时区和 SSL
spring.datasource.url=jdbc:mysql://127.0.0.1/book?useUnicode=true&characterEncoding=utf-8&serverTi
mezone=UTC&useSSL=true
//用户名
spring.datasource.username=root
//密码
spring.datasource.password=root
spring.datasource.driver-class-name=com.mysql.cj.jdbc.Driver
```

2. 新建实体类

新建一个测试实体类 User，实现 RowMapper 类，重写 mapRow 方法，以便实体字段和数据表字段映射（对应）。映射是指把 Java 中设置的实体字段和 MySQL 数据库的字段对应起来，因为实体的 id 可以对应数据库字段的 u_id，也可以对应 id、name 等。如果不重写，则程序不知道如何对应。具体代码如下：

```
package com.example.demo.model;
//省略
@Data
public class User implements RowMapper<User> {
    private int id;
    private String username;
    private String password;
    //必须重写 mapRow 方法
   @Override
    public User mapRow(ResultSet resultSet, int i) throws SQLException {
        User user = new User();
        user.setId(resultSet.getInt("id"));
        user.setUsername(resultSet.getString("username"));
        user.setPassword(resultSet.getString("password"));
        return user;
    }
}
```

3. 操作数据

JDBCTemplate 提供了以下操作数据的 3 个方法。

- execute：表示"执行"，用于直接执行 SQL 语句。
- update：表示"更新"，包括新增、修改、删除操作。
- query：表示查询。

下面使用这 3 个方法来实现数据的增加、删除、修改和查询功能。

（1）创建数据表。

在使用 JDBCTemplate 之前，需要在控制器中注入 JDBCTemplate，然后就可以通过"execute"方法执行 SQL 操作了，见以下代码：

```
@SpringBootTest
@RunWith(SpringRunner.class)
public class UserControllerTest {
    @Autowired
    private JdbcTemplate jdbcTemplate;
```

```
    @Test
    /**
    * @Description: 创建表
    */
    public void createUserTable() throws Exception {
        String sql = "CREATE TABLE `user` (\n" +
                "`id` int(10) NOT NULL AUTO_INCREMENT,\n" +
                "`username` varchar(100) DEFAULT NULL,\n" +
                "`password` varchar(100) DEFAULT NULL,\n" +
                "PRIMARY KEY (`id`)\n" +
                ") ENGINE=InnoDB AUTO_INCREMENT=1 DEFAULT CHARSET=utf8;\n" +
                "\n";
        jdbcTemplate.execute(sql);
    }
}
```

（2）添加数据。

添加数据可以通过“update”方法来执行，见以下代码：

```
@Test
public void saveUserTest() throws Exception   {
    String sql = "INSERT INTO user (USERNAME,PASSWORD) VALUES ('longzhiran','123456')";
    int rows = jdbcTemplate.update(sql);
    System.out.println(rows);
    }
```

（3）查询数据。

以下代码是根据 name 查询单个记录，执行下面 sql 字符串里的 SQL 语句（ SELECT * FROM user WHERE USERNAME = ? ）。这里需要通过“query”方法来执行。

```
@Test
public void getUserByName() throws Exception {
    String name="longzhiran";
    String sql = "SELECT * FROM user WHERE USERNAME = ?";
    List<User> list = jdbcTemplate.query(sql, new User(), new Object[]{name});
    for (User user : list) {
        System.out.println(user);
    }
}
```

运行测试，会在控制台中输出以下结果：

```
User(id=4, username=longzhiran, password=123456)
```

（4）查询所有记录。

查询所有记录和查询单个记录一样，也是执行“query”方法。区别是，SQL 语句使用了查询通配符“*”，见以下代码：

```
@Test
public void list() throws Exception{
    String sql = "SELECT * FROM user_jdbct limit 1000";
    List<User> userList = jdbcTemplate.query(sql,
            new BeanPropertyRowMapper(User.class));
    for (User userLists : userList) {
        System.out.println(userLists);
    }
    }
```

（5）修改数据。

要进行数据的修改，可以使用“update”方法来实现，见以下代码：

```
//修改用户的密码
@Test
public void updateUserPassword() throws Exception{
    Integer id=1;
    String passWord="999888";
    String sql ="UPDATE user_jdbct SET PASSWORD = ? WHERE ID = ?";
    int rows = jdbcTemplate.update(sql, passWord, id);
    System.out.println(rows);
        }
```

（6）删除数据。

这里删除数据并不用 DELETE 方法，而是通过“update”方法来执行 SQL 语句中的“DELETE”方法。

```
 //通过用户 id 删除用户
@Test
public void deleteUserById()    throws Exception{
    String sql="DELETE FROM   user_jdbct   WHERE ID = ?";
    int rows = jdbcTemplate.update(sql, 1);
    System.out.println(rows);
}
```

至此，已经实现了简单的增加、删除、修改和查询功能。如果读者对关系型数据库的 SQL 语句不陌生，那么实现起来会非常简单。因为 JDBCTemplate 实现起来比 ORM 烦琐，所以大部分开发人员使用的是 ORM（JPA 和 MyBatis）。但是 JDBCTemplate 依然有市场，因为学习成本低，会一些 SQL 语句就能上手使用，操作虽然麻烦，但很容易学会。

8.1.3　认识 ORM

ORM（Object Relation Mapping）是对象/关系映射。它提供了概念性的、易于理解的数据模型，将数据库中的表和内存中的对象建立映射关系。它是随着面向对象的软件开发方法的发展而产生的，面向对象的开发方法依然是当前主流的开发方法。

对象和关系型数据是业务实体的两种表现形式。业务实体在内存中表现为对象，在数据库中表现为关系型数据。内存中的对象不会被永久保存，只有关系型数据库（或 NoSQL 数据库，或文件）中的对象会被永久保存。

对象/关系映射（ORM）系统一般以中间件的形式存在，因为内存中的对象之间存在关联和继承关系，而在数据库中，关系型数据无法直接表达多对多的关联和继承关系。对象、数据库通过 ORM 映射的关系如图 8-1 所示。

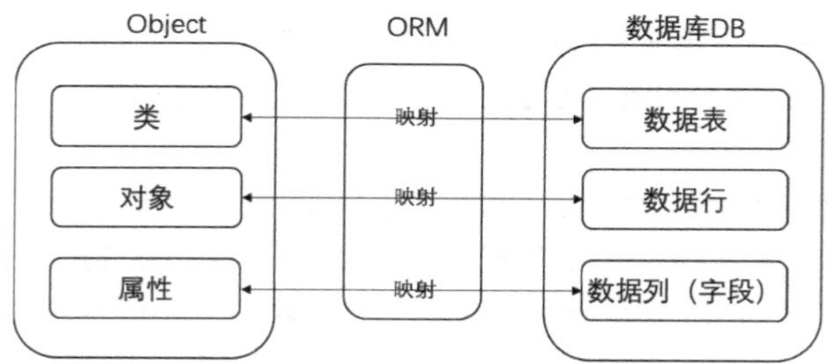

图 8-1　对象和数据库通过 ORM 映射

目前比较常用的 ORM 是国外非常流行的 JPA 和国内非常流行的 MyBatis。

8.2　JPA——Java 持久层 API

8.2.1　认识 Spring Data

Spring Data 是 Spring 的一个子项目，旨在统一和简化各类型数据的持久化存储方式，而不拘泥于是关系型数据库还是 NoSQL 数据库。

无论是哪种持久化存储方式，数据访问对象（Data Access Objects，DAO）都会提供对对象的增加、删除、修改和查询的方法，以及排序和分页方法等。

Spring Data 提供了基于这些层面的统一接口（如：CrudRepository、PagingAndSorting-Repository），以实现持久化的存储。

Spring Data 包含多个子模块，主要分为主模块和社区模块。

1. 主要模块

- Spring Data Commons：提供共享的基础框架，适合各个子项目使用，支持跨数据库持久化。
- Spring Data JDBC：提供了对 JDBC 的支持，其中封装了 JDBCTemplate。
- Spring Data JDBC Ext：提供了对 JDBC 的支持，并扩展了标准的 JDBC，支持 Oracle RAD、高级队列和高级数据类型。
- Spring Data JPA：简化创建 JPA 数据访问层和跨存储的持久层功能。
- Spring Data KeyValue：集成了 Redis 和 Riak，提供多个常用场景下的简单封装，便于构建 key-value 模块。
- Spring Data LDAP：集成了 Spring Data repository 对 Spring LDAP 的支持。
- Spring Data MongoDB：集成了对数据库 MongoDB 支持。
- Spring Data Redis：集成了对 Redis 的支持。
- Spring Data REST：集成了对 RESTful 资源的支持。
- Spring Data for Apache Cassandra：集成了对大规模、高可用数据源 Apache Cassandra 的支持。
- Spring Data for Apace Geode：集成了对 Apache Geode 的支持。
- Spring Data for Apache Solr：集成了对 Apache Solr 的支持。
- Spring Data for Pivotal GemFire：集成了对 Pivotal GemFire 的支持。

2. 社区模块

- Spring Data Aerospike：集成了对 Aerospike 的支持。
- Spring Data ArangoDB：集成了对 ArangoDB 的支持。
- Spring Data Couchbase：集成了对 Couchbase 的支持。
- Spring Data Azure Cosmos DB：集成了对 Azure Cosmos 的支持。
- Spring Data Cloud Datastore：集成了对 Google Datastore 的支持。
- Spring Data Cloud Spanner：集成了对 Google Spanner 的支持。
- Spring Data DynamoDB：集成了对 DynamoDB 的支持。
- Spring Data Elasticsearch：集成了对搜索引擎框架 Elasticsearch 的支持。
- Spring Data Hazelcast：集成了对 Hazelcast 的支持。
- Spring Data Jest：集成了对基于 Jest REST client 的 Elasticsearch 的支持。
- Spring Data Neo4j：集成了对 Neo4j 数据库的支持。
- Spring Data Vault：集成了对 Vault 的支持。

8.2.2 认识 JPA

JPA（Java Persistence API）是 Java 的持久化 API，用于对象的持久化。它是一个非常强大的 ORM 持久化的解决方案，免去了使用 JDBCTemplate 开发的编写脚本工作。JPA 通过简单约定好接口方法的规则自动生成相应的 JPQL 语句，然后映射成 POJO 对象。

JPA 是一个规范化接口，封装了 Hibernate 的操作作为默认实现，让用户不通过任何配置即可完成数据库的操作。JPA、Spring Data 和 Hibernate 的关系如图 8-2 所示。

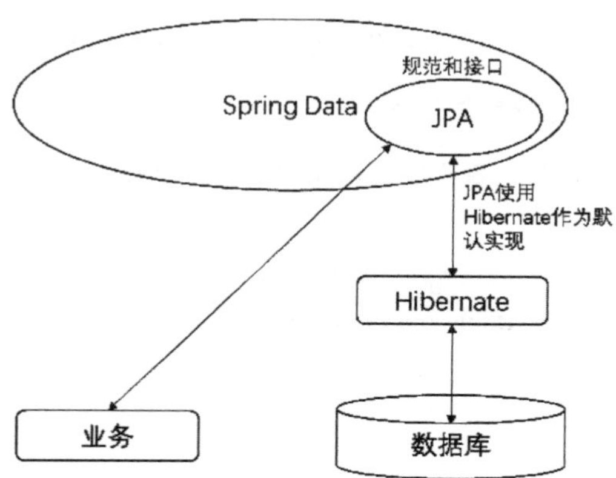

图 8-2　JPA、Spring Date、Hibernate 关系

Hibernate 主要通过 hibernate-annotation、hibernate-entitymanager 和 hibernate-core 三个组件来操作数据。

- hibernate-annotation：是 Hibernate 支持 annotation 方式配置的基础，它包括标准的 JPA annotation、Hibernate 自身特殊功能的 annotation。
- hibernate-core：是 Hibernate 的核心实现，提供了 Hibernate 所有的核心功能。
- hibernate-entitymanager：实现了标准的 JPA，它是 hibernate-core 和 JPA 之间的适配器，它不直接提供 ORM 的功能，而是对 hibernate-core 进行封装，使得 Hibernate 符合 JPA 的规范。

如果要 JPA 创建 8.1.2 节中“2. 新建实体类”里的实体，可使用以下代码来实现。

```
@Data
@Entity
public class User {
    private int id;
    @Id
//id 的自增由数据库自动管理
    @GeneratedValue(strategy = GenerationType.IDENTITY)
    private String username;
    private String password;
}
```

对比 JPA 与 JDBCTemplate 创建实体的方式可以看出：JPA 的实现方式简单明了，不需要重写映射（支持自定义映射），只需要设置好属性即可。id 的自增由数据库自动管理，也可以由程序管理，其他的工作 JPA 自动处理好了。

8.2.3 使用 JPA

要使用 JPA，只要加入它的 Starter 依赖，然后配置数据库连接信息。

1. 添加 JPA 和 MySQL 数据库的依赖

下面以配置 JPA 和 MySQL 数据库的依赖为例，具体配置见以下代码：

```
<dependency>
    <groupId>org.springframework.boot</groupId>
    <artifactId>spring-boot-starter-data-jpa</artifactId>
</dependency>
<dependency>
<groupId>mysql</groupId>
<artifactId>mysql-connector-java</artifactId>
<scope>runtime</scope>
</dependency>
```

2. 配置数据库连接信息

Spring Boot 项目使用 MySQL 等关系型数据库，需要配置连接信息，可以在 application.properties 文件中进行配置。以下代码配置了与 MySQL 数据库的连接信息：

```
spring.datasource.url=jdbc:mysql://127.0.0.1/book?useUnicode=true&characterEncoding=utf-8&serverTi
mezone=UTC&useSSL=true
spring.datasource.username=root
spring.datasource.password=root
spring.datasource.driver-class-name=com.mysql.cj.jdbc.Driver
spring.jpa.properties.hibernate.hbm2ddl.auto=update
spring.jpa.properties.hibernate.dialect=org.hibernate.dialect.MySQL5InnoDBDialect
spring.jpa.show-sql= true
```

代码解释如下。

- “spring.datasource.username”：要填写的数据库用户名。
- “spring.datasource.password”：要填写的数据库密码。
- “spring.jpa.show-sql= true”：开发工具的控制台是否显示 SQL 语句，建议打开。
- “spring.jpa.properties.hibernate.hbm2ddl.auto”：hibernate 的配置属性，其主要作用是：自动创建、更新、验证数据库表结构。该参数的几种配置见表 8-1。

表 8-1　Hibernate 的配置属性

属　性	说　明
create	每次加载 Hibernate 时都会删除上一次生成的表，然后根据 Model 类再重新生成新表，哪怕没有任何改变也会这样执行，这会导致数据库数据的丢失
create-drop	每次加载 Hibernate 时会根据 Model 类生成表，但是 sessionFactory 一旦关闭，表就会自动被删除
update	最常用的属性。第一次加载 Hibernate 时会根据 Model 类自动建立表的结构(前提是先建立好数据库)。以后加载 Hibernate 时，会根据 Model 类自动更新表结构，即使表结构改变了，但表中的数据仍然存在，不会被删除。要注意的是，当部署到服务器后，表结构是不会被马上建立起来的，要等应用程序第一次运行起来后才会建立。Update 表示如果 Entity 实体的字段发生了变化，那么直接在数据库中进行更新
validate	每次加载 Hibernate 时，会验证数据库的表结构，只会和数据库中的表进行比较，不会创建新表，但是会插入新值

8.2.4　了解 JPA 注解和属性

1. JPA 的常用注解

JPA 的常用注解见表 8-2。

表 8-2　JPA 的常用注解

注　解	说　明
@Entity	声明类为实体
@Table	声明表名，@Entity 和@Table 注解一般一块使用，如果表名和实体类名相同，那么@Table 可以省略
@Basic	指定非约束明确的各个字段
@Embedded	用于注释属性，表示该属性的类是嵌入类（@embeddable 用于注释 Java 类的，表示类是嵌入类）
@Id	指定的类的属性，一个表中的主键
@GeneratedValue	指定如何标识属性可以被初始化，如@GeneratedValue(strategy=GenerationType.SEQUENCE, generator= “repair_seq”)：表示主键生成策略是 sequence，还有 Auto、Identity、Native 等
@Transient	表示该属性并非一个数据库表的字段的映射，ORM 框架将忽略该属性。如果一个属性并非数据库表的字段映射，就务必将其标示为@Transient，即它是不持久的，为虚拟字段
@Column	指定持久属性，即字段名。如果字段名与列名相同，则可以省略。使用方法如：@Column(length=11,name="phone",nullable=false, columnDefinition="varchar(11) unique comment '电话号码'")
@SequenceGenerator	指定在@GeneratedValue 注解中指定的属性的值。它创建一个序列
@TableGenerator	在数据库生成一张表来管理主键生成策略

（续表）

注　解	说　明
@AccessType	这种类型的注释用于设置访问类型。如果设置@AccessType（FIELD），则可以直接访问变量，并且不需要使用 Getter 和 Setter 方法，但必须为 public 属性。如果设置@AccessType（PROPERTY），则通过 Getter 和 Setter 方法访问 Entity 的变量
@UniqueConstraint	指定的字段和用于主要或辅助表的唯一约束
@ColumnResult	可以参考使用 select 子句的 SQL 查询中的列名
@NamedQueries	指定命名查询的列表
@NamedQuery	指定使用静态名称的查询
@Basic	指定实体属性的加载方式，如@Basic(fetch=FetchType.LAZY)
@JsonIgnore	作用是 JSON 序列化时将 Java Bean 中的一些属性忽略掉，序列化和反序列化都受影响

2. 映射关系的注解

映射关系的注解见表 8-3。

表 8-3　映射关系的注解

注　解	说　明
@JoinColumn	指定一个实体组织或实体集合。用在“多对一”和“一对多”的关联中
@OneToOne	定义表之间“一对一”的关系
@OneToMany	定义表之间“一对多”的关系
@ManyToOne	定义表之间“多对一”的关系
@ManyToMany	定义表之间“多对多”的关系

3. 映射关系的属性

映射关系的属性见表 8-4。

表 8-4　映射关系的属性

属 性 名	说　明
targetEntity	表示默认关联的实体类型，默认为当前标注的实体类
cascade	表示与此实体一对一关联的实体的级联样式类型，以及当对实体进行操作时的策略。 在定义关系时经常会涉及是否定义 Cascade（级联处理）属性，如果担心级联处理容易造成负面影响，则可以不定义。它的类型包括 CascadeType.PERSIST（级联新建）、CascadeType.REMOVE（级联删除）、CascadeType.REFRESH（级联刷新）、CascadeType.MERGE（级联更新）、CascadeType.ALL（级联新建、更新、删除、刷新）
fetch	该实体的加载方式，包含 LAZY 和 EAGER
optional	表示关联的实体是否能够存在 null 值。默认为 true，表示可以存在 null 值。如果为 false，则要同时配合使用@JoinColumn 标记

（续表）

属 性 名	说　　明
mappedBy	双向关联实体时使用，标注在不保存关系的实体中
JoinColumn	关联指定列。该属性值可接收多个@JoinColumn。用于配置连接表中外键列的信息。@JoinColumn 配置的外键列参照当前实体对应表的主键列
JoinTable	两张表通过中间的关联表建立联系时使用，即多对多关系
PrimaryKeyJoinColumn	主键关联。在关联的两个实体中直接使用注解@PrimaryKeyJoinColumn 注释。

懒加载 LAZY 和实时加载 EAGER 的目的是，实现关联数据的选择性加载。

懒加载是在属性被引用时才生成查询语句，抽取相关联数据。

实时加载则是执行完主查询后，不管是否被引用，都会马上执行后续的关联数据查询。

使用懒加载来调用关联数据，必须要保证主查询的 Session（数据库连接会话）的生命周期没有结束，否则是无法抽取到数据的。

在 Spring Data JPA 中，要控制 Session 的生命周期，否则会出现“could not initialize proxy [xxxx#18] – no Session”错误。可以在配置文件中配置以下代码来控制 Session 的生命周期：

```
spring.jpa.open-in-view=true
spring.jpa.properties.hibernate.enable_lazy_load_no_trans=true
```

8.2.5　实例 26：用 JPA 构建实体数据表

下面通过实例来体验如何通过 JPA 构建对象/关系映射的实体模型。

 代码 本实例的源代码可以在“/08/JpaEntityDemo”目录下找到。

这里以编写实体 Article 为例，见以下代码：

```
package com.example.demo.entity;
//省略
@Entity
@Data
public class Article   implements Serializable {
    @Id
    /**
     * Description: IDENTITY 代表由数据库控制，auto 代表由 Spring Boot 应用程序统一控制（有多个表时，id
的自增值不一定从 1 开始）
     */
    @GeneratedValue(strategy = GenerationType.IDENTITY)
    private long id;
```

```
    @Column(nullable = false, unique = true)
    @NotEmpty(message = "标题不能为空")
    private String title;
    /**
     * Description：枚举类型
     */
    @Column(columnDefinition="enum('图','图文','文')")
    private String type;//类型
    /**
     * Description：Boolean 类型默认 false
     */
    private Boolean available = Boolean.FALSE;
    @Size(min=0, max=20)
    private String keyword;
    @Size(max = 255)
    private String description;
    @Column(nullable = false)
    private String body;
    /**
     * Description：创建虚拟字段
     */
    @Transient
    private List keywordlists;
    public List getKeywordlists() {
        return Arrays.asList(this.keyword.trim().split("|"));
    }
    public void setKeywordlists(List keywordlists) {
        this.keywordlists = keywordlists;
    }
}
```

如果想创建虚拟字段，则通过在属性上加注解@Transient 来解决。

运行项目后会自动生成数据表。完成后的数据表如图 8-3 所示。

栏位 | 索引 | 外键 | 触发器 | 选项 | 注释 | SQL 预览

名	类型	长度	小数点	允许空值 (
id	bigint	20	0	☐
available	bit	1	0	☑
body	varchar	255	0	☐
description	varchar	255	0	☑
keyword	varchar	20	0	☑
title	varchar	255	0	☐
type	enum	0	0	☑

图 8-3　使用 JPA 创建表

8.3　认识 JPA 的接口

JPA 提供了操作数据库的接口。在开发过程中继承和使用这些接口，可简化现有的持久化开发工作。可以使 Spring 找到自定义接口，并生成代理类，后续可以把自定义接口注入 Spring 容器中进行管理。在自定义接口过程中，可以不写相关的 SQL 操作，由代理类自动生成。

8.3.1　JPA 接口 JpaRepository

JpaRepository 继承自 PagingAndSortingRepository。该接口提供了 JPA 的相关实用功能，以及通过 Example 进行查询的功能。Example 对象是 JPA 提供用来构造查询条件的对象。该接口的关键代码如下：

```
public interface JpaRepository<T, ID> extends PagingAndSortingRepository<T, ID>,
QueryByExampleExecutor<T> {}
```

在上述代码中，T 表示实体对象，ID 表示主键。ID 必须实现序列化。

JpaRepository 提供的方法见表 8-5。

表 8-5　JpaRepository 提供的方法

方　法	描　述
List<T> findAll();	查找所有实体
List<T> findAll(Sort var1);	排序、查找所有实体
List<T> findAllById(Iterable<ID> var1);	返回制定一组 ID 的实体
<S extends T> List<S> saveAll(Iterable<S> var1);	保存集合
void flush();	执行缓存与数据库同步
<S extends T> S saveAndFlush(S var1);	强制执行持久化
void deleteInBatch(Iterable<T> var1);	删除一个实体集合
void deleteAllInBatch();	删除所有实体
T getOne(ID var1);	返回 ID 对应的实体。如果不存在，则返回空值
<S extends T> List<S> findAll(Example<S> var1);	查询满足 Example 的所有对象
<S extends T> List<S> findAll(Example<S> var1, Sort var2);	查询满足 Example 的所有对象，并且进行排序返回

8.3.2　分页排序接口 PagingAndSortingRepository

PagingAndSortingRepository 继承自 CrudRepository 提供的分页和排序方法。其关键代码如下：

```
@NoRepositoryBean
```

```
public interface PagingAndSortingRepository<T, ID> extends CrudRepository<T, ID> {
    Iterable<T> findAll(Sort var1);
    Page<T> findAll(Pageable var1);
}
```

其方法有如下两种。

- Iterable<T> findAll(Sort sort)：排序功能。它按照“sort”制定的排序返回数据。
- Page<T> findAll(Pageable pageable)：分页查询（含排序功能）。

8.3.3 数据操作接口 CrudRepository

CrudRepository 接口继承自 Repository 接口，并新增了增加、删除、修改和查询方法。CrudRepository 提供的方法见表 8-6。

表 8-6 CrudRepository 提供的方法

方 法	说 明
<S extends T> S save(S entity)	保存实体。当实体中包含主键时，JPA 会进行更新操作
<S extends T> Iterable<S> saveAll(Iterable<S> entities)	保存所有实体。实体必须不为空
“Optional<T> findById(ID id)	根据主键 id 检索实体
“boolean existsById(ID id)	根据主键 id 检索实体，返回是否存在。值为布尔类型
Iterable<T> findAll()	返回所有实体
Iterable<T> findAllById(Iterable<ID> ids)	根据给定的一组 id 值返回一组实体
long count()	返回实体的数量
void deleteById(ID id)	根据 id 删除数据
void delete(T entity)	删除给定的实体
void deleteAll(Iterable<? extends T> entities)	删除实体
void deleteAll()	删除所有实体

8.3.4 分页接口 Pageable 和 Page

Pageable 接口用于构造翻页查询，返回 Page 对象。Page 从 0 开始分页。

例如，可以通过以下代码来构建文章的翻页查询参数。

```
@RequestMapping("/article")
public ModelAndView articleList(@RequestParam(value = "start", defaultValue = "0") Integer
start,@RequestParam(value = "limit", defaultValue = "10") Integer limit)
{
        start = start < 0 ? 0 : start;
        Sort sort = new Sort(Sort.Direction.DESC, "id");
        Pageable pageable = PageRequest.of(start, limit, sort);
```

```
        Page<Article> page = articleRepository.findAll(pageable);
        ModelAndView mav = new ModelAndView("admin/article/list");
        mav.addObject("page", page);
        return mav;
}
```

然后，再调用它的参数获取总页数、上一页、下一页和末页，见以下代码。

```
<div>
    <a th:href="@{/article(start=0)}">[首页]</a>
    <a th:if="${not page.isFirst()}" th:href="@{/article(start=${page.number-1})}">[上页]</a>
    <a th:if="${not page.isLast()}" th:href="@{/article(start=${page.number+1})}">[下页]</a>
    <a th:href="@{/article(start=${page.totalPages-1})}">[末页]</a>
</div>
```

8.3.5　排序类 Sort

Sort 类专门用来处理排序。最简单的排序就是先传入一个属性列，然后根据属性列的值进行排序。默认情况下是升序排列。它还可以根据提供的多个字段属性值进行排序。例如以下代码是通过 Sort.Order 对象的 List 集合来创建 Sort 对象的：

```
List<Sort.Order> orders = new ArrayList<>();
orders.add(new Sort.Order(Sort.Direction.DESC,"id"));
orders.add(new Sort.Order(Sort.Direction.ASC,"view"));
Pageable pageable = PageRequest.of(start, limit, sort);
Pageable pageable = PageRequest.of(start, limit, Sort.by(orders));
```

Sort 排序的方法还有下面几种：

- 直接创建 Sort 对象，适合对单一属性做排序。
- 通过 Sort.Order 对象创建 Sort 对象，适合对单一属性做排序。
- 通过属性的 List 集合创建 Sort 对象，适合对多个属性采取同一种排序方式的排序。
- 通过 Sort.Order 对象的 List 集合创建 Sort 对象，适合所有情况，比较容易设置排序方式。
- 忽略大小写排序。
- 使用 JpaSort.unsafe 进行排序。
- 使用聚合函数进行排序。

8.4　JPA 的查询方式

8.4.1　使用约定方法名

约定方法名一定要根据命名规范来写，Spring Data 会根据前缀、中间连接词（Or、And、Like、

NotNull 等类似 SQL 中的关键词）、内部拼接 SQL 代理生成方法的实现。约定方法名的方法见表 8-7。

表 8-7 约定方法名的方法

SQL	方法例子	JPQL 语句
and	findByLastnameAndFirstname	where x.lastname = ?1 and x.firstname = ?2
or	findByLastnameOrFirstname	where x.lastname = ?1 or x.firstname = ?2
=	findByFirstname,findByFirstnameIs ,findByFirstnameEquals	where x.firstname = ?1
between xxx and xxx	findByStartDateBetween	where x.startDate between ?1 and ?2
<	findByAgeLessThan	where x.age < ?1
<=	findByAgeLessThanEqual	where x.age <= ?1
>	findByAgeGreaterThan	where x.age > ?1
>=	findByAgeGreaterThanEqual	where x.age >= ?1
>	findByStartDateAfter	where x.startDate > ?1
<	findByStartDateBefore	where x.startDate < ?1
is null	findByAgeIsNull	where x.age is null
is not null	findByAge(Is)NotNull	where x.age not null
like	findByFirstnameLike	where x.firstname like ?1
not like	findByFirstnameNotLike	where x.firstname not like ?1
like 'xxx%'	findByFirstnameStartingWith	where x.firstname like ?1(parameter bound with appended %)
like 'xxx%'	findByFirstnameEndingWith	where x.firstname like ?1(parameter bound with prepended %)
like '%xxx%'	findByFirstnameContaining	where x.firstname like ?1(parameter bound wrapped in %)
order by	findByAgeOrderByLastnameDesc	where x.age = ?1 order by x.lastname desc
<>	findByLastnameNot	where x.lastname <> ?1
in()	findByAgeIn(Collection<Age> ages)	where x.age in ?1
not in()	findByAgeNotIn(Collection<Age> ages)	where x.age not in ?1
TRUE	findByActiveTrue()	where x.active = true
FALSE	findByActiveFalse()	where x.active = false

接口方法的命名规则也很简单，只要明白 And、Or、Is、Equal、Greater、StartingWith 等英文单词的含义，就可以写接口方法。具体用法如下：

```
public interface UserRepository extends Repository<User, Long> {
  List<User> findByEmailOrName(String email, String name);
}
```

上述代码表示，通过 email 或 name 来查找 User 对象。

约定方法名还可以支持以下几种语法：

- User findFirstByOrderByNameAsc()。
- Page<User> queryFirst100ByName(String name, Pageable pageable)。
- Slice<User> findTop100ByName(String name, Pageable pageable)。
- List<User> findFirst100ByName(String name, Sort sort)。
- List<User> findTop100ByName(String name, Pageable pageable)。

8.4.2　用 JPQL 进行查询

JPQL 语言（Java Persistence Query Language）是一种和 SQL 非常类似的中间性和对象化查询语言，它最终会被编译成针对不同底层数据库的 SQL 语言，从而屏蔽不同数据库的差异。

JPQL 语言通过 Query 接口封装执行，Query 接口封装了执行数据库查询的相关方法。调用 EntityManager 的 Query、NamedQuery 及 NativeQuery 方法可以获得查询对象，进而可调用 Query 接口的相关方法来执行查询操作。

JPQL 是面向对象进行查询的语言，可以通过自定义的 JPQL 完成 UPDATE 和 DELETE 操作。JPQL 不支持使用 INSERT。对于 UPDATE 或 DELETE 操作，必须使用注解@Modifying 进行修饰。

JPQL 的用法见以下两段代码。

（1）下面代码表示根据 name 值进行查找。

```
public interface UserRepository extends JpaRepository<User, Long> {
  @Query("select u from User u where u.name = ?1")
  User findByName(String name);
}
```

（2）下面代码表示根据 name 值进行模糊查找。

```
public interface UserRepository extends JpaRepository<User, Long> {
  @Query("select u from User u where u.name like %?1")
  List<User> findByName(String name);
}
```

8.4.3 用原生 SQL 进行查询

在使用原生 SQL 查询时，也使用注解@Query。此时，nativeQuery 参数需要设置为 true。下面先看一些简单的查询代码。

1. 根据 ID 查询用户

```
public interface UserRepository extends JpaRepository<User, Long> {
//根据 ID 查询用户
@Query(value = "select * from user u where u.id=:id", nativeQuery = true)
       User findById (@Param("id")Long id);
}
```

2. 查询所有用户

```
public interface UserRepository extends JpaRepository<User, Long> {
//查询所有用户
@Query(value = "select * from user", nativeQuery = true)
       List<User> findAllNative();
}
```

3. 根据 email 查询用户

```
public interface UserRepository extends JpaRepository<User, Long> {
//根据 email 查询用户
  @Query(value = " select * from user where email= ?1", nativeQuery = true)
  User findByEmail(String email);
}
```

4. 根据 name 查询用户，并返回分页对象 Page

```
public interface UserRepository extends JpaRepository<User, Long> {
@Query(value = " select * from user where name= ?1",
     countQuery = " select count(*) from user where name= ?1",
     nativeQuery = true)
  Page<User> findByName(String name, Pageable pageable);
}
```

5. 根据名字来修改 email 的值

```
@Modifying
@Query("update user set email = :email where name =:name")
Void updateUserEmailByName(@Param("name")String name,@Param("email")String email);
```

可以看到，@Query 与@Modifying 这两个注解一起声明，可定义个性化更新操作。

6. 使用事务

UPDATE 或 DELETE 操作需要使用事务。此时需要先定义 Service 层，然后在 Service 层的方法上添加事务操作。对于自定义的方法，如果需要改变 Spring Data 提供的事务默认方式，则可以在方法上使用注解@Transactional，如以下代码：

```
@Service
public classUserService {
    @Autowired
    private UserRepository userRepository;
    @Transactional
    public void updateEmailByName(String name,String email){
        userRepository.updateUseEmailByName(name, email);
    }
}
```

测试代码：

```
@Test
public void testUsingModifingAnnotation(){
    userService.updateEmailByName("longzhonghua", "363694485@qq.com");
}
```

在进行多个 Repository 操作时，也应该使这些操作在同一个事务中。按照分层架构的思想，这些操作属于业务逻辑层，因此需要在 Service 层实现对多个 Repository 的调用，并在相应的方法上声明事务。

8.4.4　用 Specifications 进行查询

如果要使 Repository 支持 Specification 查询，则需要在 Repository 中继承 JpaSpecification-Executor 接口，具体使用见如下代码：

```
public interface CardRepository extends JpaRepository<Card,Long>   , JpaSpecificationExecutor<Card> {
    Card findById(long id);
}
```

下面以一个例子来说明 Specifications 的具体用法：

```
@SpringBootTest
@RunWith(SpringRunner.class)
public class testJpaSpecificationExecutor {
    @Autowired
    private CardRepository cardRepository;
    @Test
    public void testJpaSpecificationExecutor() {
        int pageNo = 0;
        int pageSize = 5;
        PageRequest pageable = PageRequest.of(pageNo, pageSize);
        //通常使用 Specification 的匿名内部类
```

```
        Specification<Card> specification = new Specification<Card>() {
            @Override
            public Predicate toPredicate(Root<Card> root,CriteriaQuery<?> query, CriteriaBuilder cb) {
                Path path = root.get("id");
                //gt 是大于的意思。这里代表 id 大于 2
                Predicate predicate1 = cb.gt(path, 2);
                //equal 是等于的意思，代表查询 num 值为 422803 的数据记录
                Predicate predicate2 = cb.equal(root.get("num"), 422803);
                //构建组合的 Predicate
                Predicate predicate = cb.and(predicate1,predicate2);
                return predicate;
            }
        };
        Page<Card> page = cardRepository.findAll(specification, pageable);
        System.out.println("总记录数: " + page.getTotalElements());
        System.out.println("当前第: " + (page.getNumber() + 1) + "页");
        System.out.println("总页数: " + page.getTotalPages());
        System.out.println("当前页面的 List: " + page.getContent());
        System.out.println("当前页面的记录数: " + page.getNumberOfElements());
    }
}
```

代码解释如下。

- CriteriaQuery 接口：specific 的顶层查询对象，它包含查询的各个部分，比如，select、from、where、group by、order by 等。CriteriaQuery 对象只对实体类型或嵌入式类型的 Criteria 查询起作用。
- root：代表查询的实体类是 Criteria 查询的根对象。Criteria 查询的根定义了实体类型，能为将来的导航获得想要的结果。它与 SQL 查询中的 From 子句类似。Root 实例是类型化的，且规定了 From 子句中能够出现的类型。查询根实例通过传入一个实体类型给 AbstractQuery.from 方法获得。
- query：可以从中得到 Root 对象，即告知 JPA Criteria 查询要查询哪一个实体类。还可以添加查询条件，并结合 EntityManager 对象得到最终查询的 TypedQuery 对象。
- CriteriaBuilder 对象：用于创建 Criteria 相关对象的工厂，可以从中获取到 Predicate 对象。
- Predicate 类型：代表一个查询条件。

运行上面的测试代码，在控制台会输出如下结果（确保数据库已经存在数据）：

```
Hibernate: select card0_.id as id1_0_, card0_.num as num2_0_ from card card0_ where card0_.id>2 and
card0_.num=422803 limit ?
Hibernate: select count(card0_.id) as col_0_0_ from card card0_ where card0_.id>2 and
card0_.num=422803
```

```
总记录数: 6
当前第: 1 页
总页数: 2
当前页面的 List: [Card(id=4, num=422803), Card(id=8, num=422803), Card(id=10, num=422803),
Card(id=20, num=422803), Card(id=23, num=422803)]
当前页面的记录数: 5
```

8.4.5　用 ExampleMatcher 进行查询

Spring Data 可以通过 Example 对象来构造 JPQL 查询，具体用法见以下代码：

```
User user= new User();
//构建查询条件
user.setName("zhonghua");
ExampleMatcher matcher = ExampleMatcher.matching()
//创建一个 ExampleMatcher，不区分大小写匹配 name
  .withIgnorePaths("name")
//包括 null 值
  .withIncludeNullValues()
//执行后缀匹配
  .withStringMatcherEnding();
//通过 Example 构建查询
Example< User > example = Example.of(user, matcher);
List<User> list userRepository.findALL(example);
```

默认情况下，ExampleMatcher 会匹配所有字段。

可以指定单个属性的行为（如 name 或内嵌属性“name.user”）。如：

- .withMatcher("name", endsWith())。
- .withMatcher("name", startsWith().ignoreCase())。

8.4.6　用谓语 QueryDSL 进行查询

QueryDSL 也是基于各种 ORM 之上的一个通用查询框架，它与 SpringData JPA 是同级别的。使用 QueryDSL 的 API 可以写出 SQL 语句（Java 代码，非真正标准 SQL），不需要懂 SQL 语句。它能够构建类型安全的查询。这与 JPA 使用原生查询时有很大的不同，可以不必再对“Object[]”进行操作。它还可以和 JPA 联合使用。

8.4.7　用 NamedQuery 进行查询

官方不推荐使用 NamedQuery，因为它的代码必须写在实体类上面，这样不够独立。其使用方法见以下代码：

```
@Entity
```

```
@NamedQuery(name = "User.findByName",
query = "select u from User u where u.name = ?1")
public class User {
}
```

8.5 实例 27：用 JPA 开发文章管理模块

8.4 节在讲解 JPA 查询方式时虽然用了很多代码进行讲解，但读者可能依然会有困惑。所以，下面以开发文章管理模块的实例来讲解 JPA 的用法。

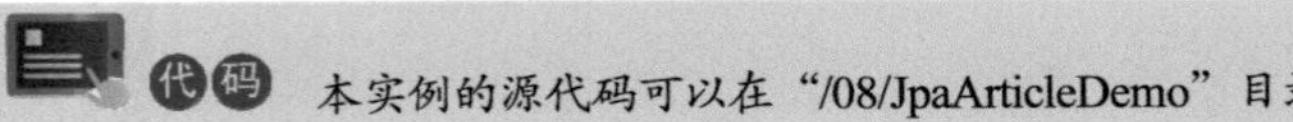

本实例的源代码可以在“/08/JpaArticleDemo”目录下找到。

8.5.1 实现文章实体

新建 Spring Boot 项目，然后在项目的业务代码入口下（入口类同级目录下）新建 entity、repository、service、controller 文件夹，并在 service 文件夹中新建 impl 文件夹。

用鼠标右键单击 entity 文件夹，在弹出的下拉菜单中选择“new→java class”命令，在弹出的窗口中输入“Article”，然后在 Article 类中输入以下代码：

```
package com.example.demo.entity;
//省略 import
@Entity
@Data
public class Article extends BaseEntity implements Serializable {
    @Id
    @GeneratedValue(strategy = GenerationType.IDENTITY)
    private long id;

    @Column(nullable = false, unique = true)
    @NotEmpty(message = "标题不能为空")
    private String title;

    @Column(nullable = false)
    private String body;

}
```

代码解释如下。

- @Entity：声明它是个实体，然后加入了注解@Data，@Data 是 Lombok 插件提供的注解，以简化代码，自动生成 Getter、Setter 方法。文章的属性字段一般包含 id、title、keyword、 body，以及发布时间、更新时间、处理人。这里只简化设置文章 id、关键词、标题和内容。

- @GeneratedValue：将 id 作为主键。GenerationType 为“identity”，代表由数据库统一控制 id 的自增。如果属性为“auto”，则是 Spring Boot 控制 id 的自增。使用 identity 的好处是，通过数据库来管理表的主键的自增，不会影响到其他表。
- nullable = false, unique = true：建立唯一索引，避免重复。
- @NotEmpty(message = "标题不能为空")：作为提示和验证消息。

8.5.2　实现数据持久层

鼠标右键单击 repository 文件夹，然后新建接口。在 Kind 类型处选择接口 interface，将名字设为 ArticleRepository。完成后的代码如下：

```
package com.example.demo.repository;
//省略
public interface ArticleRepository extends JpaRepository<Article,Long> ,
JpaSpecificationExecutor<Article> {
    Article findById(long id);
}
```

这里继承 JpaRepository 来实现对数据库的接口操作。

8.5.3　实现服务接口和服务接口的实现类

通过创建服务接口和服务接口的实现类来完成业务逻辑功能。

（1）创建服务接口，见以下代码：

```
package com.example.demo.service;
//省略
public interface ArticleService {
    public List<Article> getArticleList();
    public Article findArticleById(long id);
}
```

这里定义 List（列表）方法，并根据 id 查找对象的方法。

（2）编写服务接口的实现。

在 impl 包下，新建 article 的 impl 实现 service，并标注这个类为 service 服务类。

通过 implements 声明使用 ArticleService 接口，并重写其方法，见以下代码：

```
package com.example.demo.service.impl;
//省略
/**
```

```
 * Description：标注为服务类
 */
@Service
public class ArticleServiceImpl implements ArticleService {
    @Autowired
    private ArticleRepository articleRepository;
    /**
     * Description：重写 service 接口的实现，实现列表功能
     */
    @Override
    public List<Article> getArticleList() {
        return articleRepository.findAll();
    }
    /**
     * Description：重写 service 接口的实现，实现根据 id 查询对象功能
     */
    @Override
    public Article findArticleById(long id) {
        return articleRepository.findById(id);
    }
}
```

8.5.4 实现增加、删除、修改和查询的控制层 API 功能

接下来，实现增加、删除、修改和查询的控制层 API 功能。

```
package com.example.demo.controller;
//省略
@Controller
@RequestMapping("article")
public class AritcleController {
    @Autowired
    private ArticleRepository articleRepository;
    /**
     * Description：文章列表
     */
    @RequestMapping("")
    public ModelAndView articlelist(@RequestParam(value = "start", defaultValue = "0") Integer start,
                                    @RequestParam(value = "limit", defaultValue = "5") Integer limit) {
        start = start < 0 ? 0 : start;
        Sort sort = Sort.by(Sort.Direction.DESC, "id");
        Pageable pageable = PageRequest.of(start, limit, sort);
        Page<Article> page = articleRepository.findAll(pageable);
        ModelAndView mav = new ModelAndView("article/list");
        mav.addObject("page", page);
```

```
        return mav;
    }
    /**
     * Description：根据 id 获取文章对象
     */
    @GetMapping("/{id}")
    public ModelAndView getArticle(@PathVariable("id") Integer id) {
        Article articles = articleRepository.findById(id);
        ModelAndView mav = new ModelAndView("article/show");
        mav.addObject("article", articles);
        return mav;
    }
    /**
     * Description：新增操作视图
     */
    @GetMapping("/add")
    public String addArticle() {
        return "article/add";
    }
    /**
     * Description：新增保存方法
     */
    @PostMapping("")
    public String saveArticle(Article model) {
        articleRepository.save(model);
        return "redirect:/article/";
    }
    /**
     * Description：删除
     */
    @DeleteMapping("/{id}")
    public String del(@PathVariable("id") long id) {
        articleRepository.deleteById(id);
        return "redirect:";
    }
    /**
     * Description：编辑视图
     */
    @GetMapping("/edit/{id}")
    public ModelAndView editArticle(@PathVariable("id") long id) {
        Article model = articleRepository.findById(id);
        ModelAndView mav = new ModelAndView("article/edit");
        mav.addObject("article", model);
        return mav;
    }
```

```
    /**
     * Description：修改方法
     */
    @PutMapping("/{id}")
    public String editArticleSave(Article model, long id) {
        model.setId(id);
        articleRepository.save(model);
        return "redirect:";
    }
}
```

代码解释如下。

- @Autowired：即自动装配。Spring 会自动将标记为@Autowired 的元素装配好。这个注解可以用到构造器、变量域、方法、注解类型上，该注解用于自动装配。视图从 Bean 工厂中获取一个 Bean 时，Spring 会自动装配该 Bean 中标记为@Autowired 的元素，而无须手动完成。
- @RequestMapping("/article")：用户访问网页的 URL。这个注解不限于 GET 方法。
- ModelAndView：分为 Model 和 View。Model 负责从后台处理参数。View 就是视图，用于指定视图渲染的模板。
- ModelAndView mav = new ModelAndView("article/list")：指定视图和视图路径。
- mav.addObject("page", page)：指定传递 page 参数。

8.5.5 实现增加、删除、修改和查询功能的视图层

1. 实现文章增加视图

（1）在项目的 resources 下的 templates 文件夹中新建 article 文件夹。

（2）在 article 文件夹下，新建“add.html”视图文件。这里的视图文件位置和名称是根据上面 Controller 层的 return "article/add"来的，它代表这个视图的位置和名称，不需要加“.html”。

return 不要写成 return "/article/add.html"，虽然视图文件是 add.html，但是这里不能加，加之后测试不会出错，但是打包运行就会出错，生产环境会提示找不到模板或模板没有权限访问。

add.html 文件的核心代码如下：

```
<form class="form-horizontal" th:action="@{/article}" method="post">
    <div class="form-group">
        <label for="title" class="col-sm-2 control-label">title</label>
```

```
        <div class="col-sm-10">
            <input type="text" class="form-control" name="title" id="title" placeholder="title"/>
        </div>
    </div>

    <div class="form-group">
        <label for="body" class="col-sm-2 control-label">body</label>
        <div class="col-sm-10">
            <input type="textarea" class="form-control" name="body" id="body" placeholder="body"/>
        </div>
    </div>
    <div class="form-group">
        <div class="col-sm-offset-2 col-sm-10">
            <input type="submit" value="提交" class="btn btn-info"/>
        </div>
    </div>
</form>
```

在上述代码中，th:action="@{/article}"是要提交数据处理的路径。根据 Controller 所写路径进行填写。通过新增页面 POST 提交数据之后，需要进行文章数据的保存。即通过定义的 Article 模型（Model)接收数据，然后用 Article 的 repository 数据接口进行保存。

启动项目，通过访问“http://localhost:8080/article/add”提交数据，IDEA 的日志控制台输出以下结果：

```
Hibernate: insert into article (create_by, create_time, lastmodified_by, update_time, body, title) values
(?, ?, ?, ?, ?, ?)
```

2. 实现文章显示视图

```
<div  >
    <div th:text="${article.id}"></div>
    <div th:text="${article.title}"></div>
    <div th:text="${article.body}"></div>
</div>
```

id 和 title 是实体的字段值，不是实体映射到数据表里面的字段值。

3. 实现文章删除视图

和显示视图的功能一样，通过 id 删除即可。但是，删除需要视图发送 HTTP 的 DELETE 方法。当然，如果固执地发送 GET、POST 方法也可以实现，但是根据规范还是强制使用 DELETE 方法。

在 View 层，构建如下代码来完成删除操作：

```
<form th:action="@{'/article/'+${item.id}}"     method="post" style=" margin:0px; display: inline">
    <input type="hidden" name="_method" value="DELETE"/>
    <input type="submit" class="btn btn-outline-danger" value="删除"/>
</form>
```

可以看到，提交方法值是 DELETE。如果用上面的代码，则在代码中会出现非常多的删除表单（form）代码，因为每个“删除”按钮都是一个表单，如图 8-4 所示。

ID	title	创建时间	操作
19	title7	2019-04-27 19:53:43	查看 编辑 删除
18	title9	2019-04-27 19:29:41	查看 编辑 删除
17	title8	2019-04-27 19:29:32	查看 编辑 删除
16	title7	2019-04-27 19:29:24	查看 编辑 删除
13	title5	2019-04-27 19:28:22	查看 编辑 删除

图 8-4 冗余的多个“删除”按钮

所以，为了避免代码臃肿，需要进行下面的优化。

把上述代码修改成如下代码：

```
<button th:attr="del_uri=@{/admin/article/}+${item.id}" class="btn btn-outline-danger deleteBtn">删除
</button>
```

然后，在 JS 中控制删除动作，添加如下代码：

```
<script type="text/javascript" src="https://code.jquery.com/jquery-3.2.1.min.js" ></script>
<script>
        $(".deleteBtn").click(function(){
            //删除    $("#deleteEmpForm").attr("action",$(this).attr("del_uri")).submit();
            return false;
          });
</script>
```

4. 编辑视图

这里要注意，提交编辑视图的方法是 PUT。

```
<form class="form-horizontal" th:action="@{/article/}+${article.id}" method="post">
    <input type="hidden" name="_method" value="put"/>
       <div class="form-group">
```

```
        <label for="title" class="col-sm-2 control-label">title</label>
        <div class="col-sm-10">
            <input type="text" id="title" name="title" th:field="${article.title}"/>
        </div>
    </div>
    <div class="form-group">
        <label for="body" class="col-sm-2 control-label">body</label>
        <div class="col-sm-10">
            <input type="text" id="body" name="body" th:field="${article.body}"/>
        </div>
    </div>
    <div class="form-group">
        <div class="col-sm-offset-2 col-sm-10">
            <input type="submit" value="提交" class="btn btn-info"/>
        </div>
    </div>
</form>
```

5. 实现分页视图

如果文章数量很多，不能在一个页面完全展示，需要实现分页功能，则可以通过以下代码实现分页视图：

```
<div>
<a th:href="@{/article(start=0)}">[首页]</a>
<a th:if="${not page.isFirst()}" th:href="@{/article(start=${page.number-1})}">[上页]</a>
<a th:if="${not page.isLast()}" th:href="@{/article(start=${page.number+1})}">[下页]</a>
<a th:href="@{/article(start=${page.totalPages-1})}">[末页]</a>
</div>
```

8.6 实现自动填充字段

在操作实体类时，通常需要记录创建时间和更新时间。如果每个对象的新增或修改都用手工来操作，则会显得比较烦琐。这时可以使用 Spring Data JPA 的注解@EnableJpaAuditing 来实现自动填充字段功能。具体步骤如下。

1. 开启 JPA 的审计功能

通过在入口类中加上注解@EnableJpaAuditing，来开启 JPA 的 Auditing 功能。

2. 创建基类

创建基类，让其他实体类去继承，见以下代码：

```
@MappedSuperclass
```

```
@EntityListeners(AuditingEntityListener.class)
public abstract class BaseEntity {
 /*
*创建时间
*/
    @CreatedDate
//@DateTimeFormat(pattern = "yyyy-MM-dd HH:mm:ss")
    private Long createTime;
/*
*最后修改时间
*/
    @LastModifiedDate
//@DateTimeFormat(pattern = "yyyy-MM-dd HH:mm:ss")
    private Long updateTime;
    /*
     * 创建人
     */
    @Column(name = "create_by")
    @CreatedBy
private Long createBy;
    /*
     * 修改人
     */
    @Column(name = "lastmodified_by")
    @LastModifiedBy
    private String lastmodifiedBy;
//省略 getter、setter 方法
}
```

3. 赋值给 CreatedBy 和 LastModifiedBy

上述代码已经自动实现了创建和更新时间赋值，但是创建人和最后修改人并没有赋值，所以需要实现“AuditorAware”接口来返回需要插入的值。

这里通过创建一个配置类并重写“getCurrentAuditor”方法来实现，见以下代码：

```
package com.hua.sb.config;
//省略
/**
    * Description: 给 Bean 中的 @CreatedBy  @LastModifiedBy 注入操作人
    */
@Configuration
public class InjectAuditor implements AuditorAware<String> {
    /**
     * Description: 重写 getCurrentAuditor 方法
     */
```

```
    @Override
    public Optional<String> getCurrentAuditor() {
        SecurityContext securityContext = SecurityContextHolder.getContext();
        if (securityContext == null) {
            return null;
        }
        if (securityContext.getAuthentication() == null) {
            return null;
        }else{
            String loginUserName = securityContext.getAuthentication().getName();
            Optional<String> name = Optional.ofNullable(loginUserName);
            return name;
        }
    }
}
```

代码解释如下。

- @Configuration：表示此类是配置类。让 Spring 来加载该类配置。
- SecurityContextHolder：用于获取 SecurityContext，其存放了 Authentication 和特定于请求的安全信息。这里是判断用户是否登录。如果用户登录成功，则获取用户名，然后把用户名返回给操作人。

4. 使用基类

要在其他类中使用基类，通过在其他类中继承即可，用法见以下代码：

```
public class Article extends BaseEntity {
    }
```

8.7 掌握关系映射开发

8.7.1 认识实体间关系映射

对象关系映射（object relational mapping）是指通过将对象状态映射到数据库列，来开发和维护对象和关系数据库之间的关系。它能够轻松处理（执行)各种数据库操作，如插入、更新、删除等。

1. 映射方向

ORM 的映射方向是表与表的关联（join），可分为两种。

- 单向关系：代表一个实体可以将属性引用到另一个实体。即只能从 A 表向 B 表进行联表查询。

- 双向关系：代表每个实体都有一个关系字段（属性）引用了其他实体。

2. ORM 映射类型

- 一对一（@OneToOne）：实体的每个实例与另一个实体的单个实例相关联。
- 一对多（@OneToMany）：一个实体的实例可以与另一个实体的多个实例相关联。
- 多对一（@ManyToOne）：一个实体的多个实例可以与另一个实体的单个实例相关联。
- 多对多（@ManyToMany）：一个实体的多个实例可能与另一个实体的多个实例有关。在这个映射中，任何一方都可以成为所有者方。

8.7.2 实例 28：实现“一对一”映射

“一对一”映射首先要确定实体间的关系，并考虑表结构，还要考虑实体关系的方向性。

若为双向关联，则在保存实体关系的实体中要配合注解@JoinColumn。在没有保存实体关系的实体中，要用 mappedBy 属性明确所关联的实体。

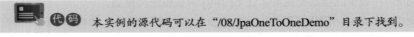

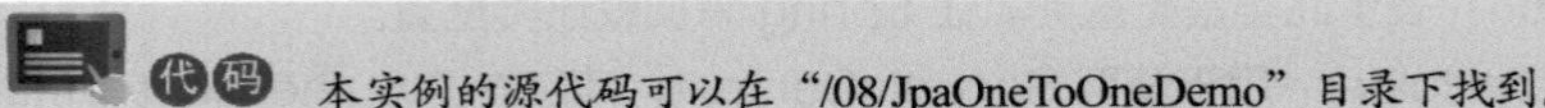
本实例的源代码可以在“/08/JpaOneToOneDemo”目录下找到。

下面通过实例来介绍如何构建一对一的关系映射。

1. 编写实体

（1）新建 Student 实体，见以下代码：

```
//省略
@Entity
@Data
@Table(name = "stdu")
public class Student {
    @Id
    @GeneratedValue(strategy = GenerationType.IDENTITY)
    private long id;
    private String name;
    @Column(columnDefinition = "enum('male','female')")
    private String sex; //类型
    @OneToOne(cascade = CascadeType.ALL)
    @JoinColumn(name = "card_id") //关联的表为 card 表，其主键是 id
    private Card card; //建立集合，指定关系是“一对一”，并且声明它在 card 类中的名称
}
```

（2）新建 Card 实体，见以下代码：

```
package com.example.demo.entity;
//省略
```

```
@Entity
@Table(name = "card")
@Data
public class Card {
    @Id
    @GeneratedValue(strategy = GenerationType.IDENTITY)
    private long id;
    private Integer num;
}
```

2. 编写 Repository 层

（1）编写 Student 实体的 Repository，见以下代码：

```
package com.example.demo.repository;
//省略
public interface StudentRepository extends JpaRepository<Student, Long> {
    Student findById(long id);
    Student deleteById(long id);
}
```

（2）编写 Card 实体的 Repository，见以下代码：

```
package com.example.demo.repository;
//省略
public interface CardRepository extends JpaRepository<Card,Long> {
    Card findById(long id);
}
```

3. 编写 Service 层

（1）编写 Student 的 Service 层，见以下代码：

```
package com.example.demo.service;
//省略
public interface StudentService {
    public List<Student> getStudentlist();
    public Student findStudentById(long id);
}
```

（2）编写 Card 的 Service 层，见以下代码：

```
package com.example.demo.service;
//省略
public interface CardService {
    public List<Card> getCardList();
    public Card findCardById(long id);
}
```

4. 编写 Service 实现

（1）编写 Student 实体的 Service 实现，见以下代码：

```
package com.example.demo.service.impl;
//省略
public class StudentServiceImpl implements StudentService {
    @Autowired
    private StudentRepository studentRepository;
    @Override
    public List<Student> getStudentlist() {
        return studentRepository.findAll();
    }
    @Override
    public Student findStudentById(long id) {
        return studentRepository.findById(id);
    }
}
```

（2）编写 Card 实体的 Service 实现，见以下代码：

```
package com.example.demo.service.impl;
//省略
public class CardServiceImpl implements CardService {
    @Autowired
    private CardRepository cardRepository;
    @Override
    public List<Card> getCardList() {
        return cardRepository.findAll();
    }
    @Override
    public Card findCardById(long id) {
        return cardRepository.findById(id);
    }
}
```

5. 编写测试

完成了上面的工作后，就可以测试它们的关联关系了，见以下代码：

```
@SpringBootTest
@RunWith(SpringRunner.class)
public class oneToOneTest {
    @Autowired
    private StudentRepository studentRepository;
    @Autowired
    private CardRepository cardRepository;
```

```
    @Test
    public void testOneToOne() {
        Student student1 = new Student();
        student1.setName("赵大伟");
        student1.setSex("male");
        Student student2 = new Student();
        student2.setName("赵大宝");
        student2.setSex("male");

        Card card1 = new Card();
        card1.setNum(422802);
        student1.setCard(card1);
        studentRepository.save(student1);
        studentRepository.save(student2);
        Card card2 = new Card();
        card2.setNum(422803);
        cardRepository.save(card2);
        /**
         * Description: 获取添加之后的 id
         */
        Long id = student1.getId();
        /**
         * Description: 删除刚刚添加的 student1
         */
        studentRepository.deleteById(id);
    }
}
```

运行代码，在控制台输出如下测试结果：

```
Hibernate: insert into card (num) values (?)
Hibernate: insert into stdu (card_id, name, sex) values (?, ?, ?)
Hibernate: insert into stdu (card_id, name, sex) values (?, ?, ?)
Hibernate: insert into card (num) values (?)
Hibernate: select student0_.id as id1_1_0_, student0_.card_id as card_id4_1_0_, student0_.name as name2_1_0_, student0_.sex as sex3_1_0_, card1_.id as id1_0_1_, card1_.num as num2_0_1_ from stdu student0_ left outer join card card1_ on student0_.card_id=card1_.id where student0_.id=?
Hibernate: delete from stdu where id=?
Hibernate: delete from card where id=?
```

可以看到，同时在两个表 stdu 和 card 中添加了内容，然后删除了刚添加的有关联的 stdu 和 card 表中的值。如果没有关联，则不删除。

对于双向的“一对一”关系映射，发出端和接收端都要使用注解@OneToOne，同时定义一个接收端类型的字段属性和@OneToOne 注解中的“mappedBy”属性。这个在双向关系的接收端是必需的。在双向关系中，有一方为关系的发出端，另一方是关系的反端，即“Inverse”端（接收端）。

8.7.3 实例 29：实现“一对多”映射

单向关系的一对多注解@OneToMany，只用于关系的发出端（“一”的一方）。另外，需要关系的发出端定义一个集合类型的接收端的字段属性。

在一对多关联关系映射中，默认是以中间表方式来映射这种关系的。中间表的名称为“用下画线连接关系的拥有端（发出端）和 Inverse 端（接收端）”，中间表两个字段分别为两张表的表名加下画线“_”再加主键组成。

当然，也可以改变这种默认的中间表的映射方式。在关系的拥有端，使用@JoinClolum 注解定义外键来映射这个关系。

  本实例的源代码可以在“/08/JpaOneToManyDemo”目录下找到。

1. 编写实体

下面以学校（School）和老师（Teacher）来演示一对多的映射关系。

（1）@OneToMany 中 One 的一方——School，见以下代码：

```
package com.example.demo.entity;
//省略
@Entity
@Data
public class School {
    @Id
    @GeneratedValue(strategy = GenerationType.IDENTITY)
    private long id;
    private String name;
//    @OneToMany(cascade = CascadeType.ALL)
@OneToMany()
    @JoinColumn(name = "school_id")
    private List<Teacher> teacherList;
}
```

（2）@OneToMany 中 Many 的一方——Teacher，见以下代码：

```
package com.example.demo.entity;
//省略
@Data
@Entity
public class Teacher {
    @Id
    @GeneratedValue(strategy = GenerationType.IDENTITY)
    private long id;
    private String name;
    @ManyToOne
    private School school;

}
```

2. 测试映射关系

Service 和 Repository 层在前面已经讲过，这里并没有区别，所以不再讲解。如果不会，请参考本节提供的源代码。

下面直接测试一对多的关系映射。在测试类中，写入以下代码：

```
//省略
@SpringBootTest
@RunWith(SpringRunner.class)
public class OneToManyTest {
    @Autowired
    private SchoolRepository schoolRepository;
    @Autowired
    private TeacherRepository teacherRepository;
    @Test
    public void add() {
        School school1 = new School();
        school1.setName("清华大学");
        schoolRepository.save(school1);
        Teacher teacher = new Teacher();
        teacher.setName("long");
        teacher.setSchool(school1);
        teacherRepository.save(teacher);
    }

    @Test
    public void find() {
        School school1 = new School();
        school1 = schoolRepository.findSchoolById(3);
```

```
        List<Teacher> teacherList = school1.getTeacherList();
        System.out.println(school1.getName());
        for (Teacher teacher : teacherList) {
            System.out.println(teacher.getName());
        }
    }

    @Test
    public void deleteSchoolById() {
        schoolRepository.deleteById(5);
    }

    @Test
    public void deleteTeacherById() {
        teacherRepository.deleteById(5);
    }
}
```

（1）运行测试 add 方法，在控制台输出如下结果：

```
Hibernate: insert into school (name) values (?)
Hibernate: insert into teacher (name, school_id) values (?, ?)
```

（2）运行测试 find 方法，在控制台输出如下结果：

```
2019-04-28 00:30:30.662  INFO 8484 --- [ main] o.h.h.i.QueryTranslatorFactoryInitiator : HHH000397: Using ASTQueryTranslatorFactory
Hibernate: select school0_.id as id1_0_, school0_.name as name2_0_ from school school0_ where school0_.id=?
清华大学
Hibernate: select teacherlis0_.school_id as school_i3_1_0_, teacherlis0_.id as id1_1_0_, teacherlis0_.id as id1_1_1_, teacherlis0_.name as name2_1_1_, teacherlis0_.school_id as school_i3_1_1_ from teacher teacherlis0_ where teacherlis0_.school_id=?
Hibernate: select school0_.id as id1_0_0_, school0_.name as name2_0_0_ from school school0_ where school0_.id=?
long
```

（3）运行测试 deleteSchoolById 方法，在控制台输出如下结果：

```
Hibernate: select school0_.id as id1_0_0_, school0_.name as name2_0_0_ from school school0_ where school0_.id=?
Hibernate: update teacher set school_id=null where school_id=?
Hibernate: delete from school where id=?
```

可以看到，先将所有 Teacher 表的外键设置为空，然后删除 School 表的指定值。

（4）运行测试 deleteTeacherById 方法，在控制台输出如下结果：

```
Hibernate: select teacher0_.id as id1_1_0_, teacher0_.name as name2_1_0_, teacher0_.school_id as school_i3_1_0_, school1_.id as id1_0_1_, school1_.name as name2_0_1_ from teacher teacher0_ left outer join school school1_ on teacher0_.school_id=school1_.id where teacher0_.id=?
Hibernate: delete from teacher where id=?
```

可见是直接删除指定 Teacher 表的值，并没有删除 School 表的数据。

在双向一对多关系中，注解@OneToMany(mappedBy='发出端实体名称小写')用于关系的发出端（即“One”的一方），同时关系的发出端需要定义一个集合类型的接收端的字段属性；注解@ManyToOne 用于关系的接收端（即“Many”的一方），关系的接收端需要定义一个发出端的字段属性。

8.7.4　实例 30：实现“多对多”映射

在“多对多”关联关系中，只能通过中间表的方式进行映射，不能通过增加外键来实现。

注解@ManyToMany 用于关系的发出端和接收端。关系的发出端定义一个集合类型的接收端的字段属性，关系的接收端不需要做任何定义。

本实例的源代码可以在“/08/JpaManyToManyDemo”目录下找到。

1. 创建实体

（1）创建 Student 实体，见以下代码：

```
package com.example.demo.entity;
//省略
@Entity
@Data
public class Student {
    @Id
    @GeneratedValue(strategy = GenerationType.IDENTITY)
    private long id;
    private String name;
    @Column(columnDefinition = "enum('male','female')")
    private String sex;
    @ManyToMany(fetch=FetchType.LAZY)

JoinTable(name="teacher_student",joinColumns={@JoinColumn(name="s_id")},inverseJoinColumns={@JoinColumn(name="t_id")})
    private Set<Teacher> teachers;
}
```

（2）创建 Teacher 实体，见以下代码：

```
package com.example.demo.entity;
//省略
@Data
@Entity
public class Teacher {
    @Id
    @GeneratedValue(strategy = GenerationType.IDENTITY)
    private long id;
    private String name;
    @ManyToMany(fetch=FetchType.LAZY)
@JoinTable(name="teacher_student",joinColumns={@JoinColumn(name="t_id")},inverseJoinColumns={
@JoinColumn(name="s_id")})
    private Set<Student> students;
}
```

在“多对多”关系中需要注意以下几点：

- 关系两方都可以作为主控。
- 在 joinColumns 的@JoinColumn(name="t_id")中，t_id 为 JoinTable 中的外键。由于 Student 和 Teacher 的主键都为 id，所以这里省略了 referencedColumnName="id"。
- 在设计模型之间的级联关系时，要考虑好应该采用何种级联规则。
- 如果设置 cascade = CascadeType.PERSIST，则在执行 save 时会调用 onPersist()方法。这个方法会递归调用外联类（Student 或 Teacher）的 onPersist（ ）进行级联新增。但因为值已经添加了，所以会报 detached entity passed to persist 错误，将级联操作取消（去掉“cascade = CascadeType.PERSIST” ）即可。

2. 创建测试

由于 Service 和 Repository 层和 8.7.3 节中的一样，所以这里不再重复写代码，直接进入测试层的代码编写。如果读者不清楚怎么实现，请具体查看本节的源代码。创建以下测试代码：

```
//省略
@SpringBootTest
@RunWith(SpringRunner.class)
public class ManyToManyTest {
    @Autowired
    private StudentRepository studentRepository;
    @Autowired
    private TeacherRepository teacherRepository;

    @Test
    public void add() {
```

```
        Set<Teacher> teachers = new HashSet<>();
        Set<Student> students = new HashSet<>();
        Student student1 = new Student();
        student1.setName("zhonghua");
        students.add(student1);
        studentRepository.save(student1);

        Student student2 = new Student();
        student2.setName("zhiran");
        students.add(student2);
        studentRepository.save(student2);

        Teacher teacher1 =new Teacher();
        teacher1.setName("龙老师");
        teacher1.setStudents(students);
        teachers.add(teacher1);
        teacherRepository.save(teacher1);
    }
}
```

运行测试类，在控制器中输出如下结果：

```
Hibernate: insert into student (name, sex) values (?, ?)
Hibernate: insert into student (name, sex) values (?, ?)
Hibernate: insert into teacher (name) values (?)
Hibernate: insert into teacher_student (t_id, s_id) values (?, ?)
Hibernate: insert into teacher_student (t_id, s_id) values (?, ?)
```

对于双向 ManyToMany 关系，注解@ManyToMany 用于关系的发出端和接收端。另外，关系的接收端需要设置@ManyToMany(mappedBy='集合类型发出端实体的字段名称')。

8.8 认识 MyBatis——Java 数据持久层框架

MyBatis 和 JPA 一样，也是一款优秀的持久层框架，它支持定制化 SQL、存储过程，以及高级映射。它可以使用简单的 XML 或注解来配置和映射原生信息，将接口和 Java 的 POJOs（Plain Old Java Objects，普通的 Java 对象）映射成数据库中的记录。

MyBatis 3 提供的注解可以取代 XML。例如，使用注解@Select 直接编写 SQL 完成数据查询；使用高级注解@SelectProvider 还可以编写动态 SQL，以应对复杂的业务需求。

8.8.1 CRUD 注解

增加、删除、修改和查询是主要的业务操作，必须掌握这些基础注解的使用方法。MyBatis 提供的操作数据的基础注解有以下 4 个。

- @Select：用于构建查询语句。
- @Insert：用于构建添加语句。
- @Update：用于构建修改语句。
- @Delete：用于构建删除语句。

下面来看看它们具体如何使用，见以下代码：

```
@Mapper
public interface UserMapper {
    @Select("SELECT * FROM user WHERE id = #{id}")
    User queryById(@Param("id") int id);

    @Select("SELECT * FROM user limit 1000")
    List<User> queryAll();

    @Insert({"INSERT INTO user(name,age) VALUES(#{name},#{age})"})
    int add(User user);

    @Delete("DELETE FROM user WHERE id = #{id}")
    int delById(int id);

    @Update("UPDATE user SET name=#{name},age=#{age} WHERE id = #{id}")
    int updateById(User user);

    @Select("SELECT * FROM user limit 1000")
    Page<User> getUserList();
}
```

从上述代码可以看出：首先要用@Mapper 注解来标注类，把 UserMapper 这个 DAO 交给 Spring 管理。这样 Spring 会自动生成一个实现类，不用再写 UserMapper 的映射文件了。最后使用基础的 CRUD 注解来添加要实现的功能。

8.8.2 映射注解

MyBatis 的映射注解用于建立实体和关系的映射。它有以下 3 个注解。

- @Results：用于填写结果集的多个字段的映射关系。
- @Result：用于填写结果集的单个字段的映射关系。
- @ResultMap：根据 ID 关联 XML 里面的<resultMap>。

可以在查询 SQL 的基础上，指定返回的结果集的映射关系。其中，property 表示实体对象的属性名，column 表示对应的数据库字段名。使用方法见以下代码：

```
@Results({
        @Result(property = "username", column = "USERNAME"),
        @Result(property = "password", column = "PASSWORD")
        })
    @Select("select * from user limit 1000 ")
List<User> list();
```

8.8.3　高级注解

1. 高级注解

MyBatis 3.x 版本主要提供了以下 4 个 CRUD 的高级注解。

- @SelectProvider：用于构建动态查询 SQL。
- @InsertProvider：用于构建动态添加 SQL。
- @UpdateProvider：用于构建动态更新 SQL。
- @DeleteProvider：用于构建动态删除 SQL。

高级注解主要用于编写动态 SQL。这里以@SelectProvider 为例，它主要包含两个注解属性，其中，type 表示工具类，method 表示工具类的某个方法（用于返回具体的 SQL）。

以下代码可以构建动态 SQL，实现查询功能：

```
@Mapper
public interface UserMapper {
    @SelectProvider(type = UserSql.class, method = "listAll")
List<User> listAllUser();
}
```

UserSql 工具类的代码如下：

```
public class UserSql {
    public String listAll() {
        return "select * from user limit 1000" ;
    }
```

2. MyBatis3 注解的用法举例

（1）如果要查询所有的值，则基础 CRUD 的代码是：

```
@Select("SELECT * FROM user3")
List<User> queryAll();
```

也可以用映射注解来一一映射，见以下代码：

```
/**
 *使用注解编写 SQL，完成映射。
 */
@Select("select * from user3")
@Results({
        @Result(property = "id", column = "id"),
        @Result(property = "name", column = "name"),
        @Result(property = "age", column = "age")
})
List<User> listAll();
```

（2）用多个参数进行查询。

如果要用多个参数进行查询，则必须加上注解@Param，否则无法使用 EL 表达式获取参数。

UserMapper 接口的写法如下：

```
@Select("select * from user where name like #{name} and age like #{age}")
User getByNameAndAge(@Param("name") String name, @Param("age") int age);
```

对应的控制器代码如下：

```
@RequestMapping("/querybynameandage")
User querybynameandage(String name,int age) {
    return userMapper.getByNameAndAge(name,age);
}
```

还可以根据官方提供的 API 来编写动态 SQL。

```
public String getUser(@Param("name") String name, @Param("age") int age) {
    return new SQL() {{
        SELECT("*");
        FROM("user3");
        if (name != null && age != 0) {
            WHERE("name like #{name} and age like #{age}");
        } else {
            WHERE("1=2");
        }
    }}.toString();
}
```

8.9 实例 31：用 MyBatis 实现数据的增加、删除、修改、查询和分页

本节以实现常用的数据增加、删除、修改、查询和分页功能，来体验和加深对 MyBatis 的知识和使用的理解。

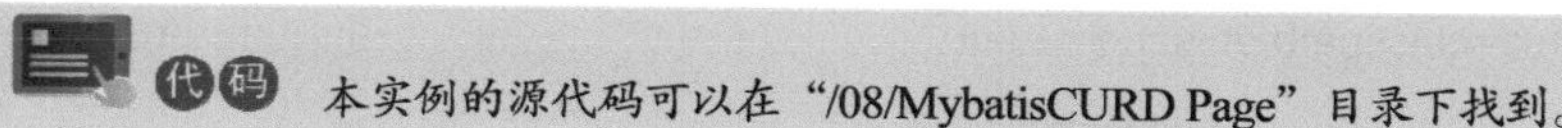

本实例的源代码可以在“/08/MybatisCURD Page”目录下找到。

8.9.1　创建 Spring Boot 项目并引入依赖

创建一个 Spring Boot 项目，并引入 MyBatis 和 MySQL 依赖，见以下代码：

```
<dependency>
    <groupId>org.springframework.boot</groupId>
    <artifactId>spring-boot-starter-web</artifactId>
</dependency>
<dependency>
    <groupId>org.mybatis.spring.boot</groupId>
    <artifactId>mybatis-spring-boot-starter</artifactId>
    <version>2.0.0</version>
</dependency>
<dependency>
    <groupId>mysql</groupId>
    <artifactId>mysql-connector-java</artifactId>
    <scope>runtime</scope>
</dependency>
<dependency>
    <groupId>org.projectlombok</groupId>
    <artifactId>lombok</artifactId>
    <optional>true</optional>
</dependency>
```

8.9.2　实现数据表的自动初始化

（1）在项目的“resources”目录下新建 db 目录，并添加“schema.sql”文件，然后在此文件中写入创建 user 表的 SQL 语句，以便进行初始化数据表。具体代码如下：

```
DROP TABLE IF EXISTS `user`;
CREATE TABLE `user` (
  `id` int(11) NOT NULL AUTO_INCREMENT,
  `name` varchar(255) DEFAULT NULL,
  `age` int(11) DEFAULT NULL,
  PRIMARY KEY (`id`)
) ENGINE=InnoDB DEFAULT CHARSET=utf8;
```

（2）在 application.properties 配置文件中配置数据库连接，并加上数据表初始化的配置。具体代码如下：

```
#spring.datasource.initialize=true
spring.datasource.initialization-mode=always
```

```
spring.datasource.schema=classpath:db/schema.sql
```

完整的 application.properties 文件如下：

```
spring.datasource.url=jdbc:mysql://127.0.0.1/book?useUnicode=true&characterEncoding=utf-8&serverTi
mezone=UTC&useSSL=true
spring.datasource.username=root
spring.datasource.password=root
spring.datasource.driver-class-name=com.mysql.cj.jdbc.Driver
spring.jpa.properties.hibernate.hbm2ddl.auto=update
spring.jpa.properties.hibernate.dialect=org.hibernate.dialect.MySQL5InnoDBDialect
#spring.datasource.initialize=true
spring.datasource.initialization-mode=always
spring.datasource.schema=classpath:db/schema.sql
```

这样，Spring Boot 在启动时就会自动创建 user 表。

8.9.3 实现实体对象建模

用 MyBatis 来创建实体，见以下代码：

```
package com.example.demo.model;
import lombok.Data;
@Data
public class User {
    private int id;
    private String name;
    private int age;
}
```

从上述代码可以看出，用 MyBatis 创建实体是不需要添加注解@Entity 的，因为@Entity 属于 JPA 的专属注解。

8.9.4 实现实体和数据表的映射关系

实现实体和数据表的映射关系可以在 Mapper 类上添加注解@Mapper，见以下代码。建议以后直接在入口类加@MapperScan("com.example.demo.mapper")，如果对每个 Mapper 都加注解则很麻烦。

```
package com.example.demo.mapper;
//省略
@Mapper
public interface UserMapper {
    @Select("SELECT * FROM user WHERE id = #{id}")
    User queryById(@Param("id") int id);
```

```
    @Select("SELECT * FROM user limit 1000")
    List<User> queryAll();

    @Insert({"INSERT INTO user(name,age) VALUES(#{name},#{age})"})
    int add(User user);

    @Delete("DELETE FROM user WHERE id = #{id}")
    int delById(int id);

    @Update("UPDATE user SET name=#{name},age=#{age} WHERE id = #{id}")
    int updateById(User user);
}
```

8.9.5　实现增加、删除、修改和查询功能

创建控制器实现操作数据的 API，见以下代码：

```
package com.example.demo.controller;
//省略
@RestController
@RequestMapping("/user")
public class UserController {

    @Autowired
    UserMapper userMapper;

    @RequestMapping("/querybyid")
    User queryById(int id) {
        return userMapper.queryById(id);
    }

    @RequestMapping("/")
    List<User> queryAll() {
        return userMapper.queryAll();
    }

    @RequestMapping("/add")
    String add(User user) {
        return userMapper.add(user) == 1 ? "success" : "failed";
    }

    @RequestMapping("/updatebyid")
    String updateById(User user) {
        return userMapper.updateById(user) == 1 ? "success" : "failed";
    }
```

```
    @RequestMapping("/delbyid")
    String delById(int id) {
        return userMapper.delById(id) == 1 ? "success" : "failed";
    }
}
```

（1）启动项目，访问 http://localhost:8080/user/add?name=long&age=1，会自动添加一个 name=long、age=1 的数据。

（2）访问 http://localhost:8080/user/updatebyid?name=zhonghua&age=28&id=1，会实现对 id=1 的数据的更新，更新为 name=zhonghua、age=28。

（3）访问 http://localhost:8080/user/querybyid?id=1，可以查找到 id=1 的数据，此时的数据是 name=zhonghua、age=28。

（4）访问 http://localhost:8080/user/，可以查询出所有的数据。

（5）访问 http://localhost:8080/user/delbyid?id=1，可以删除 id 为 1 的数据。

8.9.6 配置分页功能

1. 增加分页支持

分页功能可以通过 PageHelper 来实现。要使用 PageHelper，则需要添加如下依赖，并增加 Thymeleaf 支持。

```
<!-- 增加对 PageHelper 的支持 -->
<dependency>
   <groupId>com.github.pagehelper</groupId>
   <artifactId>pagehelper</artifactId>
   <version>4.1.6</version>
</dependency>
<!--增加 thymeleaf 支持-->
<dependency>
   <groupId>org.springframework.boot</groupId>
   <artifactId>spring-boot-starter-thymeleaf</artifactId>
</dependency>
```

2. 创建分页配置类

创建分页配置类来实现分页的配置，见以下代码：

```
package com.example.demo.config;
//省略
@Configuration
```

```
public class PageHelperConfig {
    @Bean
    public PageHelper pageHelper(){
        PageHelper pageHelper = new PageHelper();
        Properties p = new Properties();
                p.setProperty("offsetAsPageNum", "true");
                p.setProperty("rowBoundsWithCount", "true");
                p.setProperty("reasonable", "true");
        pageHelper.setProperties(p);
        return pageHelper;
    }
}
```

代码解释如下。

- @Configuration：表示 PageHelperConfig 这个类是用来做配置的。
- @Bean：表示启动 PageHelper 拦截器。
- offsetAsPageNum：当设置为 true 时，会将 RowBounds 第 1 个参数 offset 当成 pageNum（页码）使用。
- rowBoundsWithCount：当设置为 true 时，使用 RowBounds 分页会进行 count 查询。
- reasonable：在启用合理化时，如果 pageNum<1，则会查询第一页；如果 pageNum>pages，则会查询最后一页。

8.9.7　实现分页控制器

创建分页列表控制器，用以显示分页页面，见以下代码：

```
package com.example.demo.controller;
//省略
@Controller
public class UserListController {
    @Autowired
    UserMapper userMapper;
    @RequestMapping("/listall")
    public String listCategory(Model m, @RequestParam(value="start",defaultValue="0")int start,
@RequestParam(value = "size", defaultValue = "20") int size) throws Exception {
        PageHelper.startPage(start,size,"id desc");
                List<User> cs = userMapper.queryAll();
                PageInfo<User> page = new PageInfo<>(cs);
                m.addAttribute("page", page);
            return "list";
    }
}
```

代码解释如下。

- start：在参数里接收当前是第几页。
- size：每页显示多少条数据。默认值分别是 0 和 20。
- PageHelper.startPage(start,size,"id desc")：根据 start、size 进行分页，并且设置 id 倒排序。
- List<User>：返回当前分页的集合。
- PageInfo<User>：根据返回的集合创建 PageInfo 对象。
- m.addAttribute("page", page)：把 page（PageInfo 对象）传递给视图，以供后续显示。

8.9.8 创建分页视图

接下来，创建用于视图显示的 list.html，其路径为“resources/template/list.html”。

在视图中，通过 page.pageNum 获取当前页码，通过 page.pages 获取总页码数，见以下代码：

```
//省略
<div th:each="u : ${page.list}">
        <span scope="row" th:text="${u.id}">id</span>
        <span th:text="${u.name}">name</span>
    </div>

<div>
    <a th:href="@{listall?start=1}">[首页]</a>
    <a th:href="@{/listall(start=${page.pageNum-1})}">[上页]</a>
    <a th:href="@{/listall(start=${page.pageNum+1})}">[下页]</a>
    <a th:href="@{/listall(start=${page.pages})}">[末页]</a>
<div>当前页/总页数：<a th:text="${page.pageNum}" th:href="@{/listall(start=${page.pageNum})}"></a>
     /<a th:text="${page.pages}" th:href="@{/listall(start=${page.pages})}"></a></div>
</div>
//省略
```

启动项目，多次访问“http://localhost:8080/user/add?name=long&age=11”增加数据，然后访问“http://localhost:8080/listall”可以查看到分页列表。

但是，上述代码有一个缺陷：显示分页处无论数据多少都会显示“上页、下页”。所以，需要通过以下代码加入判断，如果没有上页或下页则不显示。

```
<a   th:if="${not page.IsFirstPage}" th:href="@{/listall(start=${page.pageNum-1})}">[上页]</a>
<a   th:if="${not page.IsLastPage}" th:href="@{/listall(start=${page.pageNum+1})}">[下页]</a>
```

上述代码的作用是：如果是第一页，则不显示“上页”；如果是最后一页，则不显示“下一页”。还有一种更简单的方法——在 Mapper 中直接返回 page 对象，见以下代码：

```
@Select("SELECT * FROM user limit 1000")
Page<User> getUserList();
```

然后在控制器中这样使用：

```
@RestController
public class UserListControllerB {
    @Autowired
    UserMapper userMapper;
    @RequestMapping("/listallb")
    public Page<User> getUserList(@RequestParam(value="pageNum",defaultValue="0")int pageNum,
@RequestParam(value ="pageSize", defaultValue ="5") int pageSize){
        PageHelper.startPage(pageNum, pageSize);
        Page<User>   userList= userMapper.getUserList();
        return userList;     }
}
```

代码解释如下。

- pageNum：页码。
- pageSize：每页显示多少记录。

8.10　比较 JPA 与 MyBatis

JPA 基于 Hibernate，所以 JPA 和 MyBatis 的比较实际上是 Hibernate 和 MyBatis 之间的比较。

1. 关注度

JPA 在全球范围内的用户数最多，而 MyBatis 是国内互联网公司的主流选择，它们各自的关注度如图 8-5 和图 8-6 所示（数据来源于百度和 Google）。

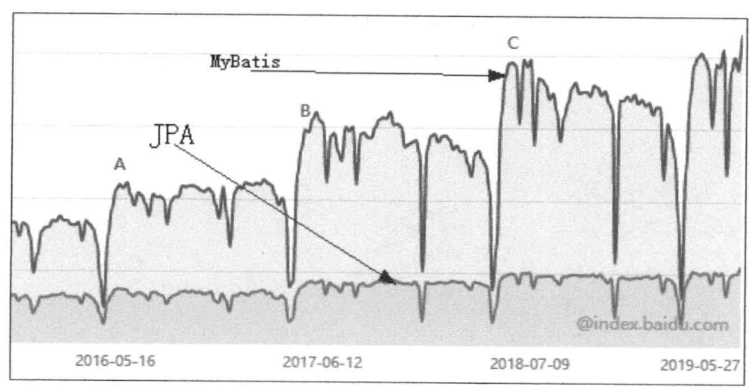

图 8-5　JPA 与 MyBatis 的关注度（中国）

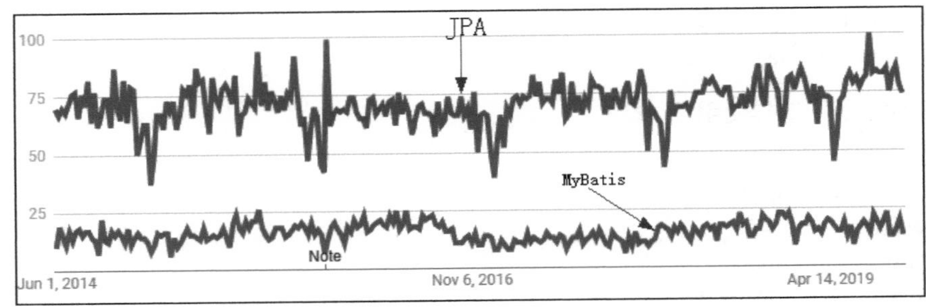

图 8-6　JPA 与 MyBatis 的关注度（全球）

2. Hibernate 的优势

- DAO 层开发比 MyBatis 简单，MyBatis 需要维护 SQL 和结果映射。
- 对对象的维护和缓存要比 MyBatis 好，对增加、删除、修改和查询对象的维护更方便。
- 数据库移植性很好。MyBatis 的数据库移植性不好，不同的数据库需要写不同的 SQL 语句。
- 有更好的二级缓存机制，可以使用第三方缓存。MyBatis 本身提供的缓存机制不佳。

3. MyBatis 的优势

- 可以进行更为细致的 SQL 优化，可以减少查询字段（大部分人这么认为，但是实际上 Hibernate 一样可以实现）。
- 容易掌握。Hibernate 门槛较高（大部分人都这么认为，但是笔者认为关键还是要看编写的教材是否易读）。

4. 简单总结

- MyBatis：小巧、方便、高效、简单、直接、半自动化。
- Hibernate：强大、方便、高效、复杂、间接、全自动化。

它们各自的缺点都可以依据各自更深入的技术方案来解决。所以，笔者的建议是：

- 如果没有 SQL 语言的基础，则建议使用 JPA。
- 如果有 SQL 语言基础，则建议使用 MyBatis，因为国内使用 MyBatis 的人比使用 JPA 的人多很多。

第 9 章 接口架构风格——RESTful

RESTful 是非常流行的架构设计风格。本章首先介绍 REST 的特征、HTTP 方法与 CRUD 动作映射；然后讲解如何基于 Spring Boot 为 PC、手机 APP 构建统一风格的 Restful API；最后讲解在 Spring Boot 下如何使用 RestTemplate 发送 GET、POST、DELETE、PUT 等请求。

9.1 REST——前后台间的通信方式

9.1.1 认识 REST

1. 什么是 REST

REST 是软件架构的规范体系结构，它将资源的状态以适合客户端的形式从服务器端发送到客户端(或相反方向)。在 REST 中，通过 URL 进行资源定位，用 HTTP 动作(GET、POST、DELETE、PUSH 等) 描述操作，完成功能。

遵循 RESTful 风格，可以使开发的接口通用，以便调用者理解接口的作用。基于 REST 构建的 API 就是 RESTful（ REST 风格 ）API。

各大机构提供的 API 基本都是 RESTful 风格的。这样可以统一规范，减少沟通、学习和开发的成本。

2. REST 的特征

- 客户—服务器（ client-server ）：提供服务的服务器和使用服务的客户端需要被隔离对待。
- 无状态（ stateless ）：服务器端不存储客户的请求中的信息，客户的每一个请求必须包含服务器处理该请求所需的所有信息，所有的资源都可以通过 URI 定位，而且这个定位与其他资源无关，也不会因为其他资源的变化而变化。

Restful 是典型的基于 HTTP 的协议。HTTP 连接最显著的特点是：客户端发送的每次请求都需要服务器回送响应；在请求结束后，主动释放连接。

从建立连接到关闭连接的过程称为"一次连接"，前后的请求没有必然的联系，所以是无状态的。

- 可缓存（cachable）：服务器必须让客户知道请求是否可以被缓存。
- 分层系统（layered System）：服务器和客户之间的通信必须被标准化。
- 统一接口（uniform interface）：客户和服务器之间通信的方法必须统一，REStful 风格的数据元操作 CRUD（create、read、update、delete）分别对应 HTTP 方法——GET 用来获取资源，POST 用来新建资源，PUT 用来更新资源，DELETE 用来删除资源，这样就统一了数据操作的接口。
- HTTP 状态码：状态码在 REST 中都有特定的意义：200、201、202、204、400、401、403、500。比如，401 表示用户身份认证失败；403 表示验证身份通过了，但资源没有权限进行操作。
- 支持按需代码（Code-On-Demand，可选）：服务器可以提供一些代码或脚本，并在客户的运行环境中执行。

9.1.2 认识 HTTP 方法与 CRUD 动作映射

RESTful 风格使用同一个 URL，通过约定不同的 HTTP 方法来实施不同的业务。

普通网页的 CRUD 和 RESTful 风格的 CRUD 的区别，见表 9-1。

表 9-1 普通网页的 CRUD 和 RESTful 风格 CRUD 的区别

动作	普通 CRUD 的 URL	普通 CRUD 的 HTTP 方法	Restful 的 URL	Restful 的 CRUD 的 HTTP 方法
查询	Article/id=1	GET	Article/{id}	GET
添加	Article?title=xxx&body=xxx	GET/POST	Article	POST
修改	Article/update?id=xxx	GET	Article/{id}	PUT 或 PATCH
删除	Article/delete?id=xxx	GET	Article/{id}	DELETE

可以看出，RESTful 风格的 CRUD 比传统的 CRUD 简单明了，它通过 HTTP 方法来区分增加、修改、删除和查询。

9.1.3 实现 RESTful 风格的数据增加、删除、修改和查询

在 Spring Boot 中，如果要返回 JSON 数据，则只需要在控制器中用@RestController 注解。如果提交 HTTP 方法，则使用注解@RequestMapping 来实现，它有以下两个属性。

- Value：用来制定 URI。
- Method：用来制定 HTTP 请求方法。

为了不重复编码，尽量在类上使用@RequestMapping("")来指定上一级 URI。

使用 RESTful 风格操作数据的方法见以下代码。

（1）获取列表采用的是 GET 方式，返回 List。例如，下面代码返回 Article 的 List。

```
@RequestMapping(value = "/", method = RequestMethod.GET)
public List<Article> getArticleList() {
    List<Article> list = new ArrayList<Article>(articleRepository.findAll());
    return list;
}
```

（2）增加内容（提交内容)采用的是 POST 方式，一般返回 String 类型或 int 类型的数据，见以下代码：

```
@RequestMapping(value = "/", method = RequestMethod.POST)
public String add(Article article) {
    articleRepository.save(article);
    return "success";
}
```

（3）删除内容，必须采用 DElETE 方法。一般都是根据 id 主键进行删除的。

```
@RequestMapping(value = "/{id}", method = RequestMethod.DELETE)
public String delete(@PathVariable("id") long id) {
    articleRepository.deleteById(id);
    return "success";
}
```

实现删除功能需要发送 HTTP 的 DELETE 方法。

（4）修改内容，则采用 PUT 方法。

```
@RequestMapping(value = "/{id}", method = RequestMethod.PUT)
public String update(Article model) {
    articleRepository.save(model);
    return "success";
}
```

（5）查询内容，和上面获取列表的方法一样，也是采用 GET 方法。

```
@RequestMapping(value = "/{id}", method = RequestMethod.GET)
public Article findArticle(@PathVariable("id") Integer id) {
    Article article = articleRepository.findById(id);
    return article;
```

```
    }
}
```

对于 RESTful 风格的增加、删除、修改和查询，可以编写测试单元，也可以用 Postman 测试，分别用 GET、POST、PUT、DELETE 方法提交测试。虽然这样实现了 RESTful 风格，但还有一个问题——返回的数据并不统一，在实际生产环境中还需要进行改进，所以需要设计统一的 RESTful 风格的数据接口。

9.2 设计统一的 RESTful 风格的数据接口

近年来，随着移动互联网的发展，各种类型的客户端层出不穷。如果不统一数据接口，则会造成冗余编码，增加成本。RESTful 风格的 API 正适合通过一套统一的接口为 PC、手机 APP 等设备提供数据服务。

9.2.1 版本控制

随着业务需求的变更、功能的迭代，API 的更改是不可避免的。当一个 API 修改时，就会出现很多问题，比如，可能会在 API 中新增参数、修改返回的数据类型。这就要考虑根据原先版本 API 编写的客户端如何保留或顺利过渡。所以，需要进行版本控制。

REST 不提供版本控制指南，常用的方法可以分为 3 种。

1. 通过 URL

通过 URL 是最直接的方法，尽管它违背了 URI 应该引用唯一资源的原则。当版本更新时，还可以保障客户端不会受到影响，如下面使用不同 URL 来确定不同版本。

二级目录的方式：

- API 版本 V1：http:// eg.com/api/v1。
- API 版本 V2：http:// eg.com/api/v2。

二级域名的方式：

- API 版本 V1：http://v1.eg.com。
- API 版本 V2：http://v2.eg.com。

还可以包括日期、项目名称或其他标识符。这些标识符对于开发 API 的团队来说足够有意义，并且随着版本的变化也足够灵活。

2. 通过自定义请求头

自定义头（例如，Accept-version）允许在版本之间保留 URL。

3. 通过 Accept 标头

客户端在请求资源之前，必须要指定特定头，然后 API 接口负责确定要发送哪个版本的资源。

9.2.2 过滤信息

如果记录数量很多，则服务器不可能一次都将它们返回给用户。API 应该提供参数，实现分页返回结果。下面是一些常用的参数。

- ?limit=10：指定返回记录的数量。
- ?page=5&size=10：指定第几页，以及每页的记录数。
- ?search_type=1：指定筛选条件。

9.2.3 确定 HTTP 的方法

在 RESTful 中，HTTP 的方法有以下几种。

- GET：代表请求资源。
- POST：代表添加资源。
- PUT：代表修改资源。PUT 是进行全部的修改，大家在编写修改功能时可能会遇到这样的情况：只修改了一个字段，但提交之后导致其他字段为空。这是因为，其他字段的值没有一起提交，数据库默认为空值。如果只修改一个或几个字段，则可以使用 PATCH 方法。
- DELETE：代表删除资源。
- HEAD：代表发送 HTTP 头消息，GET 中其实也带了 HTTP 头消息。
- PATCH：PUT 与 PATCH 方法比较相似，但它们的用法却完全不同，PUT 用于替换资源，而 PATCH 用于更新部分资源。
- OPTIONS：用于获取 URI 所支持的方法。返回的响应消息会在 HTTP 头中包含“Allow”的信息，其值是所支持的方法，如 GET。

9.2.4 确定 HTTP 的返回状态

HTTP 的返回状态一般有以下几种。

- 200：成功。
- 400：错误请求。
- 404：没找到资源。
- 403：禁止。

- 406：不能使用请求内容特性来响应请求资源，比如请求的是 HTML 文件，但是消费者的 HTTP 头包含了 JSON 要求。
- 500：服务器内部错误。

9.2.5 定义统一返回的格式

为了保障前后端的数据交互的顺畅，建议规范数据的返回，并采用固定的数据格式封装。如，

异常信息：

```
{
    "code":10001,
    "msg":"异常信息",
    "data":null
}
```

成功信息：

```
{
    "code":200,
    "msg":"成功",
    "data":{
    "id":1,
    "name":"longzhiran",
    "age":2
     }
}
```

9.3 实例 32：为手机 APP、PC、H5 网页提供统一风格的 API

本节用实例讲解如何给手机 APP、PC、H5 提供统一风格的 API。

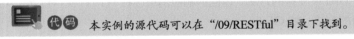

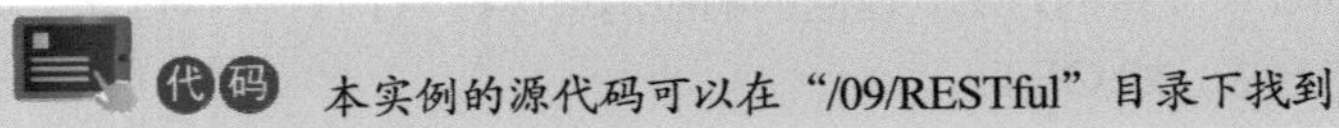
本实例的源代码可以在“/09/RESTful”目录下找到。

9.3.1 实现响应的枚举类

枚举是一种特殊的数据类型，它是一种“类类型”，比类型多了一些特殊的约束。创建枚举类型要使用“enum”，表示所创建的类型都是 java.lang.Enum 类（抽象类）的子类。见以下代码：

```
package com.example.demo.result;
//实现响应的枚举类
public enum ExceptionMsg {
    SUCCESS("200", "操作成功"),
```

```
        FAILED("999999","操作失败");
        private ExceptionMsg(String code, String msg) {
            this.code = code;
            this.msg = msg;
        }
    private String code;
    private String msg;
    //省略
}
```

9.3.2　实现返回的对象实体

实现返回的对象实体，返回 Code 和 Message（信息），见以下代码：

```
package com.example.demo.result;
//实现返回对象实体
public class Response {
    /** 返回信息码*/
    private String rspCode="200";
    /** 返回信息内容*/
    private String rspMsg="操作成功";
  //省略
}
```

9.3.3　封装返回结果

这里把返回的结果进行封装，以显示数据，见以下代码：

```
package com.example.demo.result;
//封装返回结果
public class ResponseData extends Response {
    private Object data;
    public ResponseData(Object data) {
        this.data = data;
    }
//省略
}
```

9.3.4　统一处理异常

自定义全局捕捉异常，见以下代码：

```
package com.example.demo.exception;
//省略
@RestControllerAdvice
public class GlobalExceptionHandler {
```

```
    //日志记录工具
    private static final Logger logger = LoggerFactory.getLogger(GlobalExceptionHandler.class);

    /**
     * 400 - Bad Request
     */
    @ResponseStatus(HttpStatus.BAD_REQUEST)
    @ExceptionHandler(MissingServletRequestParameterException.class)
    public Map<String, Object>
handleMissingServletRequestParameterException(MissingServletRequestParameterException e) {
        logger.error("缺少请求参数", e);
        Map<String, Object> map = new HashMap<String, Object>();
        map.put("code", 400);
        map.put("message", e.getMessage());
        //如果发生异常，则进行日志记录、写入数据库或其他处理，此处省略
        return map;
    }

    /**
     * 400 - Bad Request
     */
    @ResponseStatus(HttpStatus.BAD_REQUEST)
    @ExceptionHandler(HttpMessageNotReadableException.class)
    public Map<String, Object>
handleHttpMessageNotReadableException(HttpMessageNotReadableException e) {
        logger.error("缺少请求参数", e);
        Map<String, Object> map = new HashMap<String, Object>();
        map.put("code", 400);
        map.put("message", e.getMessage());
        //如果发生异常，则进行日志记录、写入数据库或其他处理，此处省略
        return map;
    }
    /**
     * 400 - Bad Request
     */
    @ResponseStatus(HttpStatus.BAD_REQUEST)
    @ExceptionHandler(MethodArgumentNotValidException.class)
    public Map<String, Object>
handleMethodArgumentNotValidException(MethodArgumentNotValidException e) {
        logger.error("参数验证失败", e);
        BindingResult result = e.getBindingResult();
        FieldError error = result.getFieldError();
        String field = error.getField();
        String code = error.getDefaultMessage();
```

```
        String message = String.format("%s:%s", field, code);
        Map<String, Object> map = new HashMap<String, Object>();
        map.put("code", code);
        map.put("message", message);
        //如果发生异常，则进行日志记录、写入数据库或其他处理，此处省略
        return map;
    }

    /**
     * 400 - Bad Request
     */
    @ResponseStatus(HttpStatus.BAD_REQUEST)
    @ExceptionHandler(BindException.class)
    public Map<String, Object> handleBindException(BindException e) {
        logger.error("缺少请求参数", e);
        Map<String, Object> map = new HashMap<String, Object>();
        BindingResult result = e.getBindingResult();
        FieldError error = result.getFieldError();
        String field = error.getField();
        String code = error.getDefaultMessage();
        String message =   String.format("%s:%s", field, code);
        map.put("code", 400);
        map.put("message",message);
        //如果发生异常，则进行日志记录、写入数据库或其他处理，此处省略
        return map;
    }
    /**
     * 400 - Bad Request
     */
    @ResponseStatus(HttpStatus.BAD_REQUEST)
    @ExceptionHandler(ConstraintViolationException.class)
    public Map<String, Object> handleServiceException(ConstraintViolationException e) {
        logger.error("缺少请求参数", e);
        Set<ConstraintViolation<?>> violations = e.getConstraintViolations();
        ConstraintViolation<?> violation = violations.iterator().next();
        String message = violation.getMessage();
        Map<String, Object> map = new HashMap<String, Object>();
        map.put("code", 400);
        map.put("message", message);
        //如果发生异常，则进行日志记录、写入数据库或其他处理，此处省略
        return map;
    }
    /**
     * 400 - Bad Request
```

```
 */
@ResponseStatus(HttpStatus.BAD_REQUEST)
@ExceptionHandler(ValidationException.class)
public Map<String, Object> handleValidationException(ValidationException e) {
    logger.error("参数验证失败", e);
    Map<String, Object> map = new HashMap<String, Object>();
    map.put("code", 400);
    map.put("message", e.getMessage());
    //如果发生异常，则进行日志记录、写入数据库或其他处理，此处省略
    return map;
}
/**
 * 405 - Method Not Allowed
 */
@ResponseStatus(HttpStatus.METHOD_NOT_ALLOWED)
@ExceptionHandler(HttpRequestMethodNotSupportedException.class)
public Map<String, Object>
handleHttpRequestMethodNotSupportedException(HttpRequestMethodNotSupportedException e) {
    logger.error("不支持当前请求方法", e);
    Map<String, Object> map = new HashMap<String, Object>();
    map.put("code", 400);
    map.put("message", e.getMessage());
    //如果发生异常，则进行日志记录，写入数据库或其他处理，此处省略
    return map;
}

/**
 * 415 - Unsupported Media Type
 */
@ResponseStatus(HttpStatus.UNSUPPORTED_MEDIA_TYPE)
@ExceptionHandler(HttpMediaTypeNotSupportedException.class)
public Map<String, Object>
handleHttpMediaTypeNotSupportedException(HttpMediaTypeNotSupportedException e) {
    logger.error("不支持当前媒体类型", e);
    Map<String, Object> map = new HashMap<String, Object>();
    map.put("code", 415);
    map.put("message", e.getMessage());
    //如果发生异常，则进行日志记录、写入数据库或其他处理，此处省略
    return map;
}

/**
 * 自定义异常类
 */
```

```
    @ResponseBody
    @ExceptionHandler(BusinessException.class)
    public Map<String, Object> businessExceptionHandler(BusinessException e) {
        logger.error("自定义业务失败", e);
        Map<String, Object> map = new HashMap<String, Object>();
        map.put("code", e.getCode());
        map.put("message", e.getMessage());
        //如果发生异常，则进行日志记录、写入数据库或其他处理，此处省略
        return map;
    }
    /**
     * 获取其他异常，包括 500
     */
    @ExceptionHandler(value = Exception.class)
    public Map<String, Object> defaultErrorHandler(Exception e) {
        logger.error("自定义业务失败", e);
        Map<String, Object> map = new HashMap<String, Object>();
        map.put("code", 500);
        map.put("message", e.getMessage());
        //发生异常进行日志记录，写入数据库或其他处理，此处省略
        return map;
    }
}
```

9.3.5　编写测试控制器

编写测试控制器来检验自定义业务，见以下代码：

```
package com.example.demo.controller;
//省略
@RestController
public class TestController {
    @RequestMapping("/BusinessException")
    public String testResponseStatusExceptionResolver(@RequestParam("i") int i){
        if (i==0){
            throw new BusinessException(600,"自定义业务错误");
        }
        throw new ValidationException();
     }
}
```

运行项目，访问“http://localhost:8080/BusinessException?i=1”，在网页中返回如下 JSON 格式的数据：

```
{"code":400,"message":null}
```

9.3.6 实现数据的增加、删除、修改和查询控制器

实现数据的增加、删除、修改和查询控制器，并实现数据的返回，见以下代码：

```
package com.example.demo.controller;
//省略
@RestController
@RequestMapping("article")
public class ArticleController {
    protected Response result(ExceptionMsg msg){
        return new Response(msg);
    }
    protected Response result(){
        return new Response();
    }
    @Autowired
    private ArticleRepository articleRepository;

    @RequestMapping(value = "/", method = RequestMethod.GET)
    public ResponseData    getArticleList() {
      List<Article> list = new ArrayList<Article>(articleRepository.findAll());
      return new ResponseData(ExceptionMsg.SUCCESS,list);
    }
    //增
    @RequestMapping(value = "/", method = RequestMethod.POST)
    public ResponseData add(Article article) {
        articleRepository.save(article);
      //return "{success:true,message: \"添加成功\" }";
        return new ResponseData(ExceptionMsg.SUCCESS,article);
    }
    //删
    @RequestMapping(value = "/{id}", method = RequestMethod.DELETE)
    public Response delete(@PathVariable("id") long id) {

        articleRepository.deleteById(id);
        return result(ExceptionMsg.SUCCESS);
        //return new ResponseData(ExceptionMsg.SUCCESS,"");
      }
    //改
    @RequestMapping(value = "/{id}", method = RequestMethod.PUT)
    public ResponseData update(Article model) {
        articleRepository.save(model);
        return new ResponseData(ExceptionMsg.SUCCESS,model);
    }
    //查
```

```
    @RequestMapping(value = "/{id}", method = RequestMethod.GET)
    public ResponseData findArticle(@PathVariable("id") Integer id) throws IOException {
            Article article = articleRepository.findById(id);
        if (article != null) {
            return new ResponseData(ExceptionMsg.SUCCESS,article);
        }
        return new ResponseData(ExceptionMsg.FAILED,article);}
}
```

至此，项目创建完成。

9.3.7　测试数据

现在启动项目，进行如下测试。

（1）添加数据。用 POST 方式访问“http://localhost:8080/article”，提交 Article 实体。返回如下结果：

```
{
    "rspCode": "200",
    "rspMsg": "操作成功",
    "data": {
        "id": 1,
        "title": "test",
        "body": "测试数据"
    }
}
```

（2）查询刚刚添加的数据。用 GET 方法访问“http://localhost:8080/article/1”，会返回如下结果：

```
{"rspCode":"200","rspMsg":"操作成功","data":{"id":1,"title":"test","body":"测试数据"}}
```

（3）修改数据，用 PUT 方法访问“http://localhost:8080/article/1”，返回如下结果：

```
{
    "rspCode": "200",
    "rspMsg": "操作成功",
    "data": {
        "id": 1,
        "title": "edit title",
        "body": "修改数据"
    }
}
```

（4）删除数据。用 DELETE 方法访问“http://localhost:8080/article/1”，如果返回如下结果，则代表删除成功。

```
{
    "rspCode": "200",
    "rspMsg": "操作成功"
}
```

（5）测试访问不存在的数据。用 GET 方法访问“http://localhost:8080/article/0”，则返回如下结果：

```
{
    "rspCode": "999999",
    "rspMsg": "操作失败",
    "data": null
}
```

9.4 实例 33：用 Swagger 实现接口文档

在项目开发中，一般都是前后端分离开发的，需要由前后端工程师共同定义接口，编写接口文档，之后大家都根据这个接口文档进行开发、维护。

为了便于编写和维护稳定，可以使用 Swagger 来编写 API 接口文档，以提升团队的沟通效率。

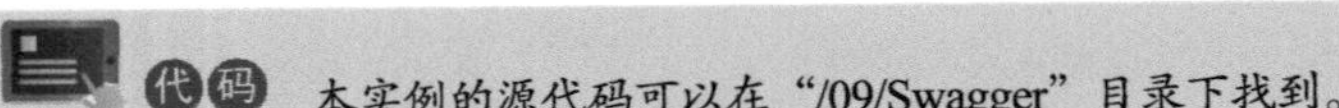

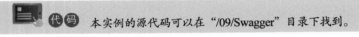

本实例的源代码可以在“/09/Swagger”目录下找到。

下面演示如何在 Spring Boot 中集成 Swagger。

9.4.1 配置 Swagger

（1）添加 Swagger 依赖。

在 pom.xml 文件中加入 Swagger2 的依赖，见以下代码：

```
<!--Swagger 依赖-->
<dependency>
    <groupId>io.springfox</groupId>
    <artifactId>springfox-swagger2</artifactId>
    <version>2.9.2</version>
</dependency>
<!--Swagger-UI 依赖 -->
<dependency>
    <groupId>io.springfox</groupId>
    <artifactId>springfox-swagger-ui</artifactId>
    <version>2.9.2</version>
</dependency>
```

（2）创建 Swagger 配置类。

创建 Swagger 配置类，完成相关配置项，见以下代码：

```
/**
 * Swagger 配置类
 * 在与 Spring Boot 集成时，放在与 Application.java 同级的目录下
 * 通过注解@Configuration 让 Spring 来加载该类配置
 * 再通过注解@EnableSwagger2 来启用 Swagger2
 */
@Configuration
@EnableSwagger2
public class Swagger2 {
    /**
     * 创建 API 应用
     * apiInfo() 增加 API 相关信息
     * 通过 select()函数返回一个 ApiSelectorBuilder 实例，用来控制哪些接口暴露给 Swagger 来展现
     * 本例采用指定扫描的包路径来定义指定要建立 API 的目录
     */
    @Bean
    public Docket createRestApi() {
        return new Docket(DocumentationType.SWAGGER_2)
                .apiInfo(apiInfo())
                .select()
                .apis(RequestHandlerSelectors.basePackage("com.example.demo.controller"))
                .paths(PathSelectors.any())
                .build();
    }
    /**
     * 创建该 API 的基本信息（这些基本信息会展现在文档页面中）
     * 访问地址：http://项目实际地址/swagger-ui.html
     */
    private ApiInfo apiInfo() {
        return new ApiInfoBuilder()
                .title(" RESTful APIs")
                .description("RESTful APIs")
                .termsOfServiceUrl("http://localhost:8080/")
                .contact("long")
                .version("1.0")
                .build();
    }
}
```

代码解释如下。

- @Configuration：让 Spring 来加载该类配置。

- @EnableSwagger2：启用 Swagger2.createRestApi 函数创建 Docket 的 Bean。
- apiInfo()：用来展示该 API 的基本信息。
- select()：返回一个 ApiSelectorBuilder 实例，用来控制哪些接口暴露给 Swagger 来展现。
- apis(RequestHandlerSelectors.basePackage())：配置包扫描路径。Swagger 会扫描包下所有 Controller 定义的 API，并产生文档内容。如果不想产生 API，则使用注解 @ApiIgnore。

9.4.2 编写接口文档

在完成上述配置后，即生成了文档，但是这样生成的文档主要针对请求本身，而描述自动根据方法等命名产生，对用户并不友好。所以，通常需要自己增加一些说明以丰富文档内容。可以通过以下注解来增加说明。

- @Api：描述类/接口的主要用途。
- @ApiOperation：描述方法用途，给 API 增加说明。
- @ApiImplicitParam：描述方法的参数，给参数增加说明。
- @ApiImplicitParams：描述方法的参数（Multi–Params），给参数增加说明。
- @ApiIgnore：忽略某类/方法/参数的文档。

具体使用方法见以下代码：

```
public class HelloWorldController {
@ApiOperation(value = "hello", notes = "notes ")
@RequestMapping("/hello")
public String hello() throws Exception {
    return "HelloWorld ,Spring Boot!";
}
}
```

完成上述代码后，启动项目，访问“http://localhost:8080/swagger-ui.html”就能看到所展示的 RESTful API 的页面，可以通过单击具体的 API 测试请求，来查看代码中配置的信息，以及参数的描述信息。

9.5 用 RestTemplate 发起请求

9.5.1 认识 RestTemplate

在 Java 应用程序中访问 RESTful 服务，可以使用 Apache 的 HttpClient 来实现。不过此方法使用起来太烦琐。Spring 提供了一种简单便捷的模板类——RestTemplate 来进行操作。

RestTemplate 是 Spring 提供的用于访问 REST 服务的客户端，它提供了多种便捷访问远程 HTTP 服务的方法，能够大大提高客户端的编写效率。

RestTemplate 用于同步 Client 端的核心类，简化与 HTTP 服务的通信。在默认情况下，RestTemplate 默认依赖 JDK 的 HTTP 连接工具。也可以通过 setRequestFactory 属性切换到不同的 HTTP 源，比如 Apache HttpComponents、Netty 和 OkHttp。

RestTemplate 简化了提交表单数据的难度，并附带自动转换为 JSON 格式数据的功能。该类的入口主要是根据 HTTP 的 6 种方法制定的，见表 9-2。

表 9-2　RestTemplate 提供的方法

HTTP 方法	RestTemplate 方法	HTTP 方法	RestTemplate 方法
DELETE	delete	POST	postForLocation
GET	getForObject	POST	postForObject
GET	getForEntity	PUT	put
HEAD	headForHeaders	any	exchange
OPTIONS	optionsForAllow	any	execute

此外，exchange 和 excute 也可以使用上述方法。

RestTemplate 默认使用 HttpMessageConverter 将 HTTP 消息转换成 POJO，或从 POJO 转换成 HTTP 消息，默认情况下会注册主 MIME 类型的转换器，但也可以通过 setMessageConverters 注册其他类型的转换器。

9.5.2　实例 34：用 RestTemplate 发送 GET 请求

在 RestTemplate 中发送 GET 请求，可以通过 getForEntity 和 getForObject 两种方式。

本实例的源代码可以在“/09/RestTemplateDemo”目录下找到。

下面具体实现用 RestTemplate 发送 GET 请求。

1. 创建测试实体

创建用于测试的实体，见以下代码：

```
public class User {
    private long id;
    private String name;
 //省略
}
```

2. 创建用于测试的 API

创建用于测试的 API，见以下代码：

```
@RestController
public class TestController {
    @RequestMapping(value = "/getparameter", method = RequestMethod.GET)
    public User getparameter(User user) {
        return user;
    }

    @RequestMapping(value = "/getuser1", method = RequestMethod.GET)
    public User user1() {
        return new User(1, "zhonghua");
    }
    @RequestMapping(value = "/postuser", method = RequestMethod.POST)
    public User postUser(User user) {
        System.out.println("name:" + user.getName());
        System.out.println("id:" + user.getId());
        return user;
    }
}
```

3. 使用 getForEntity 测试

（1）返回 String，不带参数，见以下代码：

```
    @Test
    public void nparameters() {
        RestTemplate client= restTemplateBuilder.build();
        ResponseEntity<String> responseEntity = client.getForEntity("http://localhost:8080/getuser1",
String.class);
        System.out.println(responseEntity.getBody());
}
```

运行测试单元，控制台输出如下结果：

```
{"id":1,"name":"zhonghua"}
```

（2）返回 String，带参数的例子。

在调用服务提供者提供的接口时，有时需要传递参数，有以下两种不同的方式。

①用一个数字做占位符。最后是一个可变长度的参数，用来替换前面的占位符。使用方法见以下代码：

```
@Test
    public void withparameters1() {
```

```
        RestTemplate client= restTemplateBuilder.build();
        ResponseEntity<String> responseEntity =
client.getForEntity("http://localhost:8080/getparameter?name={1}&id={2}", String.class, "hua",2);
        System.out.println(responseEntity.getBody());
}
```

运行测试单元，控制台输出如下结果：

```
{"id":2,"name":"hua"}
```

② 使用 name={name}这种形式。最后一个参数是一个 map，map 的 key 即为前边占位符的名字，map 的 value 为参数值。使用方法见以下代码：

```
@Test
public void withparameters2() {
    RestTemplate client= restTemplateBuilder.build();
    Map<String, String> map = new HashMap<>();
    map.put("name", "zhonghuaLong");
    ResponseEntity<String> responseEntity =
client.getForEntity("http://localhost:8080/getparameter?name={name}&id=3", String.class, map);
    System.out.println(responseEntity.getBody());
}
```

运行测试单元，控制台输出如下结果：

```
{"id":3,"name":"zhonghuaLong"}
```

（3）返回对象，见以下代码：

```
    @Test
    public void restUser1() {
        RestTemplate client= restTemplateBuilder.build();
        ResponseEntity<User> responseEntity = client.getForEntity("http://localhost:8080/getuser1",
User.class);
        System.out.println(responseEntity.getBody().getId());
        System.out.println(responseEntity.getBody().getName());
    }
```

运行测试单元，控制台输出如下结果：

```
1
zhonghua
```

4. 使用 getForObject

getForObject 函数是对 getForEntity 函数的进一步封装。如果你只关注返回的消息体的内容，对其他信息都不关注，则可以使用 getForObject，见以下代码：

```
    @Test
```

```
    public void  getForObject() {
        RestTemplate client= restTemplateBuilder.build();
        User user = client.getForObject("http://localhost:8080/getuser1", User.class);
        System.out.println(user.getName());
}
```

运行测试单元，控制台输出如下结果：

```
zhonghua
```

9.5.3 实例 35：用 RestTemplate 发送 POST 请求

在 RestTemplate 中，POST 请求可以通过 postForEntity、postForObject、postForLocation、exchange 四种方法来发起。

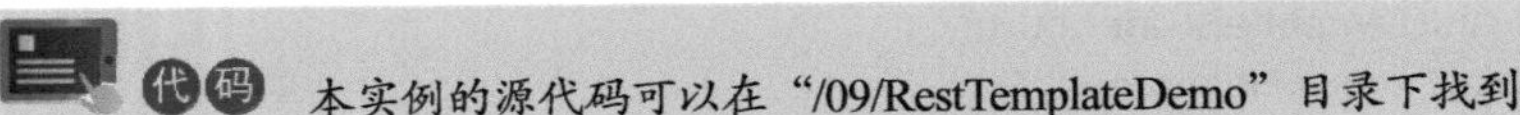

代码 本实例的源代码可以在“/09/RestTemplateDemo”目录下找到。

用 postForEntity、postForObject、postForLocation 三种方法传递参数时，Map 不能被定义为 HashMap、LinkedHashMap，而应被定义为 LinkedMultiValueMap，这样参数才能成功传递到后台。

下面讲解它们的用法。

1. 方法一：使用 postForEntity

- postForEntity(String url,Object request,Class responseType,Object ... urlVariables)
- postForEntity(String url,Object request,Class responseType,Map urlVariables)
- postForEntity(String url,Object request,Class responseType)

方法一的第 1 个参数表示要调用的服务的地址。第 2 个参数表示上传的参数。第 3 个参数表示返回的消息体的数据类型。

2. 方法二：使用 postForObject

- postForObject(String url,Object request,Class responseType,Object ... urlVariables)
- postForObject(String url,Object request,Class responseType,Map urlVariables)
- postForObject(String url,Object request,Class responseType)

3. 方法三：使用 postForLocation

postForLocation 也用于提交资源。在提交成功之后，会返回新资源的 URI。它的参数和前面两种方法的参数基本一致，只不过该方法的返回值为 URI，表示新资源的位置。

- postForLocation(String url,Object request,Object ... urlVariables)
- postForLocation(String url,Object request,Map urlVariables)
- postForLocation(String url,Object request)

4. 方法四：使用 exchange

使用 exchange 方法可以指定调用方式，使用方法如下：

```
ResponseEntity<String> response=
template.exchange(newUrl,HttpMethod.DELETE,request,String.class);
```

5. 实现发送 POST 请求

（1）使用 postForEntity。

```
@Test
    public void postForEntity() {
        MultiValueMap<String, Object> paramMap = new LinkedMultiValueMap<String, Object>();
        paramMap.add("name", "longzhiran");
        paramMap.add("id", 4);
        ResponseEntity<User> responseEntity =
restTemplate.postForEntity("http://localhost:8080/postuser", paramMap, User.class);
        System.out.println( responseEntity.getBody().getName());
    }
```

代码解释如下。

- MultiValueMap：封装参数，千万不要替换为 Map 与 HashMap，否则参数无法被传递。
- restTemplate.postForEntity("url", paramMap, User.class)：参数分别表示要调用的服务的地址、上传的参数、返回的消息体的数据类型。

运行测试单元，控制台输出如下结果：

```
longzhiran
```

（2）使用 postForObject。

postForObject 和 getForObject 相对应，只关注返回的消息体，见以下代码：

```
@Test
public void postForObject() {
    //封装参数，千万不要替换为 Map 与 HashMap，否则参数无法传递
    MultiValueMap<String, Object> paramMap = new LinkedMultiValueMap<String, Object>();
    paramMap.add("name", "longzhonghua");
```

```
    paramMap.add("id", 4);
    RestTemplate client = restTemplateBuilder.build();
    String response = client.postForObject("http://localhost:8080/postuser", paramMap, String.class);
    System.out.println(response);
}
```

运行测试单元，控制台输出如下结果：

```
{"id":4,"name":"longzhonghua"}
```

（3）使用 postForexchange，见以下代码：

```
@Test
 public void postForexchange() {
MultiValueMap<String, Object> paramMap = new LinkedMultiValueMap<String, Object>();
        paramMap.add("name", "longzhonghua");
        paramMap.add("id", 4);
        RestTemplate client = restTemplateBuilder.build();
        HttpHeaders headers = new HttpHeaders();
        //headers.set("id", "long");
        HttpEntity<MultiValueMap<String, Object>> httpEntity = new HttpEntity<MultiValueMap<String,
Object>>(paramMap,headers);
        ResponseEntity<String> response = client.exchange("http://localhost:8080/postuser",
HttpMethod.POST,httpEntity,String.class,paramMap);
        System.out.println(response.getBody());
}
```

运行测试单元，控制台输出如下结果：

```
{"id":4,"name":"longzhonghua"}
```

（4）使用 postForLocation。

它用于提交数据，并获取返回的 URI。一般登录、注册都是 POST 请求，操作完成之后，跳转到某个页面，这种场景就可以使用 postForLocation。所以，先要添加处理登录的 API，见以下代码：

```
@RequestMapping(path = "success")
public String loginSuccess(String name) {
    return "welcome " + name;
}
@RequestMapping(path = "post", method =  RequestMethod.POST)
public String post(HttpServletRequest request, @RequestParam(value = "name", required = false) String
name,
                @RequestParam(value = "password", required = false) String password,
```

```
@RequestParam(value = "id", required = false) Integer id) {
    return "redirect:/success?name=" + name + "&id=" + id + "&status=success";
}
```

然后使用 postForLocation 请求，用法见以下代码：

```
@Test
public void postForLocation() {
      MultiValueMap<String, Object> paramMap = new LinkedMultiValueMap<String, Object>();
    paramMap.add("name", "longzhonghua");
    paramMap.add("id", 4);
    RestTemplate client = restTemplateBuilder.build();
    URI response = client.postForLocation("http://localhost:8080/post", paramMap);
    System.out.println(response);
}
```

运行测试单元，控制台输出如下结果：

```
redirect:/success?name=longzhonghua&id=4&status=success
```

如果有中文，则结果可能会出现乱码，可以用 URLEncoder.encode(name, "UTF-8")进行处理。

如果获取的值为“null”，则需要把 URI 添加到 response 信息的 header 中。添加方法为：“response.addHeader("Location",uri)”。

9.5.4　用 RestTemplate 发送 PUT 和 DELETE 请求

 本实例的源代码可以在“/09/RestTemplateDemo”目录下找到。

1. PUT 请求

在 RestTemplate 中，发送“修改”请求和前面介绍的 postForEntity 方法的参数基本一致，只是修改请求没有返回值，用法如下：

```
    @Test
  public void put() {
      RestTemplate client= restTemplateBuilder.build();
      User user = new User();
      user.setName("longzhiran");
      client.put("http://localhost:8080/{1}", user, 4);
}
```

最后的“4”用来替换前面的占位符{1}。

2. DELETE 请求

删除请求，可以通过调用 DELETE 方法来实现，用法见以下代码：

```
@Test
    public void delete() {
        RestTemplate client= restTemplateBuilder.build();
        client.delete("http://localhost:8080/{1}", 4);
}
```

最后的“4”用来替换前面的占位符{1}。

第 10 章 集成安全框架，实现安全认证和授权

本章首先介绍如何使用 Spring Security 创建独立验证的管理员权限系统、会员系统，讲解如何进行分表、分权限、分登录入口、分认证接口、多注册接口，以及 RBAC 权限的设计和实现，如何使用 JWT 为手机 APP 提供 token 认证；然后讲解 Apache 的 Shiro 安全框架的基本理论基础，以及如何使用 Shiro 构建完整的用户权限系统；最后对比分析 Spring Security 和 Shiro 的区别。

10.1 Spring Security——Spring 的安全框架

10.1.1 认识 Spring Security

Spring Security 提供了声明式的安全访问控制解决方案（仅支持基于 Spring 的应用程序），对访问权限进行认证和授权，它基于 Spring AOP 和 Servlet 过滤器，提供了安全性方面的全面解决方案。

除常规的认证和授权外，它还提供了 ACLs、LDAP、JAAS、CAS 等高级特性以满足复杂环境下的安全需求。

1. 核心概念

Spring Security 的 3 个核心概念。

- Principle：代表用户的对象 Principle（User），不仅指人类，还包括一切可以用于验证的设备。

- Authority：代表用户的角色 Authority（Role），每个用户都应该有一种角色，如管理员或是会员。
- Permission：代表授权，复杂的应用环境需要对角色的权限进行表述。

在 Spring Security 中，Authority 和 Permission 是两个完全独立的概念，两者并没有必然的联系。它们之间需要通过配置进行关联，可以是自己定义的各种关系。

2. 认证和授权

安全主要分为验证（authentication)和授权（authorization）两个部分。

（1）验证（authentication)。

验证指的是，建立系统使用者信息（Principal)的过程。使用者可以是一个用户、设备，和可以在应用程序中执行某种操作的其他系统。

用户认证一般要求用户提供用户名和密码，系统通过校验用户名和密码的正确性来完成认证的通过或拒绝过程。

Spring Security 支持主流的认证方式，包括 HTTP 基本认证、HTTP 表单验证、HTTP 摘要认证、OpenID 和 LDAP 等。

Spring Security 进行验证的步骤如下。

① 用户使用用户名和密码登录。

② 过滤器（UsernamePasswordAuthenticationFilter）获取到用户名、密码，然后封装成 Authentication。

③ AuthenticationManager 认证 token（Authentication 的实现类传递）。

④ AuthenticationManager 认证成功，返回一个封装了用户权限信息的 Authentication 对象，用户的上下文信息（角色列表等)。

⑤ Authentication 对象赋值给当前的 SecurityContext，建立这个用户的安全上下文（通过调用 SecurityContextHolder.getContext().setAuthentication()）。

⑥ 用户进行一些受到访问控制机制保护的操作，访问控制机制会依据当前安全上下文信息检查这个操作所需的权限。

除利用提供的认证外，还可以编写自己的 Filter(过滤器)，提供与那些不是基于 Spring Security 的验证系统的操作。

（2）授权（authorization)。

在一个系统中，不同用户具有的权限是不同的。一般来说，系统会为不同的用户分配不同的角色，而每个角色则对应一系列的权限。

它判断某个 Principal 在应用程序中是否允许执行某个操作。在进行授权判断之前，要求其所要使用到的规则必须在验证过程中已经建立好了。

对 Web 资源的保护，最好的办法是使用过滤器。对方法调用的保护，最好的办法是使用 AOP。

Spring Security 在进行用户认证及授予权限时，也是通过各种拦截器和 AOP 来控制权限访问的，从而实现安全。

3. 模块

- 核心模块——spring-security-core.jar：包含核心验证和访问控制类和接口，以及支持远程配置的基本 API。
- 远程调用——spring-security-remoting.jar：提供与 Spring Remoting 集成。
- 网页——spring-security-web.jar：包括网站安全的模块，提供网站认证服务和基于 URL 访问控制。
- 配置——spring-security-config.jar：包含安全命令空间解析代码。
- LDAP——spring-security-ldap.jar：LDAP 验证和配置。
- ACL——spring-security-acl.jar：对 ACL 访问控制表的实现。
- CAS——spring-security-cas.jar：对 CAS 客户端的安全实现。
- OpenID——spring-security-openid.jar：对 OpenID 网页验证的支持。
- Test——spring-security-test.jar：对 Spring Security 的测试的支持。

10.1.2　核心类

1. SecurityContext

SecurityContext 中包含当前正在访问系统的用户的详细信息，它只有以下两种方法。

- getAuthentication()：获取当前经过身份验证的主体或身份验证的请求令牌。
- setAuthentication()：更改或删除当前已验证的主体身份验证信息。

SecurityContext 的信息是由 SecurityContextHolder 来处理的。

2. SecurityContextHolder

SecurityContextHolder 用来保存 SecurityContext。最常用的是 getContext()方法，用来获得当前 SecurityContext。

SecurityContextHolder 中定义了一系列的静态方法，而这些静态方法的内部逻辑是通过 SecurityContextHolder 持有的 SecurityContextHolderStrategy 来实现的，如 clearContext()、 getContext ()、setContext()、createEmptyContext()。SecurityContextHolderStrategy 接口的关键代码如下：

```
public interface SecurityContextHolderStrategy {
    void clearContext();
    SecurityContext getContext();
    void setContext(SecurityContext context);
    SecurityContext createEmptyContext();
}
```

（1）strategy 实现。

默认使用的 strategy 就是基于 ThreadLocal 的 ThreadLocalSecurityContextHolderStrategy 来实现的。

除了上述提到的，Spring Security 还提供了 3 种类型的 strategy 来实现。

- GlobalSecurityContextHolderStrategy：表示全局使用同一个 SecurityContext，如 C/S 结构的客户端。
- InheritableThreadLocalSecurityContextHolderStrategy：使用 InheritableThreadLocal 来存放 SecurityContext，即子线程可以使用父线程中存放的变量。
- ThreadLocalSecurityContextHolderStrategy：使用 ThreadLocal 来存放 SecurityContext。

一般情况下，使用默认的 strategy 即可。但是，如果要改变默认的 strategy，Spring Security 提供了两种方法来改变“strategyName”。

SecurityContextHolder 类中有 3 种不同类型的 strategy，分别为 MODE_THREADLOCAL、MODE_INHERITABLETHREADLOCAL 和 MODE_GLOBAL，关键代码如下：

```
public static final String MODE_THREADLOCAL = "MODE_THREADLOCAL";
public static final String MODE_INHERITABLETHREADLOCAL =
"MODE_INHERITABLETHREADLOCAL";
public static final String MODE_GLOBAL = "MODE_GLOBAL";
public static final String SYSTEM_PROPERTY = "spring.security.strategy";
private static String strategyName = System.getProperty(SYSTEM_PROPERTY);
private static SecurityContextHolderStrategy strategy;
```

MODE_THREADLOCAL 是默认的方法。

如果要改变 strategy，则有下面两种方法：

- 通过 SecurityContextHolder 的静态方法 setStrategyName(java.lang.String strategyName) 来改变需要使用的 strategy。
- 通过系统属性（SYSTEM_PROPERTY）进行指定，其中属性名默认为“spring.security.strategy”，属性值为对应 strategy 的名称。

（2）获取当前用户的 SecurityContext。

Spring Security 使用一个 Authentication 对象来描述当前用户的相关信息。Security-ContextHolder 中持有的是当前用户的 SecurityContext，而 SecurityContext 持有的是代表当前用户相关信息的 Authentication 的引用。

这个 Authentication 对象不需要自己创建，Spring Security 会自动创建相应的 Authentication 对象，然后赋值给当前的 SecurityContext。但是，往往需要在程序中获取当前用户的相关信息，比如最常见的是获取当前登录用户的用户名。在程序的任何地方，可以通过如下方式获取到当前用户的用户名。

```
public String getCurrentUsername() {
Object principal= SecurityContextHolder.getContext().getAuthentication().getPrincipal();
  if (principal instanceof UserDetails){
return ((UserDetails) principal).getUsername();
}
if (principal instanceof Principal) {
  return ((Principal) principal).getName();
   }
  return String.valueOf(principal);
   }
```

getAuthentication()方法会返回认证信息。

getPrincipal()方法返回身份信息，它是 UserDetails 对身份信息的封装。

获取当前用户的用户名，最简单的方式如下：

```
public String getCurrentUsername() {
    return SecurityContextHolder.getContext().getAuthentication().getName();
}
```

在调用 SecurityContextHolder.getContext() 获取 SecurityContext 时，如果对应的 SecurityContext 不存在，则返回空的 SecurityContext。

3. ProviderManager

ProviderManager 会维护一个认证的列表，以便处理不同认证方式的认证，因为系统可能会存在多种认证方式，比如手机号、用户名密码、邮箱方式。

在认证时，如果 ProviderManager 的认证结果不是 null，则说明认证成功，不再进行其他方式的认证，并且作为认证的结果保存在 SecurityContext 中。如果不成功，则抛出错误信息“ProviderNotFoundException”。

4. DaoAuthenticationProvider

它是 AuthenticationProvider 最常用的实现，用来获取用户提交的用户名和密码，并进行正确性比对。如果正确，则返回一个数据库中的用户信息。

当用户在前台提交了用户名和密码后，就会被封装成 UsernamePasswordAuthenticationToken。然后，DaoAuthenticationProvider 根据 retrieveUser 方法，交给 additionalAuthenticationChecks 方法完成 UsernamePasswordAuthenticationToken 和 UserDetails 密码的比对。如果这个方法没有抛出异常，则认为比对成功。

比对密码需要用到 PasswordEncoder 和 SaltSource。

5. UserDetails

UserDetails 是 Spring Security 的用户实体类，包含用户名、密码、权限等信息。Spring Security 默认实现了内置的 User 类，供 Spring Security 安全认证使用。当然，也可以自己实现。

UserDetails 接口和 Authentication 接口很类似，都拥有 username 和 authorities。一定要区分清楚 Authentication 的 getCredentials()与 UserDetails 中的 getPassword()。前者是用户提交的密码凭证，不一定是正确的，或数据库不一定存在；后者是用户正确的密码，认证器要进行比对的就是两者是否相同。

Authentication 中的 getAuthorities()方法是由 UserDetails 的 getAuthorities()传递而形成的。UserDetails 的用户信息是经过 AuthenticationProvider 认证之后被填充的。

UserDetails 中提供了以下几种方法。

- String getPassword()：返回验证用户密码，无法返回则显示为 null。
- String getUsername()：返回验证用户名，无法返回则显示为 null。
- boolean isAccountNonExpired()：账户是否过期，过期无法验证。
- boolean isAccountNonLocked()：指定用户是否被锁定或解锁，锁定的用户无法进行身份验证。
- boolean isCredentialsNonExpired()：指定是否已过期的用户的凭据（密码），过期的凭据无法认证。
- boolean isEnabled()：是否被禁用。禁用的用户不能进行身份验证。

6. UserDetailsService

用户相关的信息是通过 UserDetailsService 接口来加载的。该接口的唯一方法是 loadUserByUsername(String username)，用来根据用户名加载相关信息。这个方法的返回值是 UserDetails 接口，其中包含了用户的信息，包括用户名、密码、权限、是否启用、是否被锁定、是否过期等。

7. GrantedAuthority

GrantedAuthority 中只定义了一个 getAuthority()方法。该方法返回一个字符串，表示对应权限的字符串。如果对应权限不能用字符串表示，则返回 null。

GrantedAuthority 接口通过 UserDetailsService 进行加载，然后赋予 UserDetails。

Authentication 的 getAuthorities()方法可以返回当前 Authentication 对象拥有的权限，其返回值是一个 GrantedAuthority 类型的数组。每一个 GrantedAuthority 对象代表赋予当前用户的一种权限。

8. Filter

（1）SecurityContextPersistenceFilter。

它从 SecurityContextRepository 中取出用户认证信息。为了提高效率，避免每次请求都要查询认证信息，它会从 Session 中取出已认证的用户信息，然后将其放入 SecurityContextHolder 中，以便其他 Filter 使用。

（2）WebAsyncManagerIntegrationFilter。

集成了 SecurityContext 和 WebAsyncManager，把 SecurityContext 设置到异步线程，使其也能获取到用户上下文认证信息。

（3）HeaderWriterFilter。

它对请求的 Header 添加相应的信息。

（4）CsrfFilter。

跨域请求伪造过滤器。通过客户端传过来的 token 与服务器端存储的 token 进行对比，来判断请求的合法性。

（5）LogoutFilter。

匹配登出 URL。匹配成功后，退出用户，并清除认证信息。

（6）UsernamePasswordAuthenticationFilter。

登录认证过滤器，默认是对“/login”的 POST 请求进行认证。该方法会调用 attemptAuthentication，尝试获取一个 Authentication 认证对象，以保存认证信息，然后转向下一个 Filter，最后调用 successfulAuthentication 执行认证后的事件。

（7）AnonymousAuthenticationFIlter。

如果 SecurityContextHolder 中的认证信息为空，则会创建一个匿名用户到 Security-

ContextHolder 中。

（8）SessionManagementFilter。

持久化登录的用户信息。用户信息会被保存到 Session、Cookie，或 Redis 中。

10.2 配置 Spring Security

10.2.1 继承 WebSecurityConfigurerAdapter

通过重写抽象接口 WebSecurityConfigurerAdapter，再加上注解@EnableWebSecurity，可以实现 Web 的安全配置。

WebSecurityConfigurerAdapter Config 模块一共有 3 个 builder（构造程序）。

- AuthenticationManagerBuilder：认证相关 builder，用来配置全局的认证相关的信息。它包含 AuthenticationProvider 和 UserDetailsService，前者是认证服务提供者，后者是用户详情查询服务。
- HttpSecurity：进行权限控制规则相关配置。
- WebSecurity：进行全局请求忽略规则配置、HttpFirewall 配置、debug 配置、全局 SecurityFilterChain 配置。

配置安全，通常要重写以下方法：

```
//通过 auth 对象的方法添加身份验证
protected void configure(AuthenticationManagerBuilder auth) throws Exception {}
//通常用于设置忽略权限的静态资源
public void configure(WebSecurity web) throws Exception {}
//通过 HTTP 对象的 authorizeRequests()方法定义 URL 访问权限。默认为 formLogin()提供一个简单的登录验证页面
protected void configure(HttpSecurity httpSecurity) throws Exception {}
```

10.2.2 配置自定义策略

配置安全需要继承 WebSecurityConfigurerAdapter，然后重写其方法，见以下代码：

```
package com.example.demo.config;
//省略
//指定为配置类
@Configuration
//指定为 Spring Security 配置类，如果是 WebFlux，则需要启用@EnableWebFluxSecurity
@EnableWebSecurity
//如果要启用方法安全设置，则开启此项。
```

```
@EnableGlobalMethodSecurity(prePostEnabled = true)
public class WebSecurityConfig extends WebSecurityConfigurerAdapter {
    @Override
    public void configure(WebSecurity web) throws Exception {
        //不拦截静态资源
        web.ignoring().antMatchers("/static/**");
    }
    @Bean
    public PasswordEncoder passwordEncoder() {
        //使用 BCrypt 加密
        return new BCryptPasswordEncoder();
    }
    @Override
    protected void configure(HttpSecurity http) throws Exception {
http.formLogin().usernameParameter("uname").passwordParameter("pwd").loginPage("/admin/login").per
mitAll()
                .and()
                .authorizeRequests()
                .antMatchers("/admin/**").hasRole("ADMIN")
                //除上面外的所有请求全部需要鉴权认证
                .anyRequest().authenticated();
        http.logout().permitAll();
        http.rememberMe().rememberMeParameter("rememberme");
        //处理异常，拒绝访问就重定向到 403 页面
        http.exceptionHandling().accessDeniedPage("/403");
        http.logout().logoutSuccessUrl("/");
        http.csrf().ignoringAntMatchers("/admin/upload");
    }
}
```

代码解释如下。

- authorizeRequests()：定义哪些 URL 需要被保护，哪些不需要被保护。
- antMatchers("/admin/**").hasRole("ADMIN")：定义/admin/下的所有 URL。只有拥有 admin 角色的用户才有访问权限。
- formLogin()：自定义用户登录验证的页面。
- http.csrf()：配置是否开启 CSRF 保护，还可以在开启之后指定忽略的接口。

如果开启了 CSRF，则一定在验证页面加入以下代码以传递 token 值：

```
<head>
    <meta name="_csrf" th:content="${_csrf.token}"/>
    <!-- default header name is X-CSRF-TOKEN -->
    <meta name="_csrf_header" th:content="${_csrf.headerName}"/>
</head>
```

如果要提交表单，则需要在表单中添加以下代码以提交 token 值：

```
<input type="hidden" th:name="${_csrf.parameterName}" th:value="${_csrf.token}">
```

- http.rememberMe()：“记住我”功能，可以指定参数。

使用时，添加如下代码：

```
<input class="i-checks" type="checkbox" name="rememberme" />  记住我
```

10.2.3 配置加密方式

默认的加密方式是 BCrypt。只要在安全配置类配置即可使用，见以下代码：

```
@Bean
public PasswordEncoder passwordEncoder() {
    return new BCryptPasswordEncoder();    //使用 BCrypt 加密
}
```

在业务代码中，可以用以下方式对密码进行加密：

```
BCryptPasswordEncoder encoder =new BCryptPasswordEncoder();
String encodePassword = encoder.encode(password);
```

10.2.4 自定义加密规则

除默认的加密规则，还可以自定义加密规则。具体见以下代码：

```
@Override
protected void configure(AuthenticationManagerBuilder auth) throws Exception {
    auth.userDetailsService(UserService()).passwordEncoder(new PasswordEncoder()
{       @Override
        public String encode(CharSequence charSequence) {
            return MD5Util.encode((String) charSequence);
        }
        @Override
        public boolean matches(CharSequence charSequence, String s) {
            return s.equals(MD5Util.encode((String) charSequence));
        }
    });
}
```

10.2.5 配置多用户系统

一个完整的系统一般包含多种用户系统，比如“后台管理系统+前端用户系统”。Spring Security 默认只提供一个用户系统，所以，需要通过配置以实现多用户系统。

比如，如果要构建一个前台会员系统，则可以通过以下步骤来实现。

1. 构建 UserDetailsService 用户信息服务接口

构建前端用户 UserSecurityService 类，并继承 UserDetailsService。具体见以下代码：

```
public class UserSecurityService implements UserDetailsService {
    @Autowired
    private UserRepository userRepository;
    @Override
    public UserDetails loadUserByUsername(String name) throws UsernameNotFoundException {
        User user = userRepository.findByName(name);
        if (user == null) {
            User mobileUser = userRepository.findByMobile(name);
            if (mobileUser == null) {
                User emailUser = userRepository.findByEmail(name);
                if (emailUser == null) {
                    throw new UsernameNotFoundException("用户名,邮箱或手机号不存在!");
                } else {
                    user = userRepository.findByEmail(name);
                }
            } else {
                user = userRepository.findByMobile(name);
            }
        } else if ("locked".equals(user.getStatus())) {
//被锁定，无法登录
            throw new LockedException("用户被锁定");
        }
        return user;
    }
}
```

2. 进行安全配置

在继承 WebSecurityConfigurerAdapter 的 Spring Security 配置类中，配置 UserSecurity-Service 类。

```
@Bean
UserDetailsService UserService() {
    return new UserSecurityService();
}
```

如果要加入后台管理系统，则只需要重复上面步骤即可。

多用户系统使用、配置详情，请参看本书“实战篇”。

10.2.6 获取当前登录用户信息的几种方式

获取当前登录用户的信息，在权限开发过程中经常会遇到。而对新人来说，不太了解怎么获取，经常遇到获取不到或报错的问题。所以，本节讲解如何在常用地方获取当前用户信息。

1. 在 Thymeleaf 视图中获取

要 Thymeleaf 视图中获取用户信息，可以使用 Spring Security 的标签特性。

在 Thymeleaf 页面中引入 Thymeleaf 的 Spring Security 依赖，见以下代码：

```
<!DOCTYPE html>
<html lang="zh" xmlns:th="http://www.thymeleaf.org"
      xmlns:sec="http://www.thymeleaf.org/thymeleaf-extras-springsecurity5">
<! - 省略……- >
<body>
<! - 匿名 - >
<div sec:authorize="isAnonymous()">
    未登录，单击 <a th:href="@{/home/login}">登录</a>
</div>
<! - 已登录 - >
<div sec:authorize="isAuthenticated()">
    <p>已登录</p>
    <p>登录名：<span sec:authentication="name"></span></p>
    <p>角色：<span sec:authentication="principal.authorities"></span></p>
    <p>id：<span sec:authentication="principal.id"></span></p>
    <p>Username：<span sec:authentication="principal.username"></span></p>
</div>
</body>
</html>
```

这里要特别注意版本的对应。如果引入了 thymeleaf-extras-springsecurity 依赖依然获取不到信息，那么可能是 Thymeleaf 版本和 thymeleaf-extras-springsecurity 的版本不对。请检查在 pom.xml 文件的两个依赖，见以下代码：

```
<dependency>
<groupId>org.springframework.boot</groupId>
<artifactId>spring-boot-starter-thymeleaf</artifactId>
</dependency>
<dependency>
<groupId>org.thymeleaf.extras</groupId>
<artifactId>thymeleaf-extras-springsecurity5</artifactId>
</dependency>
```

2. 在 Controller 中获取

在控制器中获取用户信息有 3 种方式，见下面的代码注释。

```
@GetMapping("userinfo")
public String getProduct(Principal principal, Authentication authentication, HttpServletRequest httpServletRequest) {
    /**
    * @Description: 1. 通过 Principal 参数获取
    */
    String username=principal.getName();
    /**
    * @Description: 2. 通过 Authentication 参数获取
    */
    String userName2=authentication.getName();
    /**
    * @Description: 3. 通过 HttpServletRequest 获取
    */
    Principal httpServletRequestUserPrincipal = httpServletRequest.getUserPrincipal();
    String userName3=httpServletRequestUserPrincipal.getName();
        return username;
}
```

3. 在 Bean 中获取

在 Bean 中，可以通过以下代码获取：

```
Authentication authentication = SecurityContextHolder.getContext().getAuthentication();
if (!(authentication instanceof AnonymousAuthenticationToken)) {
    String username = authentication.getName();
    return username;
}
```

在其他 Authentication 类也可以这样获取。比如在 UsernamePasswordAuthenticationToken 类中。

如果上面代码获取不到，并不是代码错误，则可能是因为以下原因造成的：

（1）要使上面的获取生效，必须在继承 WebSecurityConfigurerAdapter 的类中的 http.antMatcher("/*")的鉴权 URI 范围内。

（2）没有添加 Thymeleaf 的 thymeleaf-extras-springsecurity 依赖。

（3）添加了 Spring Security 的依赖，但是版本不对，比如 Spring Security 和 Thymeleaf 的版本不对。

10.3 实例 36：用 Spring Security 实现后台登录及权限认证功能

本实例通过使用 Spring Security 来实现后台登录及权限认证功能。

 本实例的源代码可以在“/10/SpringSecuritySimpleDemo”目录下找到。

10.3.1 引入依赖

使用前需要引入相关依赖，见以下代码：

```
<dependencies>
<dependency>
    <groupId>org.springframework.boot</groupId>
    <artifactId>spring-boot-starter-web</artifactId>
</dependency>
<dependency>
<groupId>org.springframework.boot</groupId>
<artifactId>spring-boot-starter-security</artifactId>
</dependency>
<dependency>
<groupId>org.springframework.boot</groupId>
<artifactId>spring-boot-starter-thymeleaf</artifactId>
</dependency>
<!-- 注释:为了能在 Thymeleaf 中使用 Spring Security 5 的特性,比如使用 sec:authentication="name"显示用户名 -->
<dependency>
<groupId>org.thymeleaf.extras</groupId>
<artifactId>thymeleaf-extras-springsecurity5</artifactId>
</dependency>
</dependencies>
```

10.3.2 创建权限开放的页面

这个页面是不需要鉴权即可访问的，以区别演示需要鉴权的页面，见以下代码：

```
<!DOCTYPE html><html lang="en" xmlns:th="http://www.thymeleaf.org"
      xmlns:sec="http://www.thymeleaf.org/thymeleaf-extras-springsecurity5">
<head><title>Spring Security 案例</title></head>
<body>
<h1>Welcome!</h1>
<p><a th:href="@{/home}">会员中心</a></p>
</body></html>
```

10.3.3　创建需要权限验证的页面

其实可以和不需要鉴权的页面一样，鉴权可以不在 HTML 页面中进行，见以下代码：

```
<!DOCTYPE html>
<html lang="en" xmlns:th="http://www.thymeleaf.org"
      xmlns:sec="http://www.thymeleaf.org/thymeleaf-extras-springsecurity5">
<head><title>home</title></head>
<body>
<h1>Hello  会员中心</h1>
<p th:inline="text">Hello <span sec:authentication="name"></span></p>
<form th:action="@{/logout}" method="post">
<input type="submit" value="登出"/>
</form>
</body></html>
```

使用 Spring Security 5 之后，可以在模板中用<span sec:authentication="name"></span>或 [[${#httpServletRequest.remoteUser}]]来获取用户名。登出请求将被发送到“/logout”。成功注销后，会将用户重定向到“/login?logout”。

10.3.4　配置 Spring Security

（1）配置 Spring MVC。

可以继承 WebMvcConfigurer，具体使用见以下代码：

```
@Configuration
public class WebMvcConfig implements WebMvcConfigurer {
    @Override
    public void addViewControllers(ViewControllerRegistry registry) {
        //设置登录处理操作
        registry.addViewController("/home").setViewName("springsecurity/home");
        registry.addViewController("/").setViewName("springsecurity/welcome");
       registry.addViewController("/login").setViewName("springsecurity/login");
    }
}
```

（2）配置 Spring Security。

Spring Security 的安全配置需要继承 WebSecurityConfigurerAdapter，然后重写其方法，见以下代码：

```
@Configuration
@EnableWebSecurity//指定为 Spring Security 配置类
public class WebSecurityConfig extends WebSecurityConfigurerAdapter {
    @Override
```

```
    protected void configure(HttpSecurity http) throws Exception {
        http.authorizeRequests()
                .antMatchers("/", "/welcome", "/login").permitAll()
                .anyRequest().authenticated()
                .and()
                .formLogin().loginPage("/login").defaultSuccessUrl("/home")
                .and()
                .logout().permitAll();
    }
    @Autowired
    public void configureGlobal(AuthenticationManagerBuilder auth) throws Exception {
     auth.inMemoryAuthentication().passwordEncoder(new BCryptPasswordEncoder())//指定编码方式
     .withUser("admin").password("$2a$10$Q21imUyxDeshQ2tQBUfJKuBHbmuyTsZYoCMRmGi5UcOIa
vevauZwS").roles("USER");//密码是 lzhonghua
    }
}
```

代码解释如下。

- @EnableWebSecurity 注解：集成了 Spring Security 的 Web 安全支持。
- @WebSecurityConfig：在配置类的同时集成了 WebSecurityConfigurerAdapter，重写了其中的特定方法，用于自定义 Spring Security 配置。Spring Security 的工作量都集中在该配置类。
- configure(HttpSecurity)：定义了哪些 URL 路径应该被拦截。
- configureGlobal(AuthenticationManagerBuilder)：在内存中配置一个用户，admin/lzhonghua，这个用户拥有 User 角色。

10.3.5 创建登录页面

登录页面要特别注意是否开启了 CSRF 功能。如果开启了，则需要提交 token 信息。创建的登录页面见以下代码：

```
<!DOCTYPE html>
<html lang="en" xmlns:th="http://www.thymeleaf.org"
      xmlns:sec="http://www.thymeleaf.org/thymeleaf-extras-springsecurity5">
<head><title>Spring Security Example </title></head>
<body>
    <div th:if="${param.error}">
                无效的用户名或密码
            </div>
    <div th:if="${param.logout}">
                你已经登出
            </div>
    <form th:action="@{/login}" method="post">
```

```
        <div><label> 用户名 :<input type="text" name="username"/> </label></div>
        <div><label> 密码: <input type="password" name="password"/> </label></div>
        <div><input type="submit" value="登录"/></div>
</form>
 </body>
</html>
```

10.3.6　测试权限

（1）启动项目，访问首页“http://localhost:8080”，单击“会员中心”，尝试访问受限的页面“http://localhost:8080/home”。由于未登录，结果被强制跳转到登录页面“http://localhost:8080/login”。

（2）输入正确的用户名和密码（admin、lzhonghua）之后，跳转到之前想要访问的“/home:”，显示用户名 admin。

（3）单击“登出”按钮，回到登录页面。

10.4　权限控制方式

10.4.1　Spring EL 权限表达式

Spring Security 支持在定义 URL 访问或方法访问权限时使用 Spring EL 表达式。根据表达式返回的值（true 或 false）来授权或拒绝对应的权限。Spring Security 可用表达式对象的基类是 SecurityExpressionRoot，它提供了通用的内置表达式，见表 10-1。

表 10-1　内置权限表达式

表 达 式	描　　述
hasRole([role])	当前用户是否拥有指定角色
hasAnyRole([role1,role2])	多个角色以逗号进行分隔的字符串。如果当前用户拥有指定角色中的任意一个，则返回 true
hasAuthority([auth])	等同于 hasRole
hasAnyAuthority([auth1,auth2])	等同于 hasAnyRole
Principle	代表当前用户的 principle 对象
authentication	直接从 SecurityContext 获取的当前 Authentication 对象
permitAll	总是返回 true，表示允许所有的
denyAll	总是返回 false，表示拒绝所有的
isAnonymous()	当前用户是否是一个匿名用户
isRememberMe()	表示当前用户是否是通过 Remember-Me 自动登录的

（续表）

表 达 式	描　述
isAuthenticated()	表示当前用户是否已经登录认证成功了
isFullyAuthenticated()	如果当前用户既不是匿名用户，又不是通过 Remember-Me 自动登录的，则返回 true

在视图模板文件中，可以通过表达式控制显示权限，如以下代码：

```
<p sec:authorize="hasRole('ROLE_ADMIN')" >管理员 </p>
<p sec:authorize="hasRole('ROLE_USER')" >普通用户</p>
```

在 WebSecurityConfig 中添加两个内存用户用于测试，角色分别是 ADMIN、USER：

```
.withUser("admin").password("123456").roles("ADMIN")
.and().withUser("user").password("123456").roles("USER");
```

用户 admin 登录，则显示：

```
管理员
```

用户 user 登录，则显示：

```
普通用户
```

然后，在 WebSecurityConfig 中加入如下的 URL 权限配置：

```
.antMatchers("/home").hasRole("ADMIN")
```

这时，当用 admin 用户访问“home”页面时能正常访问，而用 user 用户访问时则会提示“403 禁止访问”。因为，这段代码配置使这个页面访问必须具备 ADMIN（管理员）角色，这就是通过 URL 控制权限的方法。

10.4.2　通过表达式控制 URL 权限

如果要限定某类用户访问某个 URL，则可以通过 Spring Security 提供的基于 URL 的权限控制来实现。

Spring Security 提供的保护 URL 的方法是重写 configure(HttpSecurity http)方法，HttpSecurity 提供的方法见表 10-2。

表 10-2　HttpSecurity 提供的方法

方 法 名	用　途
access(String)	SpringEL 表达式结果为 true 时可访问
anonymous()	匿名可访问

（续表）

方 法 名	用　途
denyAll()	用户不可以访问
fullyAuthenticated()	用户完全认证访问（非“remember me”下的自动登录）
hasAnyAuthority(String…)	参数中任意权限可访问
hasAnyRole(String…)	参数中任意角色可访问
hasAuthority(String)	某一权限的用户可访问
hasRole(String)	某一角色的用户可访问
permitAll()	所有用户可访问
rememberMe()	允许通过“remember me”登录的用户访问
authenticated()	用户登录后可访问
hasIpAddress(String)	用户来自参数中的 IP 可访问

还需要额外补充以下几点。

- authenticated()：保护 URL，需要用户登录。如：anyRequest().authenticated()代表其他未配置的页面都已经授权。
- permitAll()：指定某些 URL 不进行保护。一般针对静态资源文件和注册等未授权情况下需要访问的页面。
- hasRole(String role)：限制单个角色访问。在 Spring Security 中，角色是被默认增加“ROLE_”前缀的，所以角色“ADMIN”代表“ROLE_ADMIN”。
- hasAnyRole(String… roles)：允许多个角色访问。这和 Spring Boot1.×版本有所不同。
- access(String attribute)：该方法可以创建复杂的限制，比如可以增加 RBAC 的权限表达式。
- hasIpAddress(String ipaddressExpression)：用于限制 IP 地址或子网。

具体用法见以下代码：

```
@Override
protected void configure(HttpSecurity http) throws Exception {
    http.authorizeRequests()
            .antMatchers("/static","/register").permitAll()
            .antMatchers("/user/**").hasAnyRole("USER", "ADMIN")
//代表“/admin/”下的所有 URL 只允许 IP 为“100.100.100.100”且用户角色是“ADMIN”的用户访问
            .antMatchers("/admin/**").access("hasRole('ADMIN')      and
             hasIpAddress('100.100.100.100')")
             //其他未配置的页面都已经授权
            .anyRequest().authenticated()
}
```

10.4.3 通过表达式控制方法权限

要想在方法上使用权限控制，则需要使用启用方法安全设置的注解@EnableGlobalMethod-Security()。它默认是禁用的，需要在继承 WebSecurityConfigurerAdapter 的类上加注解来启用，还需要配置启用的类型，它支持开启如下三种类型。

- @EnableGlobalMethodSecurity(jsr250Enabled= true)：开启 JSR-250。
- @EnableGlobalMethodSecurity(prePostEnabled = true)：开启 prePostEnabled。
- @EnableGlobalMethodSecurity(securedEnabled= true)：开启 secured。

1．JSR-250

JSR 是 Java Specification Requests 的缩写，是 Java 规范提案。任何人都可以提交 JSR，以向 Java 平台增添新的 API 和服务。JSR 是 Java 的一个重要标准。

Java 提供了很多 JSR，比如 JSR-250、JSR-303、JSR-305、JSR-308。初学者可能会对 JSR 有疑惑。大家只需要记住“不同的 JSR 其功能定义是不一样的”即可。比如，JSR-303 主要是为数据的验证提供了一些规范的 API。这里的 JSR-250 是用于提供方法安全设置的，它主要提供了注解@RolesAllowed。

它提供的方法主要有如下几种。

- @DenyAll：拒绝所有访问。
- @RolesAllowed({"USER", "ADMIN"})：该方法只要具有"USER"、"ADMIN"任意一种权限就可以访问。
- @PermitAll：允许所有访问。

2．prePostEnabled

除 JSR-250 注解外，还有 prePostEnabled 注解，它也是基于表达式的注解，并可以通过继承 GlobalMethodSecurityConfiguration 类来实现自定义功能。如果没有访问方法的权限，则会抛出 AccessDeniedException。

它主要提供以下 4 种功能注解。

（1）@PreAuthorize。

它在方法执行之前执行，使用方法如下：

① 限制 userId 的值是否等于 principal 中保存的当前用户的 userId，或当前用户是否具有 ROLE_ADMIN 权限。

```
@PreAuthorize("#userId == authentication.principal.userId or hasAuthority('ADMIN')")
```

② 限制拥有 ADMIN 角色才能执行。

```
@PreAuthorize("hasRole('ROLE_ADMIN')")
```

③ 限制拥有 ADMIN 角色或 USER 角色才能执行。

```
@PreAuthorize("hasRole('ROLE_USER') or hasRole('ROLE_ADMIN')")
```

④ 限制只能查询 id 小于 3 的用户才能执行。

```
@PreAuthorize("#id<3")
```

⑤ 限制只能查询自己的信息，这里一定要在当前页面经过权限验证，否则会报错。

```
@PreAuthorize("principal.username.equals(#username)")
```

⑥ 限制用户名只能为 long 的用户。

```
@PreAuthorize("#user.name.equals('long')")
```

对于低版本的 Spring Security，添加注解之后还需要将 AuthenticationManager 定义为 Bean，具体见以下代码：

```
@Bean
@Override
public AuthenticationManager authenticationManagerBean() throws Exception {
return super.authenticationManagerBean();
}
@Autowired
AuthenticationManager authenticationManager;
```

（2）@PostAuthorize。

表示在方法执行之后执行，有时需要在方法调用完后才进行权限检查。可以通过注解 @PostAuthorize 达到这一效果。

注解@PostAuthorize 是在方法调用完成后进行权限检查的，它不能控制方法是否能被调用，只能在方法调用完成后检查权限，来决定是否要抛出 AccessDeniedException。

这里也可以调用方法的返回值。如果 EL 为 false，那么该方法已经执行完了，可能会回滚。EL 变量 returnObject 表示返回的对象，如：

```
@PostAuthorize("returnObject.userId == authentication.principal.userId or hasPermission(returnObject,
'ADMIN')");
```

（3）@PreFilter。

表示在方法执行之前执行。它可以调用方法的参数，然后对参数值进行过滤、处理或修改。EL 变量 filterObject 表示参数。如有多个参数，则使用 filterTarget 注解参数。方法参数必须是集合或数组。

（4）@postFilter。

表示在方法执行之后执行。而且可以调用方法的返回值，然后对返回值进行过滤、处理或修改，并返回。EL 变量 returnObject 表示返回的对象。方法需要返回集合或数组。

如使用@PreFilter 和@PostFilter 时，Spring Security 将移除使对应表达式的结果为 false 的元素。

当 Filter 标注的方法拥有多个集合类型的参数时，需要通过 filterTarget 属性指定当前是针对哪个参数进行过滤的。

3. securedEnabled

开启 securedEnabled 支持后，可以使用注解@Secured 来认证用户是否有权限访问。使用方法见以下代码：

```
@Secured("IS_AUTHENTICATED_ANONYMOUSLY")public Account readAccount(Long id);
@Secured("ROLE_TELLER")
```

10.4.4 实例 37：使用 JSR-250 注解

本实例演示如何使用 JSR-250 注解。如果读者阅读本节代码有一定困难，建议直接使用下面提供的源代码进行演练。

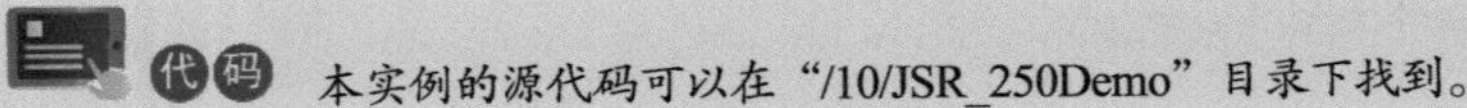

本实例的源代码可以在“/10/JSR_250Demo”目录下找到。

（1）开启支持。

在安全配置类中，启用注解@EnableGlobalMethodSecurity(jsr250Enabled=true)。

（2）创建 user 服务接口 UserService，见以下代码：

```
public interface UserService {
    public String addUser();
    public String updateUser() ;
    public String deleteUser() ;
}
```

（3）实现 user 服务接口的方法，见以下代码：

```
@Service
public class UserServiceImpl implements UserService {
    @Override
    public String addUser() {
```

```
        System.out.println("addUser");
        return null;
    }
    @Override
    @RolesAllowed({"ROLE_USER","ROLE_ADMIN"})
    public String updateUser() {
        System.out.println("updateUser");
        return null;
    }
    @Override
    @RolesAllowed("ROLE_ADMIN")
    public String deleteUser() {
        System.out.println("delete");
        return null;
    }
}
```

（4）编写控制器，见以下代码：

```
@RestController
@RequestMapping("user")
public class UserController {
    @Autowired
    private UserService userService;

    @GetMapping("/addUser")
    public void addUser() {
        userService.addUser();
    }

    @GetMapping("/updateUser")
    public void updateUser() {
        userService.updateUser();
    }

    @GetMapping("/delete")
    public void delete() {
        userService.deleteUser();

    }
}
```

（5）测试。

启动项目，访问“http://localhost:8080/user/addUser”，则控制台输出提示：

```
addUser
```

访问“http://localhost:8080/user/delete”和“http://localhost:8080/user/updateUser”，则会提示没有权限：

```
There was an unexpected error (type=Forbidden, status=403).
Access Denied
```

10.4.5 实例 38：实现 RBAC 权限模型

本实例介绍在 Spring Security 配置类上配置自定义授权策略，可以通过加入 access 属性和 URL 判断来实现 RBAC 权限模型的核心功能。

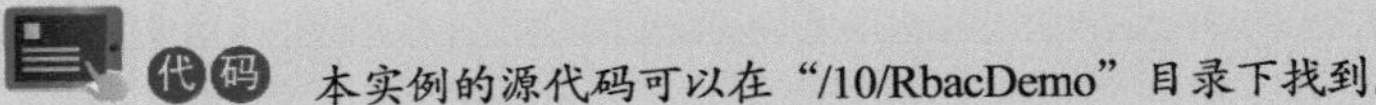

本实例的源代码可以在“/10/RbacDemo”目录下找到。

RBAC 模型简化了用户和权限的关系。通过角色对用户进行分组，分组后可以很方便地进行权限分配与管理。RBAC 模型易扩展和维护。下面介绍具体步骤。

（1）创建 RBAC 验证服务接口。

用于权限检查，见以下代码：

```
public interface RbacService {
    boolean hasPermission (HttpServletRequest request, Authentication authentication);
}
```

（2）编写 RBAC 服务实现，判断 URL 是否在权限表中。

要实现 RBAC 服务，步骤如下：

① 通过注入用户和该用户所拥有的权限（权限在登录成功时已经缓存起来，当需要访问该用户的权限时，直接从缓存取出）验证该请求是否有权限，有就返回 true，没有则返回 false，不允许访问该 URL。

② 传入 request，可以使用 request 获取该次请求的类型。

③ 根据 Restful 风格使用它来控制的权限。如请求是 POST，则证明该请求是向服务器发送一个新建资源请求，可以使用 request.getMethod()来获取该请求的方式。

④ 配合角色所允许的权限路径进行判断和授权操作。

⑤ 如果获取到的 Principal 对象不为空，则代表授权已经通过。

本实例不针对 HTTP 请求进行判断，只根据 URL 进行鉴权，具体代码如下：

```
@Component("rbacService")
public class RbacServiceImpl implements RbacService {
    private AntPathMatcher AntPathMatcher = new AntPathMatcher();
```

```
    @Autowired
    private SysPermissionRepository permissionRepository;
    @Autowired
    private SysUserRepository sysUserRepository;
     @Override
    public boolean hasPermission(HttpServletRequest request, Authentication authentication) {
        Object principal = authentication.getPrincipal();
        boolean hasPermission = false;

        if (principal != null && principal instanceof UserDetails) {
            //登录的用户名
            String userName = ((UserDetails) principal).getUsername();
            //获取请求登录的 URL
            Set<String> urls = new HashSet<>();//用户具备的系统资源集合，从数据库读取
            SysUser sysUser = sysUserRepository.findByName(userName);
            try {
                for (SysRole role : sysUser.getRoles()) {
                    for (SysPermission permission : role.getPermissions()) {
                        urls.add(permission.getUrl());
                    }
                }
            } catch (Exception e) {
                e.printStackTrace();
            }
            for (String url : urls) {
                if (AntPathMatcher.match(url, request.getRequestURI())) {
                    hasPermission = true;
                    break;
                }
            }
        }
        return hasPermission;
    }
}
```

（3）配置 HttpSecurity。

在继承 WebSecurityConfigurerAdapter 的类中重写 void configure(HttpSecurity http)方法，添加如下代码:

```
.antMatchers("/admin/**").access("@rbacService.check(request,authentication)")
```

这里注意，@rbacService 接口的名字是服务实现上定义的名字，即注解@Component("rbacService")定义的参数。具体代码如下：

```
@EnableGlobalAuthentication
```

```
public class SecurityConfig extends WebSecurityConfigurerAdapter{
    @Override
    protected void configure(HttpSecurity http) throws Exception {
        http.formLogin()
                .authorizeRequests()
                .antMatchers("/admin").permitAll()
                //使用自定义授权策略
                .antMatchers("/admin/rbac").access("@rbacService.hasPermission(request,authentication)
")
    }
}
```

（4）创建实体，添加测试数据。

这里要创建 3 个实体，分别是用户、权限和角色实体。读者请根据本书第 8 章的知识来创建。创建完成后需要添加数据，可以在 MySQL 中执行以下代码，添加用户数据：

```
INSERT INTO `sys_user` (`id`, `cnname`, `enabled`, `name`, `password`) VALUES (1, NULL, '', 'admin',
'$2a$10$K3BsMi6yjqk0q7AbWLJ.yeKWiJ9xSMqGN/x6WYPR/c805KBx45RL6');
INSERT INTO `sys_permission` (`id`, `available`, `name`, `parent_id`, `parent_ids`, `permission`,
`resource_type`, `url`) VALUES (1, NULL, NULL, NULL, NULL, 'rbac', 'menu', '/admin/rbac');
INSERT INTO `sys_role` (`id`, `available`, `cnname`, `description`, `role`) VALUES (1, '1', 'admin', NULL,
'ROLE_ADMIN');
INSERT INTO `sys_role_permission` (`role_id`, `permission_id`) VALUES (1, 1);
INSERT INTO `sys_user_role` (`role_id`, `uid`) VALUES (1, 1);
```

（5）启动项目后进行测试。

① 访问 http://localhost:8080/admin/rbac，会提示无权访问，跳转到登录页面，http://localhost:8080/admin/login。

② 在登录页面输入用户名、密码（admin/lzh）登录，会提示登录成功。

③ 访问"http://localhost:8080/admin/rbac"，提示访问成功。

10.5 认识 JWT

JWT（JSON Web Token）是一个开放的标准，用于在各方之间以 JSON 对象安全地传输信息。这些信息通过数字签名进行验证和授权。可以使用"RSA"的"公钥/私钥对"对 JWT 进行签名。

1. JWT 请求流程

（1）用户使用浏览器（客户端）发送账号和密码。

（2）服务器使用私钥创建一个 JWT。

（3）服务器返回该 JWT 给浏览器。

（4）浏览器将该 JWT 串在请求头中向服务器发送请求。

（5）服务器验证该 JWT。

（6）根据授权规则返回资源给浏览器。

通过前 3 个步骤获取了 JWT 之后，在 JWT 有效期内，以后都不需要进行前 3 个步骤的操作，直接进行第（4）~（6）步的请求资源即可。

2. JWT 组成

JWT 的格式为：Header.Payload.Signature，即 JWT 包含 3 部分，为 header、payload 和 signature。

（1）头部（header）。

header 是通过 Base64 编码生成的字符串，header 中存放的内容说明编码对象是一个 JWT，并使用“SHA-256”的算法进行加密（加密用于生成 Signature）。

（2）载荷（payload）。

payload 主要包含 claim，claim 是一些实体（通常指用户）的状态和额外的元数据，有三种类型：Reserved、Public 和 Private。

① Reserved claim。是 JWT 预先定义的 claim，在 JWT 中推荐使用。常用的元素有如下几种。

- iss：Issuer，用于说明该 JWT 是由谁签发的。
- sub：Subject，用于说明该 JWT 面向的对象或面向的用户。
- aud：Audience：用于说明该 JWT 发送的用户是接收方。
- exp：Expiration Time，数字类型，说明该 JWT 过期的时间。
- nbf：Not Before，数字类型，说明在该时间之前 JWT 不能被接收与处理。
- iat：Issued At：数字类型，说明该 JWT 何时被签发。
- jti：JWT ID，标明 JWT 的唯一 ID。
- user-definde1：自定义属性。

② Public claim。根据需要定义自己的字段。

③ Private claim。自定义的字段，可以用来在双方之间交换信息负载。如：{"sub": "12345678", "name": "long", "admin": true}，它需要经过 Base64Url 编码后作为 JWT 结构的第二部分。

（3）signature。

签名需要使用编码后的 header 和 payload 及一个密钥，使用 header 中指定签名算法进行签名。流程如下：

① 将 header 和 claim 分别使用 Base64 进行编码，生成字符串 header 和 payload。

② 将 header 和 payload 以 header.payload 的格式组合在一起，形成一个字符串。

③ 使用上面定义好的加密算法和一个存放在服务器上用于进行验证的密匙来对这个字符串进行加密，形成一个新的字符串，这个字符串就是 signature。

10.6 实例 39：用 JWT 技术为 Spring Boot 的 API 增加认证和授权保护

在生产环境中，对发布的 API 增加授权保护是非常必要的。JWT 作为一个无状态的授权校验技术，非常适合于分布式系统架构。服务器端不需要保存用户状态，因此，无须采用 Redis 等技术来实现各个服务节点之间共享 Session 数据。

本节通过实例讲解如何用 JWT 技术进行授权认证和保护。

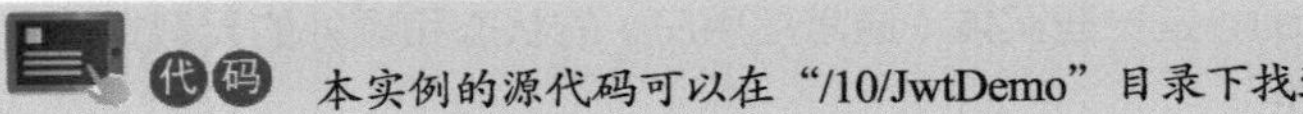

本实例的源代码可以在“/10/JwtDemo”目录下找到。

10.6.1 配置安全类

JWT 的安全配置也需要继承 WebSecurityConfigurerAdapter，然后重写其方法。具体见以下代码：

```
public class WebSecurityConfigJwt extends WebSecurityConfigurerAdapter {
    @Autowired
    private AuthenticationSuccessHandler jwtAuthenticationSuccessHandler;
    @Autowired
    private AuthenticationFailureHandler jwtAuthenticationFailHander;
    //装载 BCrypt 密码编码器
    @Bean
    public PasswordEncoder passwordEncoder3() {
        return new BCryptPasswordEncoder();     //使用 BCrypt 加密
    }
    @Override
    protected void configure(HttpSecurity http) throws Exception {
        http.antMatcher("/jwt/**").
                //指定登录认证的 Controller
formLogin().usernameParameter("name").passwordParameter("pwd").loginPage("/jwt/login").successHan
```

```
dler(jwtAuthenticationSuccessHandler).failureHandler(jwtAuthenticationFailHander).and().authorizeReque
sts()
                    //登录相关
                    .antMatchers("/register/mobile").permitAll()
                    .antMatchers("/article/**").authenticated()
                   .antMatchers("/jwt/tasks/**").hasRole("USER")
                    //.antMatchers(HttpMethod.POST, "/jwt/tasks/**").hasRole("USER")
                    .and()//.addFilter(new JWTAuthenticationFilter(authenticationManager()))
                    .addFilter(new JWTAuthorizationFilter(authenticationManager()));
         http.logout().permitAll();
         //http.rememberMe().rememberMeParameter("rememberme");//记住这个功能
         //JWT 配置
 http.antMatcher("/article/**").addFilter(new JWTAuthenticationFilter(authenticationManager()));
         http.cors().and().csrf().ignoringAntMatchers("/jwt/**");
         }
    @Bean
    UserDetailsService JwtUserSecurityService() {
         return new JwtUserSecurityService();
    }
    @Override
    protected void configure(AuthenticationManagerBuilder auth) throws Exception {auth.userDetailsService
(JwtUserSecurityService()).passwordEncoder(new BCryptPasswordEncoder() {
         });
    }
}
```

从上面代码可以看出，此处 JWT 的安全配置和上面已经讲解过的安全配置并无区别，没有特别的参数需要配置。

10.6.2　处理注册

编写注册控制器，在真实的生产环境中，笔者建议将逻辑写在 Service 的实现层，这里是通过用户名、手机号和密码进行注册的。

```
@RestController
@RequestMapping("jwt")
public class JwtUserController extends BaseController {
    @Autowired
    private UserRepository userRepository;
    @Autowired
    private UserRoleRepository userRoleRepository;
    @RequestMapping(value = "/register/mobile", method = RequestMethod.POST)
    public Response regist(User user) {
         try {
              User userName = userRepository.findByName(user.getName());
```

```
            if (null != userName) {
                return result(ExceptionMsg.UserNameUsed);
            }
            User userMobile = userRepository.findByMobile(user.getMobile());
            if (null != userMobile) {
                return result(ExceptionMsg.MobileUsed);
            }
            //String encodePassword = MD5Util.encode(password);
            BCryptPasswordEncoder encoder = new BCryptPasswordEncoder();
            user.setPassword(encoder.encode(user.getPassword()));
            user.setCreateTime(DateUtils.getCurrentTime());
            user.setLastModifyTime(DateUtils.getCurrentTime());
            user.setProfilePicture("img/avater.png");
            List<UserRole> roles = new ArrayList<>();
            UserRole role1 = userRoleRepository.findByRolename("ROLE_USER");
            roles.add(role1);
            user.setRoles(roles);
            userRepository.save(user);
        } catch (Exception e) {
            return result(ExceptionMsg.FAILED);
        }
        return result();
    }
}
```

10.6.3 处理登录

1. 创建用于多方式登录的安全验证的服务类

这里通过多方式进行登录验证，具体见以下代码：

```
package com.example.demo.service.jwt;
//省略
//@Service
public class JwtUserSecurityService implements UserDetailsService {
    @Autowired
    private UserRepository userRepository;

    @Override
    public UserDetails loadUserByUsername(String name) throws UsernameNotFoundException {
        User user = userRepository.findByName(name);
        if (user == null) {
            User mobileUser = userRepository.findByMobile(name);
            if (mobileUser == null) {
                User emailUser= userRepository.findByEmail(name);
                if(emailUser==null)
```

```
            {   throw new UsernameNotFoundException("用户名、邮箱或手机号不存在!");
            }
            else{
                user=userRepository.findByEmail(name);
            }
        }
        else {
            user = userRepository.findByMobile(name);
        }
    }
        return user;
    }
}
```

2. 编写登录成功处理类

登录验证成功后，需要进行成功验证的后续处理，见以下代码：

```
@Component("jwtAuthenticationSuccessHandler")
public class JwtAuthenticationSuccessHandler extends SavedRequestAwareAuthenticationSuccessHandler {
    //用户名和密码正确执行
    @Override
    public void onAuthenticationSuccess(HttpServletRequest httpServletRequest, HttpServletResponse
httpServletResponse, Authentication authentication) throws IOException, ServletException {
        Object principal = SecurityContextHolder.getContext().getAuthentication().getPrincipal();
        if (principal != null && principal instanceof UserDetails) {
            UserDetails user = (UserDetails) principal;
            httpServletRequest.getSession().setAttribute("userDetail", user);
           String role = "";
            Collection<? extends GrantedAuthority> authorities = user.getAuthorities();
            for (GrantedAuthority authority : authorities){
                role = authority.getAuthority();
            }
            String token = JwtTokenUtils.createToken(user.getUsername(), role, true);
            //返回创建成功的 token
            //但是，这里创建的 token 只是单纯的 token
            //按照 JWT 的规定，最后请求时应该是 `Bearer token`
            httpServletResponse.setHeader("token", JwtTokenUtils.TOKEN_PREFIX + token);
            httpServletResponse.setContentType("application/json;charset=utf-8");
            PrintWriter out = httpServletResponse.getWriter();
            out.write("{\"status\":\"ok\",\"message\":\"登录成功\"}");
            out.flush();
            out.close();
        }
    }
}
```

3. 编写登录失败处理类

登录验证失败后，需要进行后续处理，见以下代码：

```
@Component("jwtAuthenticationFailHander")
public class JwtAuthenticationFailHander extends SimpleUrlAuthenticationFailureHandler {
    //用户名密码错误执行
    @Override
    public void onAuthenticationFailure(HttpServletRequest httpServletRequest, HttpServletResponse
            httpServletResponse, AuthenticationException e) throws IOException, ServletException,
IOException {
        httpServletRequest.setCharacterEncoding("UTF-8");
        //获得用户名
        String username = httpServletRequest.getParameter("uname");
        httpServletResponse.setContentType("application/json;charset=utf-8");
        PrintWriter out = httpServletResponse.getWriter();
        out.write("{\"status\":\"error\",\"message\":\"用户名或密码错误\"}");
        out.flush();
        out.close();
    }
}
```

10.6.4 测试多方式注册和登录

1. 测试注册功能

这里使用测试工具 Postman 提交 POST 注册请求，如图 10-1 所示。

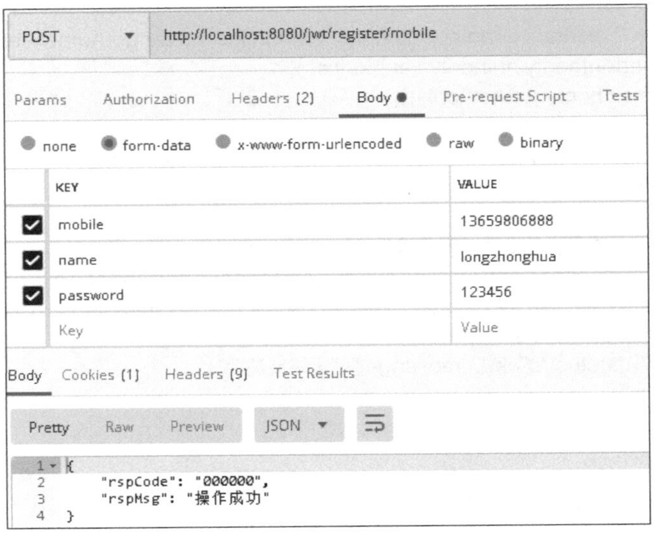

图 10-1 注册测试

正确提交 3 个参数，显示注册成功，再次单击发送 POST 数据，则出现如下提示：

```
{
    "rspCode": "000102",
    "rspMsg": "该登录名称已存在"
}
```

说明注册功能实现成功。

2. 测试多种方式登录功能

这里可以通过“手机号+密码”或“用户名+密码”的方式进行登录，登录地址是在安全配置类配置好的地址。先用用户名和密码登录，如图 10-2 所示，登录成功。然后用“手机号+密码”的方式登录，也提示成功，如图 10-3 所示。

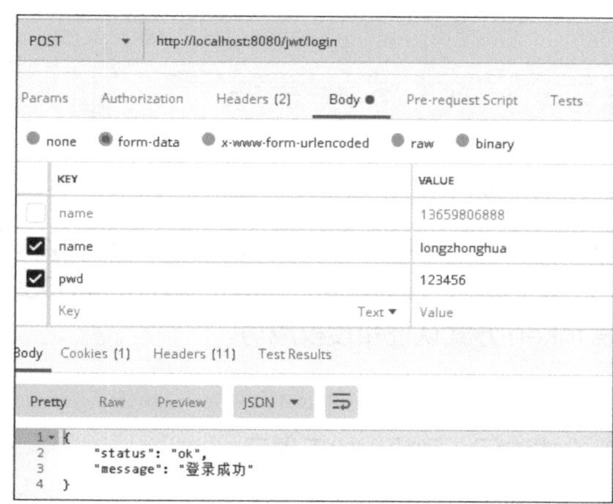

图 10-2　用户名+密码的登录方式

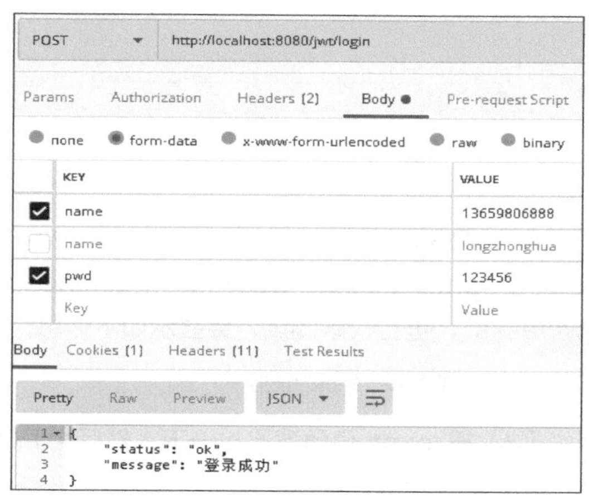

图 10-3　手机号+密码的登录方式

10.6.5　测试 token 方式登录和授权

1. 创建 token 测试控制器

token 测试控制器用于登录 token 后，验证权限状态，见以下代码：

```
@RestController
@RequestMapping("/jwt/tasks")
public class TaskController {
    @GetMapping
    public String listTasks(){
        return "任务列表";
    }
    @PostMapping
    public String newTasks(){
```

```
        return "角色 ROLE,创建了一个新的任务";
    }
}
```

2. token 登录

通过上面方式登录成功之后，会返回 token，如图 10-4 所示。

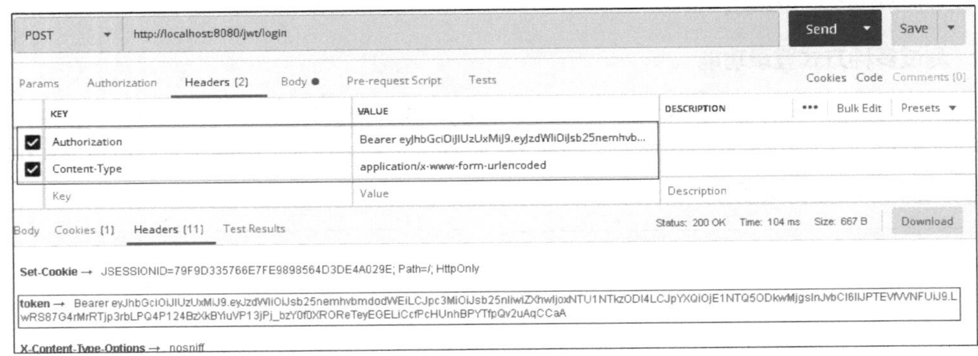

图 10-4　获取到 token 值

（1）把获得的 token 值填入图 10-4 中的 Authorization 的输入框位置，在“Content-Type”处填写“application/x-www-form-urlencoded”，用 POST 方式访问“http://localhost:8080/jwt/tasks”，进行权限测试，会显示如下信息，代表 token 方式认证和授权成功。

```
角色 ROLE,创建了一个新的任务
```

（2）把 token 值随意修改一下，然后用 POST 方式访问，则输出如下提示：

```
{
    "timestamp": "2019-04-11T13:49:52.817+0000",
    "status": 500,
    "error": "Internal Server Error",
    "message": "JWT signature does not match locally computed signature. JWT validity cannot be asserted and should not be trusted.",
    "path": "/jwt/tasks"
}
```

从上面代码可以看出，签名错误，认证失败。

10.7　Shiro——Apache 通用安全框架

10.7.1　认识 Shiro 安全框架

除 Spring Security 安全框架外，应用非常广泛的就是 Apache 的强大又灵活的开源安全框架

Shiro，在国内使用量远远超过 Spring Security。它能够用于身份验证、授权、加密和会话管理，有易于理解的 API，可以快速、轻松地构建任何应用程序。而且大部分人觉得从 Shiro 入门要比 Spring Security 简单。

10.7.2　认识 Shiro 的核心组件

Shiro 有如下核心组件。

- Subject：代表当前“用户”。与当前应用程序交互的任何东西都是 Subject，如爬虫、机器人。所有 Subject 都绑定到 SecurityManager，与 Subject 的所有交互都会委托给 SecurityManager。Subject 是一个门面，SecurityManager 是实际的执行者。
- SecurityManager：与安全有关的操作都会与 SecurityManager 交互。它管理着所有 Subject，是 Shiro 的核心，负责与其他组件进行交互。
- Realm：Shiro 从 Realm 中获取安全数据（用户、角色、权限）。SecurityManager 需要从 Realm 中获取相应的用户信息进行比较用户身份是否合法，也需要从 Realm 中得到用户相应的角色/权限进行验证，以确定用户是否能进行操作。

10.8　实例 40：用 Shiro 实现管理后台的动态权限功能

本实例使用 Shiro 来实现管理后台的动态权限功能。

本实例的源代码可以在“/10/ShiroJpaMysql”目录下找到。

10.8.1　创建实体

1. 创建管理员实体

创建管理实体，用于存放管理员信息，见以下代码：

```
@Entity
public class Admin implements Serializable {
    @Id
    @GeneratedValue
    private Integer uid;
    @Column(unique =true)
    /**
     * 账号
     */
    private String username;
    /**
```

```
     * 名称
     */
    private String name;
    /**
     * 密码.
     */
    private String password;
    /**
     * 加密密码的盐
     */
    private String salt;
    /**
     * 用户状态：0，创建未认证（比如没有激活、没有输入验证码等），等待验证的用户；1，正常状态；2，用户被
锁定.
     */
    private byte state;
    /**
     * 立即从数据库中加载数据
     */
    @ManyToMany(fetch= FetchType.EAGER)
    @JoinTable(name = "SysUserRole", joinColumns = { @JoinColumn(name = "uid") },
inverseJoinColumns ={@JoinColumn(name = "roleId") })
    /**
     * 一个用户具有多个角色
     */
private List<SysRole> roleList;
```

2. 创建权限实体

权限实体用于存放权限数据，见以下代码：

```
@Entity
@Data
public class SysPermission implements Serializable {
    @Id@GeneratedValue
    /**
     * 主键
     */
    private Integer id;
    /**
     * 权限名称
     */
    private String name;

    @Column(columnDefinition="enum('menu','button')")
    /**
```

```
     * 资源类型，[menu|button]
     */
    private String resourceType;
    /**
     * 资源路径
     */
    private String url;
    /**
     * 权限字符串
     */
    private String permission;
    //menu 例子：role:*,
    //button 例子：role:create,role:update,role:delete,role:view
    /**
     * 父编号
     */
    private Long parentId;
    /**
     * 父编号列表
     */
    private String parentIds;
    private Boolean available = Boolean.FALSE;
    @ManyToMany
@JoinTable(name="SysRolePermission",joinColumns={@JoinColumn(name="permissionId")},inverseJoin
Columns={@JoinColumn(name="roleId")})
    private List<SysRole> roles;
}
```

3. 创建角色实体

角色实体是管理员的角色，用于对管理员分组，并通过与权限表映射来确定管理员的权限，见以下代码：

```
@Entity
@Data
public class SysRole {
    @Id@GeneratedValue
    /**
     *  编号
     */
    private Integer id;
    @Column(unique =true)
    /**
     * 角色标识程序中判断使用，如"admin"，这个是唯一的
     */
```

```
    private String role;
    /**
     *   角色描述,UI 界面显示使用
     */
    private String description;
    /**
     *   是否可用,如果不可用，则不会添加给用户
     */
    private Boolean available = Boolean.FALSE;
/**
 * 角色权限关系：多对多关系
 */
    @ManyToMany(fetch= FetchType.EAGER)
@JoinTable(name="SysRolePermission",joinColumns={@JoinColumn(name="roleId")},inverseJoinColumn
s={@JoinColumn(name="permissionId")})
    private List<SysPermission> permissions;
  /**
   * 用户角色关系定义
   */
    @ManyToMany
@JoinTable(name="SysUserRole",joinColumns={@JoinColumn(name="roleId")},inverseJoinColumns={@
JoinColumn(name="uid")})
    /**
     * 一个角色对应多个用户
     */
    private List<Admin> admins;
}
```

10.8.2 实现视图模板

（1）完成登录页面编码，见以下代码：

```
<!--省略...-->
<body>
错误信息：<p th:text="${msg}"></p>
<form action="" method="post">
    <p>账号：<input type="text" name="username" value="long"/></p>
    <p>密码：<input type="text" name="password" value="123456"/></p>
    <p><input type="submit" value="登录"/></p>
</form>
</body></html>
```

（2）实现会员中心页面，见以下代码：

```
<!--省略...-->
```

```
<body>
<h1>home</h1>
<a href="http://localhost:8080/admin/add">添加</a>
<a href="http://localhost:8080/admin/del">删除</a>
<a href="http://localhost:8080/admin/list">用户列表</a>
<a href="http://localhost:8080/admin/login">登录</a>
<a href="http://localhost:8080/logout">登出</a>
</body></html>
```

10.8.3　进行权限配置

权限配置的步骤为：先拿到用户信息，然后根据用户信息查询到角色，再通过角色查询到权限，最后存入 SimpleAuthorizationInfo。见以下代码：

```
@Override
/**
 * 权限配置
 */
protected AuthorizationInfo doGetAuthorizationInfo(PrincipalCollection principals) {
    //拿到用户信息
    SimpleAuthorizationInfo info = new SimpleAuthorizationInfo();
    Admin adminInfo = (Admin) principals.getPrimaryPrincipal();
    for (SysRole role : adminInfo.getRoleList()) {
        //将角色放入 SimpleAuthorizationInfo
        info.addRole(role.getRole());
        //用户拥有的权限
        for (SysPermission p : role.getPermissions()) {
            info.addStringPermission(p.getPermission());
        }
    }
    return info;
}
```

10.8.4　实现认证身份功能

进行身份认证，判断用户名、密码是否匹配正确，见以下代码：

```
@Override
protected AuthenticationInfo doGetAuthenticationInfo(AuthenticationToken token)
        throws AuthenticationException {
    //获取用户输入的账号
    String username = (String) token.getPrincipal();
    System.out.println(token.getCredentials());
    //通过 username 从数据库中查找 User 对象。
```

```
    //Shiro 有时间间隔机制，两分钟内不会重复执行该方法
    //获取用户信息
    Admin adminInfo = adminDao.findByUsername(username);
    if (adminInfo == null) {
        return null;
    }
    SimpleAuthenticationInfo info = new SimpleAuthenticationInfo(
                adminInfo,adminInfo.getPassword(),
                ByteSource.Util.bytes(adminInfo.getCredentialsSalt()),
                /**
                 * realm 的 name
                 */
                getName()
    );
    return info;
}
```

10.8.5 测试权限

（1）请用下面的 SQL 代码插入测试数据到数据库。

```
INSERT INTO `admin` VALUES (1, '管理员', '32baebda76498588dabf64c6e8984097', 'yan', '0', 'long');

INSERT INTO `sys_permission`
(`id`,`available`,`name`,`parent_id`,`parent_ids`,`permission`,`resource_type`,`url`) VALUES (1,0,'用户管理
',0,'0/','admin:view','menu','admin/list');

INSERT INTO `sys_permission`
(`id`,`available`,`name`,`parent_id`,`parent_ids`,`permission`,`resource_type`,`url`) VALUES (2,0,'用户添加
',1,'0/1','admin:add','button','admin/add');

INSERT INTO `sys_permission`
(`id`,`available`,`name`,`parent_id`,`parent_ids`,`permission`,`resource_type`,`url`) VALUES (3,0,'用户删除
',1,'0/1','admin:del','button','admin/del');

INSERT INTO `sys_role` (`id`,`available`,`description`,`role`) VALUES (1,'0','管理员','admin');

INSERT INTO `sys_role_permission` (`permission_id`,`role_id`) VALUES (1,1);
INSERT INTO `sys_role_permission` (`permission_id`,`role_id`) VALUES (2,1);
INSERT INTO `sys_role_permission` (`permission_id`,`role_id`) VALUES (3,1);

INSERT INTO `sys_user_role` (`role_id`,`uid`) VALUES (1,1);
```

也可以使用本节代码包里的 SQL 数据库文件。

（2）测试用户添加。

使用用户名、密码（long/longzhonghua）登录，进行测试。

访问“http://localhost:8080/admin/add”，网页会提示如下信息：

```
403 没有权限
```

（3）测试用户管理。

访问“http://localhost:8080/admin/list”，网页会显示用户列表，代表有权限，这是默认的权限。若有其他的测试需求，则可以自行添加用户、角色和权限进行测试。

10.9　对比 Spring Security 与 Shiro

（1）Spring Security 与 Shiro 的市场关注度如图 10-5 所示。

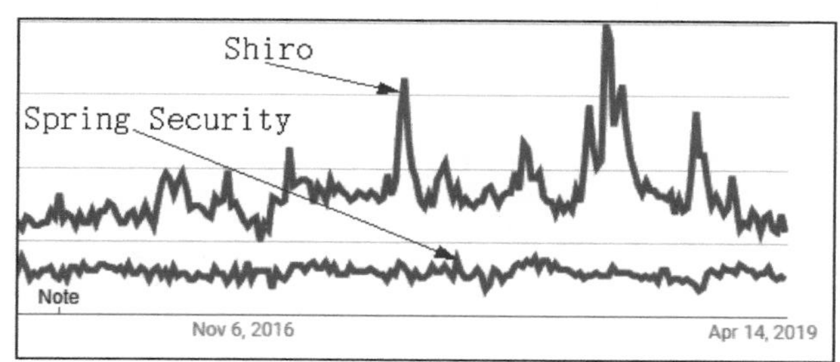

图 10-5　两者关注度（全球）

可以看到，Shiro 的关注度要远远高于 Spring Security。

（2）Shiro 的特点。

- 功能强大，且简单、灵活。
- 拥有易于理解的 API。
- 简单的身份认证（登录），支持多种数据源（LDAP、JDBC、Kerberos、ActiveDirectory 等）。
- 支持对角色的简单签权，并且支持细粒度的签权。
- 支持一级缓存，以提升应用程序的性能。

- 内置的基于 POJO 会话管理，适用于 Web，以及非 Web 环境。
- 不跟任何的框架或容器捆绑，可以独立运行。

（3）Spring Security 的特点。

- Shiro 的功能它都有。
- 对防止 CSRF 跨站、XSS 跨站脚本可以很好地实现，对 Oauth、OpenID 也有支持。Shiro 则需要开发者自己手动实现。
- 因为 Spring Security 是 Spring 自己的产品，所以对 Spring 的支持极好，但也正是因为这个，所以仅仅支持自己的产品，导致其捆绑到了 Spring 框架，而不支持其他框架。
- Spring Security 的权限细粒度更高（这不是绝对的，Shiro 也可以实现）。

第 11 章 集成 Redis，实现高并发

Redis 是大规模互联网应用常用的内存高速缓存数据库，它的读写速度非常快，据官方 Bench-mark 的数据，它读的速度能到 11 万次/秒，写的速度是 8.1 万次/秒。

本章首先介绍 Redis 的原理、概念、数据类型；然后用完整的实例来帮助读者体验缓存增加、删除、修改和查询功能，以及使用 Redis 实现文章缓存并统计点击量；最后讲解分布式 Session 的使用。

11.1 认识 Spring Cache

在很多应用场景中通常是获取前后相同或更新不频繁的数据，比如访问产品信息数据、网页数据。如果没有使用缓存，则访问每次需要重复请求数据库，这会导致大部分时间都耗费在数据库查询和方法调用上，因为数据库进行 I/O 操作非常耗费时间，这时就可以利用 Spring Cache 来解决。

Spring Cache 是 Spring 提供的一整套缓存解决方案。它本身并不提供缓存实现，而是提供统一的接口和代码规范、配置、注解等，以便整合各种 Cache 方案，使用户不用关心 Cache 的细节。

Spring 支持“透明”地向应用程序添加缓存，将缓存应用于方法，在方法执行前检查缓存中是否有可用的数据。这样可以减少方法执行的次数，同时提高响应的速度。缓存的应用方式“透明”，不会对调用者造成任何干扰。只要通过注解@EnableCaching 启用了缓存支持，Spring Boot 就会自动处理好缓存的基础配置。

Spring Cache 作用在方法上。当调用一个缓存方法时，会把该方法参数和返回结果作为一个“键值对”（key/value）存放在缓存中，下次用同样的参数来调用该方法时将不再执行该方法，而是直接从缓存中获取结果进行返回。所以在使用 Spring Cache 时，要保证在缓存的方法和方法参数相同时返回相同的结果。

11.1.1 声明式缓存注解

Spring Boot 提供的声明式缓存（cache）注解，见表 11-1。

表 11-1 Spring Boot 提供的声明式缓存注解

注　解	说　明
@EnableCaching	开启缓存
@Cacheable	可以作用在类和方法上，以键值对的方式缓存类或方法的返回值
@CachePut	方法被调用，然后结果被缓存
@CacheEvict	清空缓存
@Caching	用来组合多个注解标签

1. @EnableCaching

标注在入口类上，用于开启缓存。

2. @Cacheable

可以作用在类和方法上，以键值对的方式缓存类或方法的返回值。键可以有默认策略和自定义策略。

@Cacheable 注解会先查询是否已经有缓存，如果已有则会使用缓存，如果没有则会执行方法并进行缓存。

@Cacheable 可以指定 3 个属性——value、key 和 condition。

- value：缓存的名称，在 Spring 配置文件中定义，必须指定至少一个。如，@Cacheable(value=“cache1”)、@Cacheable(value={“cache1”,“cache2”}。
- key：缓存的 key 可以为空，如果自定义 key，则要按照 SpEL 表达式编写。可以自动按照方法的参数组合。如，@Cacheable(value=“cache1”,key=“#id”)。
- condition：缓存的条件可以为空，如果自定义 condition，则使用 SpEL 表达式编写，以返回 true 或 false 值，只有返回 true 才进行缓存。如，@Cacheable(value=“cache1”,condition=“#id.length()>2”)。

@Cacheable 注解的使用方法见以下代码：

```
@Cacheable(value = "emp" ,key = "targetClass + methodName +#p0")
    public User findUserById(long id) {
        return userRepository.findById(id);
    }
```

代码解释如下。

- value 是必需的，它指定了缓存存放的位置。
- key 使用的是 SpEL 表达式。
- User 实体类一定要实现序列化，否则会报“java.io.NotSerializableException”异常。序列化可以继承 Serializable，如 public class User implements Serializable。

3. @CachePut

@CachePut 标注的方法在执行前不检查缓存中是否存在之前执行过的结果，而是每次都会执行该方法，并将执行结果以键值对的形式存入指定的缓存中。和@Cacheable 不同的是，@CachePut 每次都会触发真实方法的调用，比如用户更新缓存数据。

需要注意的是，该注解的 value 和 key 必须与要更新的缓存相同，即与@Cacheable 相同。具体见下面两段代码：

```
@CachePut(value = "usr", key = "targetClass + #p0")
public User updata(User user) {
//省略
}

@Cacheable(value = "usr", key = "targetClass +#p0")
public User save(User user) {
//省略
}
```

4. @CacheEvict

@CacheEvict 用来标注需要清除缓存元素的方法或类。该注解用于触发缓存的清除操作。其属性有 value、key、condition、allEntries 和 beforeInvocation。可以用这些属性来指定清除的条件。使用方法如下：

```
@Cacheable(value = "usr",key = "#p0.id")
    public User save(User user) {
        //省略
    }

    //清除一条缓存
    @CacheEvict(value="usr",key="#id")
    public void deleteByKey(int id) {
//省略
    }
```

```
    //在方法调用后清空所有缓存
    @CacheEvict(value="accountCache",allEntries=true)
    public void deleteAll() {
     //省略
    }

    //在方法调用前清空所有缓存
    @CacheEvict(value="accountCache",beforeInvocation=true)
    public void deleteAll() {
//省略
    }
```

5. @Caching

注解@Caching 用来组合多个注解标签，有 3 个属性：cacheable、put 和 evict，用于指定@Cacheable、@CachePut 和@CacheEvict。使用方法如下：

```
@Caching(cacheable = {
@Cacheable(value = "usr",key = "#p0"),
//省略
},put = {
@CachePut(value = "usr",key = "#p0"),
//省略
},evict = {
@CacheEvict(value = "usr",key = "#p0"),
//省略
})
public User save(User user) {
//省略
}
```

11.1.2 实例 41：用 Spring Cache 进行缓存管理

本实例展示 Spring Cache 是如何使用简单缓存（SIMPLE 方式）进行缓存管理的。

本实例的源代码可以在“/11/CacheDemo”目录下找到。

1. 添加依赖

要想集成 Spring Cache，只需要在 pom.xml 文件中添加以下依赖：

```
<dependency>
    <groupId>org.springframework.boot</groupId>
    <artifactId>spring-boot-starter-cache</artifactId>
```

```
</dependency>
```

2. 配置缓存管理器

在 application.properties 文件中配置目标缓存管理器，支持 Ehcache、Generic、Redis、Jcache 等。这里使用 SIMPLE 方式“spring.cache.type=SIMPLE”。

3. 开启缓存功能

在入口类添加注解@EnableCaching，开启缓存功能。

4. 在服务实现里编写缓存业务逻辑

```
package com.example.demo.service.impl;
//省略
@CacheConfig(cacheNames = "user")
@Service
public class UserServiceImpl implements UserService {
    @Autowired
    private UserRepository userRepository;
    //查找用户
    @Override
    @Cacheable(key = "#id")
    public User findUserById(long id) {
        User user = userRepository.findUserById(id);
        return user;
    }

    //新增用户
    @Override
    @CachePut(key = "#user.id")
    public User insertUser(User user) {
        user = this.userRepository.save(user);
        return user;
    }

    //修改用户
    @Override
    @CachePut(key = "#user.id")
    public User updateUserById(User user) {
        return userRepository.save(user);
    }
    //删除用户
    @Override
    @CacheEvict(key = "#id")
    public void deleteUserById(long id) {
```

```
        userRepository.deleteById(id);
    }
}
```

从上述代码可以看出，查找用户的方法使用了注解@Cacheable 来开启缓存。修改和添加方法使用了注解@CachePut。它是先处理方法，然后把结果进行缓存的。要想删除数据，则需要使用注解@CacheEvict 来清空缓存。

5. 控制器里调用缓存服务

这里和本书前面讲解的控制器写法差不多，见以下代码：

```
@RestController
@RequestMapping("user")
public class UserController {
    @Autowired
    private UserService userService;
    //添加用户
    @PostMapping("/")
    public void insertUser() throws Exception {
        User user = new User();
        user.setUsername("zhonghua");
        userService.insertUser(user);
    }
    //查找用户
    @GetMapping("/{id}")
        public void findUserById(@PathVariable long id) throws Exception {
        User user = userService.findUserById(id);
        System.out.println(user.getId() + user.getUsername());
    }

    //修改用户
    @PutMapping("/{id}")
    public User updateUserById(User user) {
        return userService.updateUserById(user);
    }
    //删除用户
    @DeleteMapping("/{id}")
    public void deleteUserById(@PathVariable long id) {
        userService.deleteUserById(id);
    }
}
```

至此，项目已经编写完成。接着运行项目，多次访问相应 URL，体验缓存效果。主要观察数据库是否进行了操作，如果数据库没有操作数据而正常返回数据，则代表缓存成功。

11.1.3　整合 Ehcache

Spring Boot 支持多种不同的缓存产品。在默认情况下使用的是简单缓存，不建议在正式环境中使用。我们可以配置一些更加强大的缓存，比如 Ehcache。

Ehcache 是一种广泛使用的开源 Java 分布式缓存，它具有内存和磁盘存储、缓存加载器、缓存扩展、缓存异常处理、GZIP 缓存、Servlet 过滤器，以及支持 REST 和 SOAP API 等特点。

使用 Ehcache，要先添加如下依赖：

```
<dependency>
<groupId>net.sf.ehcache</groupId>
<artifactId>ehcache</artifactId>
</dependency>
<dependency>
<groupId>org.springframework.boot</groupId>
<artifactId>spring-boot-starter-cache</artifactId>
</dependency>
```

具体使用方法见如下代码：

```
@CacheConfig(cacheNames = {"userCache"})
public class UserServiceImpl implements UserService {
    @Cacheable(key = "targetClass + methodName +#p0")
    public List<User> findAllLimit(int num) {
        return userRepository.findAllLimit(num);
    }
}
```

11.1.4　整合 Caffeine

Caffeine 是使用 Java 8 对 Guava 缓存的重写版本。它基于 LRU 算法实现，支持多种缓存过期策略。要使用它，需要在 pom.xml 文件中增加 Caffeine 依赖，这样 Spring Boot 就会自动用 Caffeine 替换默认的简单缓存。

增加 Caffeine 依赖的代码如下：

```
<dependency>
    <groupId>com.github.ben-manes.caffeine</groupId>
    <artifactId>caffeine</artifactId>
</dependency>
```

然后配置参数，见以下代码：

```
spring.cache.type=caffeine
spring.cache.cache-names=myCaffeine
spring.cache.caffeine.spec=maximumSize=1,expireAfterAccess=5s
```

代码解释如下。

- spring.cache.type：指定使用哪个缓存供应商。
- spring.cache.cache-names：在启动时创建缓存名称（即前面的 cacheNames）。如果有多个名称，则用逗号进行分隔。
- spring.cache.caffeine.spec：这是 Caffeine 缓存的专用配置。
- maximumSize=1：最大缓存数量。如果超出最大缓存数量，则保留后进（最新）的，最开始的缓存会被清除。
- expireAfterAccess=5s：缓存 5 s，即缓存在 5 s 之内没有被使用，就会被清除。在默认情况下，缓存的数据会一直保存在内存中。有些数据可能用一次后很长时间都不会再用，这样会有大量无用的数据长时间占用内存，我们可以通过配置及时清除不需要的缓存。

Ehcache 和 Caffeine 与 Spring Boot 的简单缓存用法一样，可以查看 11.1.2 节。

11.2 认识 Redis

11.2.1 对比 Redis 与 Memcached

Cache 可以和 Redis 一起用，Spring Boot 支持把 Cache 存到 Redis 里。如果是单服务器，则用 Cache、Ehcache 或 Caffeine，性能更高也能满足需求。如果拥有服务器集群，则可以使用 Redis，这样性能更高。

1. Redis

Redis 是目前使用最广泛的内存数据存储系统之一。它支持更丰富的数据结构，支持数据持久化、事务、HA（高可用 High Available）、双机集群系统、主从库。

Redis 是 key-value 存储系统。它支持的 value 类型包括 String、List、Set、Zset（有序集合）和 Hash。这些数据类型都支持 push/pop、add/remove，以及取交集、并集、差集或更丰富的操作，而且这些操作都是原子性的。在此基础上，Redis 支持各种不同方式的排序和算法。

Redis 会周期性地把更新后的数据写入磁盘，或把修改操作写入追加的记录文件中（RDB 和 AOF 两种方式），并且在此基础上实现了 master-slave（主从）同步。机器重启后，能通过持久化数据自动重建内存。如果使用 Redis 作为 Cache，则机器宕机后热点数据不会丢失。

丰富的数据结构加上 Redis 兼具缓存系统和数据库等特性，使得 Redis 拥有更加丰富的应用场景。

Redis 可能会导致的问题：

- 缓存和数据库双写一致性问题。
- 缓存雪崩问题。
- 缓存击穿问题。
- 缓存的并发竞争问题。

Redis 为什么快：

- 纯内存操作。
- 单线程操作，避免了频繁的上下文切换。
- 采用了非阻塞 I/O 多路复用机制。

2. Memcached

Memcached 的协议简单，它基于 Libevent 的事件处理，内置内存存储方式。Memcached 的分布式不互相通信，即各个 Memcached 不会互相通信以共享信息，分布策略由客户端实现。它不会对数据进行持久化，重启 Memcached、重启操作系统都会导致全部数据消失。

Memcached 常见的应用场景是——存储一些读取频繁但更新较少的数据，如静态网页、系统配置及规则数据、活跃用户的基本数据和个性化定制数据、实时统计信息等。

3. 比较 Redis 与 Memcached

（1）关注度。

近年来，Redis 越来越火热，从图 11-1 中可以看出：人们对 Redis 的关注度越来越高；对 Memcached 关注度比较平稳，且有下降的趋势。

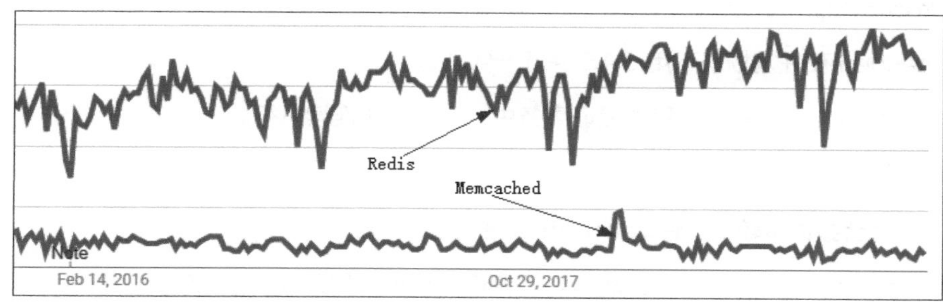

图 11-1　两者关注度（全球）

（2）性能。

两者的性能都比较高。

（3）数据类型。

Memcached 的数据结构单一。

Redis 非常丰富。

（4）内存大小。

Redis 在 2.0 版本后增加了自己的 VM 特性，突破物理内存的限制。

Memcached 可以修改最大可用内存的大小来管理内存，采用 LRU 算法。

（5）可用性。

Redis 依赖客户端来实现分布式读写，在主从复制时，每次从节点重新连接主节点都要依赖整个快照，无增量复制。Redis 不支持自动分片（sharding），如果要实现分片功能，则需要依赖程序设定一致的散列（hash）机制。

Memcached 采用成熟的 hash 或环状的算法，来解决单点故障引起的抖动问题，其本身没有数据冗余机制。

（6）持久化。

Redis 依赖快照、AOF 进行持久化。但 AOF 在增强可靠性的同时，对性能也有所影响。

Memcached 不支持持久化，通常用来做缓存，以提升性能。

（7）value 数据大小。

Redis 的 value 的最大限制是 1GB。

Memcached 只能保存 1MB 以内的数据。

（8）数据一致性（事务支持）。

Memcached 在并发场景下用 CAS 保证一致性。

Redis 对事务支持比较弱，只能保证事务中的每个操作连续执行。

（9）应用场景。

Redis：适合数据量较少、性能操作和运算要求高的场景。

Memcached：适合提升性能的场景。适合读多写少，如果数据量比较大，则可以采用分片的方式来解决。

11.2.2　Redis 的适用场景

1. 高并发的读写

Redis 特别适合将方法的运行结果放入缓存，以便后续在请求方法时直接去缓存中读取。对执行耗时，且结果不频繁变动的 SQL 查询的支持极好。

在高并发的情况下，应尽量避免请求直接访问数据库，这时可以使用 Redis 进行缓冲操作，让请求先访问 Redis。

2. 计数器

电商网站（APP）商品的浏览量、视频网站（APP）视频的播放数等数据都会被统计，以便用于运营或产品分析。为了保证数据实时生效，每次浏览都得+1，这会导致非常高的并发量。这时可以用 Redis 提供的 incr 命令来实现计数器功能，这一切在内存中操作，所以性能非常好，非常适用于这些计数场景。

3. 排行榜

可以利用 Redis 提供的有序集合数据类，实现各种复杂的排行榜应用。如京东、淘宝的销量榜单，商品按时间、销量排行等。

4. 分布式会话

在集群模式下，一般都会搭建以 Redis 等内存数据库为中心的 Session（会话）服务，它不再由容器管理，而是由 Session 服务及内存数据库管理。

5. 互动场景

使用 Redis 提供的散列、集合等数据结构，可以很方便地实现网站（APP）中的点赞、踩、关注共同好友等社交场景的基本功能。

6. 最新列表

Redis 可以通过 LPUSH 在列表头部插入一个内容 ID 作为关键字，LTRIM 可用来限制列表的数量，这样列表永远为 *N* 个 ID，无须查询最新的列表，直接根据 ID 查找对应的内容即可。

11.3　Redis 的数据类型

Redis 有 5 种数据类型，见表 11-2。

表 11-2　Redis 的 5 种数据类型

数据类型	存储的值	读写能力
string（字符串）	可以是字符串、整数或浮点数	对整个字符串或字符串的其中一部分执行操作；对对象和浮点数执行自增（increment）或自减（decrement）操作
list（列表）	一个链表，链表上的每个节点都包含了一个字符串	从链表的两端推入或弹出元素；根据偏移量对链表进行修剪（trim）；读取单个或多个元素；根据值来查找或移除元素
set（集合）	包含字符串的无序收集器（unorderedcollection），并且被包含的每个字符串都是独一无二的，各不相同	添加、获取、移除单个元素；检查一个元素是否存在于某个集合中；计算交集、并集、差集；从集合里随机获取元素
hash（散列）	包含键值对的无序散列表	添加、获取、移除单个键值对；获取所有键值对
zset（有序集合，sorted set）	字符串成员（member）与浮点数分值（score）之间的有序映射，元素的排列顺序由分值的大小决定	添加、获取、删除单个元素；根据分值范围（range）或成员来获取元素

1. 字符串（string）

Redis 字符串可以包含任意类型的数据、字符、整数、浮点数等。

一个字符串类型的值的容量有 512MB，代表能存储最大 512MB 的内容。

可以使用 INCR（DECR、INCRBY）命令来把字符串当作原子计数器使用。

使用 APPEND 命令在字符串后添加内容。

应用场景：计数器。

2. 列表（list）

Redis 列表是简单的字符串列表，按照插入顺序排序。可以通过 LPUSH、RPUSH 命令添加一个元素到列表的头部或尾部。

一个列表最多可以包含“$2^{32}-1$”（4294967295）个元素。

应用场景：取最新 *N* 个数据的操作、消息队列、删除与过滤、实时分析正在发生的情况、数据统计与防止垃圾邮件（结合 Set）。

3. 集合（set）

Redis 集合是一个无序的、不允许相同成员存在的字符串合集。

支持一些服务器端的命令从现有的集合出发去进行集合运算，如合并（并集：union）、求交（交集：intersection）、差集，找出不同元素的操作（共同好友、二度好友）。

应用场景：Unique 操作，可以获取某段时间内所有数据“排重值”，比如用于共同好友、二度好友、统计独立 IP、好友推荐等。

4. 散列（hash）

Redis hash 是字符串字段和字符串值之间的映射，主要用来表示对象，也能够存储许多元素。

应用场景：存储、读取、修改用户属性。

5. 有序集合（sorted set、zset）

Redis 有序集合和 Redis 集合类似，是不包含相同字符串的合集。每个有序集合的成员都关联着一个评分，这个评分用于把有序集合中的成员按最低分到最高分排列（排行榜应用，取 TOP *N* 操作）。

使用有序集合，可以非常快捷地完成添加、删除和更新元素的操作。元素是在插入时就排好序的，所以很快地通过评分（score）或位次（position）获得一个范围的元素。

应用场景：排行榜应用、取 TOP *N*、需要精准设定过期时间的应用（时间戳作为 Score）、带有权重的元素（游戏用户得分排行榜）、过期项目处理、按照时间排序等。

11.4 用 RedisTemplate 操作 Redis 的 5 种数据类型

11.4.1 认识 opsFor 方法

Spring 封装了 RedisTemplate 来操作 Redis，它支持所有的 Redis 原生的 API。在 RedisTemplate 中定义了对 5 种数据结构的操作方法。

- opsForValue()：操作字符串。
- opsForHash()：操作散列。
- opsForList()：操作列表。
- opsForSet()：操作集合。
- opsForZSet()：操作有序集合。

下面通过实例来理解和应用这些方法。这里需要特别注意的是，运行上述方法后要对数据进行清空操作，否则多次运行会导致数据重复操作。

11.4.2 实例 42：操作字符串

字符串（string）是 Redis 最基本的类型。string 的一个“key”对应一个“value”，即 key-value 键值对。string 是二进制安全的，可以存储任何数据（比如图片或序列化的对象）。

值最大能存储 512MB 的数据。一般用于一些复杂的计数功能的缓存。RedisTemplate 提供以下操作 string 的方法。

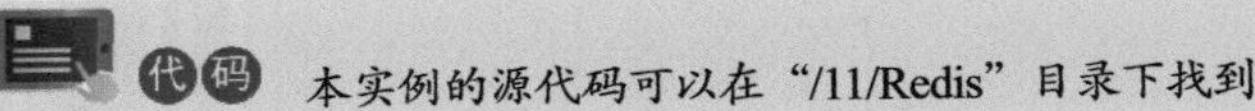

本实例的源代码可以在"/11/Redis"目录下找到。

1. set void set(K key, V value);get V get(Object key)

具体用法见以下代码：

```
@Autowired
private RedisTemplate redisTemplate;
@Test
public void string() {
    redisTemplate.opsForValue().set("num", 123);
    redisTemplate.opsForValue().set("string", "some strings");
    Object s = redisTemplate.opsForValue().get("num");
    Object s2 = redisTemplate.opsForValue().get("string");
    System.out.println(s);
    System.out.println(s2);
}
```

输出结果如下：

```
123
some strings
```

2. set void set(K key, V value, long timeout, TimeUnit unit)

以下代码设置 3 s 失效。3 s 之内查询有结果，3 s 之后查询则返回为 null。具体用法见以下代码：

```
@Test
    public void string2() {
        //设置的是 3 s 失效，3 s 之内查询有结果，3 s 之后返回为 null
        redisTemplate.opsForValue().set("num", "123XYZ", 3, TimeUnit.SECONDS);
        try {
            Object s = redisTemplate.opsForValue().get("num");
            System.out.println(s);
            Thread.currentThread().sleep(2000);
            Object s2 = redisTemplate.opsForValue().get("num");
            System.out.println(s2);
            Thread.currentThread().sleep(5000);
            Object s3 = redisTemplate.opsForValue().get("num");
            System.out.println(s3);
        } catch (InterruptedException ie) {
            ie.printStackTrace();
```

```
    }
}
```

运行测试，输出如下结果：

```
123XYZ
123XYZ
null
```

TimeUnit 是 java.util.concurrent 包下面的一个类，表示给定单元粒度的时间段，常用的颗粒度有：

- 天（TimeUnit.DAYS）。
- 小时（TimeUnit.HOURS）。
- 分钟（TimeUnit.MINUTES）。
- 秒（TimeUnit.SECONDS）。
- 毫秒（TimeUnit.MILLISECONDS）。

3. set void set(K key, V value, long offset)

给定 key 所存储的字符串值，从偏移量 offset 开始。具体用法见以下代码：

```
@Test
public void string3() {
    //重写（overwrite）给定 key 所存储的字符串值，从偏移量 offset 开始
    redisTemplate.opsForValue().set("key", "hello world",6);
    System.out.println( redisTemplate.opsForValue().get("key"));
}
```

运行测试，输出如下结果：

```
hello
```

4. getAndSet V getAndSet(K key, V value)

设置键的字符串值，并返回其旧值。具体用法见以下代码：

```
@Test
public void string4() {
    //设置键的字符串值并返回其旧值
    redisTemplate.opsForValue().set("getSetTest","test");
System.out.println(redisTemplate.opsForValue().getAndSet("getSetTest","test2")
System.out.println(redisTemplate.opsForValue().get("getSetTest"));
);
}
```

运行测试，输出如下结果：

```
test
test2
```

5. append Integer append(K key, String value)

如果 key 已经存在，并且是一个字符串，则该命令将该值追加到字符串的末尾。如果 key 不存在，则它将被创建并设置为空字符串，因此 append 在这种特殊情况下类似于 set。用法见以下代码：

```
@Test
public void string5() {
    redisTemplate.opsForValue().append("k","test");
    System.out.println(redisTemplate.opsForValue().get("k"));
    redisTemplate.opsForValue().append("k","test2");
    System.out.println(redisTemplate.opsForValue().get("k"));
}
```

运行测试，输出如下结果：

```
test
testtest2
```

这里一定要注意反序列化配置，否则会报错。

6. size Long size(K key)

返回 key 所对应的 value 值的长度，见以下代码：

```
@Test
public void string6() {
    redisTemplate.opsForValue().set("key","1");
    System.out.println(redisTemplate.opsForValue().size("key"));
}
```

运行测试，输出如下结果：

```
3
```

11.4.3 实例 43：操作散列

Redis hash（散列）是一个 string 类型的 field 和 value 的映射表，hash 特别适合用于存储对象。value 中存放的是结构化的对象。利用这种数据结构，可以方便地操作其中的某个字段。比如在“单点登录”时，可以用这种数据结构存储用户信息。以 CookieId 作为 key，设置 30 分钟为缓存过期时间，能很好地模拟出类似 Session 的效果。

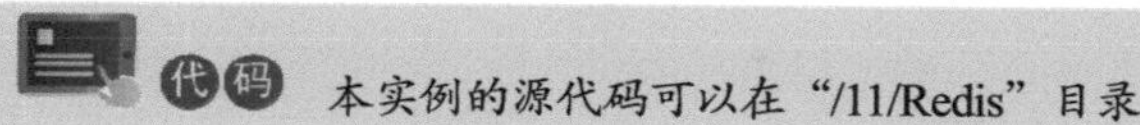
本实例的源代码可以在“/11/Redis”目录下找到。

下面介绍具体用法。

1. void putAll(H key, Map<? extends HK, ? extends HV> m)

用 m 中提供的多个散列字段设置到 key 对应的散列表中，用法见以下代码：

```
@Test
public void hash1() {
    Map<String,Object> testMap = new HashMap();
    testMap.put("name","zhonghua");
    testMap.put("sex","male");
    redisTemplate.opsForHash().putAll("Hash",testMap);
    System.out.println(redisTemplate.opsForHash().entries("Hash"));
}
```

运行测试，输出如下结果：

```
{sex=male, name=zhonghua}
```

2. void put(H key, HK hashKey, HV value)

设置 hashKey 的值，用法见以下代码：

```
@Test
public void hash2() {
    redisTemplate.opsForHash().put("redisHash", "name", "hongwei");
    redisTemplate.opsForHash().put("redisHash", "sex", "male");
    System.out.println(redisTemplate.opsForHash().entries("redisHash"));
}
```

运行测试，输出如下结果：

```
{name=hongwei, sex=male}
```

3. List<HV> values(H key)

根据密钥获取整个散列存储的值，用法见以下代码：

```
@Test
public void hash2() {
    redisTemplate.opsForHash().put("redisHash", "name", "hongwei");
    redisTemplate.opsForHash().put("redisHash", "sex", "male");
    System.out.println(redisTemplate.opsForHash().values("redisHash"));
}
```

运行测试，输出如下结果：

```
[hongwei, male]
```

4. Map<HK, HV> entries(H key)

根据密钥获取整个散列存储，用法见以下代码：

```
@Test
public void hash2() {
    redisTemplate.opsForHash().put("redisHash", "name", "hongwei");
    redisTemplate.opsForHash().put("redisHash", "sex", "male");
    System.out.println(redisTemplate.opsForHash().entries("redisHash"));
}
```

运行测试，输出如下结果：

```
{name=hongwei, sex=male}
```

5. Long delete(H key, Object... hashKeys)

删除给定的 hashKeys，用法见以下代码：

```
@Test
public void hash3() {
    redisTemplate.opsForHash().put("redisHash", "name", "hongwei");
    redisTemplate.opsForHash().put("redisHash", "sex", "male");
    System.out.println(redisTemplate.opsForHash().delete("redisHash","name"));
    System.out.println(redisTemplate.opsForHash().entries("redisHash"));
}
```

运行测试，输出如下结果：

```
1
{sex=male}
```

6. Boolean hasKey(H key, Object hashKey)

确定 hashKey 是否存在，用法见以下代码：

```
@Test
public void hash4() {
    redisTemplate.opsForHash().put("redisHash", "name", "hongwei");
    redisTemplate.opsForHash().put("redisHash", "sex", "male");
    System.out.println(redisTemplate.opsForHash().hasKey("redisHash","name"));
    System.out.println(redisTemplate.opsForHash().hasKey("redisHash","age"));
}
```

运行测试，输出如下结果：

```
true
false
```

7. HV get(H key, Object hashKey)

从键中的散列获取给定 hashKey 的值，用法见以下代码：

```
@Test
public void hash7() {
    redisTemplate.opsForHash().put("redisHash", "name", "hongwei");
    redisTemplate.opsForHash().put("redisHash", "sex", "male");
    System.out.println(redisTemplate.opsForHash().get("redisHash","name"));
}
```

运行测试，输出如下结果：

```
hongwei
```

8. Set<HK> keys(H key)

获取 key 所对应的 key 的值，用法见以下代码：

```
@Test
//获取 key 所对应的 key 的值
public void hash8() {
    redisTemplate.opsForHash().put("redisHash", "name", "hongwei");
    redisTemplate.opsForHash().put("redisHash", "sex", "male");
    System.out.println(redisTemplate.opsForHash().keys("redisHash"));
}
```

运行测试，输出如下结果：

```
[sex, name]
```

9. Long size(H key)

获取 key 所对应的散列表的大小个数，用法见以下代码：

```
@Test
public void hash9() {
    redisTemplate.opsForHash().put("redisHash", "name", "hongwei");
    redisTemplate.opsForHash().put("redisHash", "sex", "male");
    System.out.println(redisTemplate.opsForHash().size("redisHash"));
}
```

运行测试，输出如下结果：

```
2
```

11.4.4 实例 44：操作列表

Redis 列表是简单的字符串列表，按照插入顺序排序。可以添加一个元素到列表的头部（左边）或尾部（右边）。

使用 list 数据结构，可以做简单的消息队列的功能。还可以利用 lrange 命令，做基于 Redis 的分页功能，性能极佳。而使用 SQL 语句做分页功能往往效果极差。

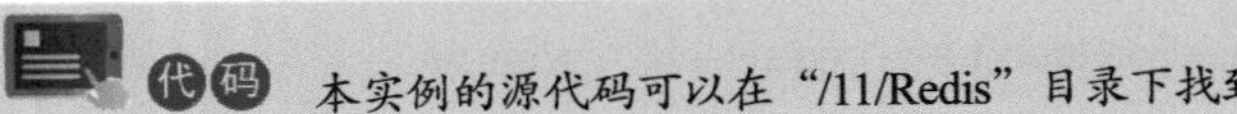

本实例的源代码可以在“/11/Redis”目录下找到。

下面介绍具体用法。

1. Long leftPushAll(K key, V... values)

leftPushAll 表示把一个数组插入列表中，用法见以下代码：

```
@Test
    public void list1() {
    String[] strings = new String[]{"1","2","3"};
    redisTemplate.opsForList().leftPushAll("list",strings);
    System.out.println(redisTemplate.opsForList().range("list",0,-1));
}
```

运行测试，输出如下结果：

```
[3, 2, 1]
```

2. Long size(K key)

返回存储在键中的列表的长度。如果键不存在，则将其解释为空列表，并返回 0。如果 key 存储的值不是列表，则返回错误。用法见以下代码：

```
@Test
public void list2() {
    String[] strings = new String[]{"1","2","3"};
    redisTemplate.opsForList().leftPushAll("list",strings);
    System.out.println(redisTemplate.opsForList().size("list"));
}
```

运行测试，输出如下结果：

```
3
```

3. Long leftPush(K key, V value)

将所有指定的值插入在键的列表的头部。如果键不存在，则在执行推送操作之前将其创建为空列表（从左边插入）。用法见以下代码：

```
@Test
public void list3() {
    redisTemplate.opsForList().leftPush("list","1");
    System.out.println(redisTemplate.opsForList().size("list"));
    redisTemplate.opsForList().leftPush("list","2");
    System.out.println(redisTemplate.opsForList().size("list"));
    redisTemplate.opsForList().leftPush("list","3");
    System.out.println(redisTemplate.opsForList().size("list"));
}
```

返回的结果为推送操作后的列表的长度。运行测试，输出如下结果：

```
1
2
3
```

4. Long rightPush(K key, V value)

将所有指定的值插入存储在键的列表的头部。如果键不存在，则在执行推送操作之前将其创建为空列表（从右边插入）。用法见以下代码：

```
@Test
public void list4() {
    redisTemplate.opsForList().rightPush("listRight","1");
    System.out.println(redisTemplate.opsForList().size("listRight"));
    redisTemplate.opsForList().rightPush("listRight","2");
    System.out.println(redisTemplate.opsForList().size("listRight"));
    redisTemplate.opsForList().rightPush("listRight","3");
    System.out.println(redisTemplate.opsForList().size("listRight"));
}
```

运行测试，输出如下结果：

```
1
2
3
```

5. Long rightPushAll(K key, V... values)

通过 rightPushAll 方法向最右边批量添加元素，用法见以下代码：

```
@Test
```

```
    public void list5() {
    String[] strings = new String[]{"1","2","3"};
    redisTemplate.opsForList().rightPushAll("list",strings);
    System.out.println(redisTemplate.opsForList().range("list",0,-1));
}
```

运行测试，输出如下结果：

```
[1, 2, 3]
```

6. void set(K key, long index, V value)

在列表中 index 的位置设置 value，用法见以下代码：

```
@Test
public void list6() {
    String[] strings = new String[]{"1", "2", "3"};
    redisTemplate.opsForList().rightPushAll("list6", strings);
    System.out.println(redisTemplate.opsForList().range("list6", 0, -1));
    redisTemplate.opsForList().set("list6", 1, "值");
    System.out.println(redisTemplate.opsForList().range("list6", 0, -1));
}
```

运行测试，输出如下结果：

```
[1, 2, 3]
[1, 值, 3]
```

7. Long remove(K key, long count, Object value)

从存储在键中的列表，删除给定“count”值的元素的第 1 个计数事件。其中，参数 count 的含义如下。

- count=0：删除等于 value 的所有元素。
- count>0：删除等于从头到尾移动的值的元素。
- count<0：删除等于从尾到头移动的值的元素。

以下代码用于删除列表中第一次出现的值。

```
@Test
    public void list7() {
    String[] strings = new String[]{"1", "2", "3"};
    redisTemplate.opsForList().rightPushAll("list7", strings);
    System.out.println(redisTemplate.opsForList().range("list7", 0, -1));
    redisTemplate.opsForList().remove("list7", 1, "2");
    //将删除列表中第一次出现的 2
```

```
    System.out.println(redisTemplate.opsForList().range("list7", 0, -1));
}
```

运行测试，输出如下结果：

```
[1, 2, 3]
[1, 3]
```

8. V index(K key, long index)

根据下标获取列表中的值（下标从 0 开始），用法见以下代码：

```
@Test
    public void list8() {
    String[] strings = new String[]{"1", "2", "3"};
    redisTemplate.opsForList().rightPushAll("list8", strings);
    System.out.println(redisTemplate.opsForList().range("list8",0,-1));
    System.out.println(redisTemplate.opsForList().index("list8",2));
}
```

运行测试，输出如下结果：

```
[1, 2, 3]
3
```

9. V leftPop(K key)

弹出最左边的元素，弹出之后该值在列表中将不复存在，用法见以下代码：

```
@Test
public void list9() {
    String[] strings = new String[]{"1", "2", "3"};
    redisTemplate.opsForList().rightPushAll("list9", strings);
    System.out.println(redisTemplate.opsForList().range("list9",0,-1));
    System.out.println(redisTemplate.opsForList().leftPop("list9"));
    System.out.println(redisTemplate.opsForList().range("list9",0,-1));
}
```

运行测试，输出如下结果：

```
[1, 2, 3]
1
[2, 3]
```

10. V rightPop(K key)

弹出最右边的元素，弹出之后该值在列表中将不复存在，用法见以下代码：

```
@Test
public void list10() {
    String[] strings = new String[]{"1", "2", "3"};
    redisTemplate.opsForList().rightPushAll("list10", strings);
    System.out.println(redisTemplate.opsForList().range("list10",0,-1));
    System.out.println(redisTemplate.opsForList().rightPop("list10"));
    System.out.println(redisTemplate.opsForList().range("list10",0,-1));
}
```

运行测试，输出如下结果：

```
[1, 2, 3]
3
[1, 2]
```

11.4.5 实例 45：操作集合

set 是存放不重复值的集合。利用 set 可以做全局去重的功能。还可以进行交集、并集、差集等操作，也可用来实现计算共同喜好、全部的喜好、自己独有的喜好等功能。

Redis 的 set 是 string 类型的无序集合，通过散列表实现。

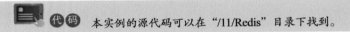

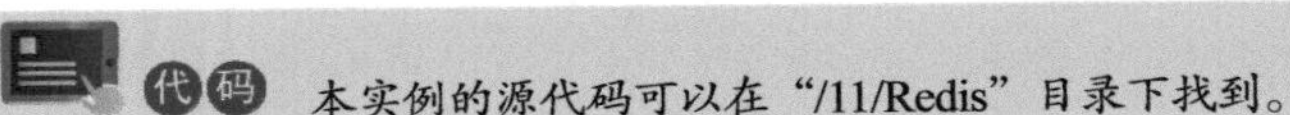
本实例的源代码可以在“/11/Redis”目录下找到。

下面介绍具体用法。

1. Long add(K key, V... values)

在无序集合中添加元素，返回添加个数，用法见以下代码：

```
@Test
public void Set1() {
    String[] strs= new String[]{"str1","str2"};
    System.out.println(redisTemplate.opsForSet().add("Set1", strs));
    //也可以直接在 add 中添加多个值
    System.out.println(redisTemplate.opsForSet().add("Set1", "1","2","3"));
}
```

运行测试，输出如下结果：

```
2
3
```

2. Long remove(K key, Object... values)

移除集合中一个或多个成员，用法见以下代码：

```
@Test
public void Set2() {
    String[] strs= new String[]{"str1","str2"};
    System.out.println(redisTemplate.opsForSet().add("Set2", strs));
    System.out.println(redisTemplate.opsForSet().remove("set2",strs));
}
```

运行测试，输出如下结果：

```
2
0
```

3. V pop(K key)

移除并返回集合中的一个随机元素，用法见以下代码：

```
@Test
public void Set3() {
    String[] strs= new String[]{"str1","str2"};
    System.out.println(redisTemplate.opsForSet().add("Set3", strs));
    System.out.println(redisTemplate.opsForSet().pop("Set3"));
    System.out.println(redisTemplate.opsForSet().members("Set3"));
}
```

运行测试，输出如下结果：

```
2
str1
[str2]
```

4. Boolean move(K key, V value, K destKey)

将 member 元素移动，用法见以下代码：

```
@Test
public void Set4() {
    String[] strs = new String[]{"str1", "str2"};
    System.out.println(redisTemplate.opsForSet().add("Set4", strs));
    redisTemplate.opsForSet().move("Set4", "str2", "Set4to2");
    System.out.println(redisTemplate.opsForSet().members("Set4"));
    System.out.println(redisTemplate.opsForSet().members("Set4to2"));
}
```

运行测试，输出如下结果：

```
2
[str1]
[str2]
```

5. Long size(K key)

获取无序集合的大小长度，用法见以下代码：

```
@Test
public void Set5() {
    String[] strs = new String[]{"str1", "str2"};
    System.out.println(redisTemplate.opsForSet().add("Set5", strs));
    System.out.println(redisTemplate.opsForSet().size("Set5"));
}
```

运行测试，输出如下结果：

```
2
2
```

6. Set<V> members(K key)

返回集合中的所有成员，用法见以下代码：

```
@Test
public void Set6() {
    String[] strs = new String[]{"str1", "str2"};
    System.out.println(redisTemplate.opsForSet().add("Set6", strs));
    System.out.println(redisTemplate.opsForSet().members("Set6"));
}
```

运行测试，输出如下结果：

```
2
[str1, str2]
```

7. Cursor<V> scan(K key, ScanOptions options)

遍历 Set，用法见以下代码：

```
@Test
public void Set7() {
    String[] strs = new String[]{"str1", "str2"};
    System.out.println(redisTemplate.opsForSet().add("Set7", strs));
    Cursor<Object> curosr = redisTemplate.opsForSet().scan("Set7", ScanOptions.NONE);
    while(curosr.hasNext()){
        System.out.println(curosr.next());
    }
}
```

运行测试，输出如下结果：

```
2
```

```
str1
str2
```

11.4.6　实例 46：操作有序集合

zset（sorted set，有序集合）也是 string 类型元素的集合，且不允许重复的成员。每个元素都会关联一个 double 类型的分数。可以通过分数将该集合中的成员从小到大进行排序。

zset 的成员是唯一的，但权重参数分数（score）却可以重复。集合中的元素能够按 score 进行排列。它可以用来做排行榜应用、取 TOP *N*、延时任务、范围查找等。

 本实例的源代码可以在"/11/Redis"目录下找到。

下面介绍具体用法。

1. Long add(K key, Set<TypedTuple<V>> tuples)

新增一个有序集合，用法见以下代码：

```
@Test
    public void Zset1() {
    ZSetOperations.TypedTuple<Object> objectTypedTuple1 = new DefaultTypedTuple<>("zset-1",9.6);
    ZSetOperations.TypedTuple<Object> objectTypedTuple2 = new DefaultTypedTuple<>("zset-2",9.9);
    Set<ZSetOperations.TypedTuple<Object>> tuples = new HashSet<ZSetOperations.TypedTuple
<Object>>();
    tuples.add(objectTypedTuple1);
    tuples.add(objectTypedTuple2);
    System.out.println(redisTemplate.opsForZSet().add("zset1",tuples));
    System.out.println(redisTemplate.opsForZSet().range("zset1",0,-1));
}
```

运行测试，输出如下结果：

```
2
[zset-1, zset-2]
```

2. Boolean add(K key, V value, double score)

新增一个有序集合，如果存在则返回 false，如果不存在则返回 true。用法见以下代码：

```
@Test
public void Zset2() {
System.out.println(redisTemplate.opsForZSet().add("zset2","zset-1",1.0));
```

```
System.out.println(redisTemplate.opsForZSet().add("zset2","zset-1",1.0));
    }
```

运行测试，输出如下结果：

```
True
false
```

3. Long remove(K key, Object... values)

从有序集合中移除一个或多个元素，用法见以下代码：

```
@Test
public void Zset3() {
    System.out.println(redisTemplate.opsForZSet().add("zset3","zset-1",1.0));
    System.out.println(redisTemplate.opsForZSet().add("zset3","zset-2",1.0));
    System.out.println(redisTemplate.opsForZSet().range("zset3",0,-1));
    System.out.println(redisTemplate.opsForZSet().remove("zset3","zset-2"));
    System.out.println(redisTemplate.opsForZSet().range("zset3",0,-1));
}
```

运行测试，输出如下结果：

```
true
true
[zset-1, zset-2]
1
[zset-1]
```

4. Long rank(K key, Object o)

返回有序集中指定成员的排名，按分数值递增排列，用法见以下代码：

```
@Test
public void Zset4() {
    System.out.println(redisTemplate.opsForZSet().add("zset4","zset-1",1.0));
    System.out.println(redisTemplate.opsForZSet().add("zset4","zset-2",1.0));
    System.out.println(redisTemplate.opsForZSet().range("zset4",0,-1));
    System.out.println(redisTemplate.opsForZSet().rank("zset4","zset-1"));
}
```

运行测试，输出如下结果：

```
true
true
[zset-1, zset-2]
```

```
0
```

结果中的 0 表示排名第一。

5. Set<V> range(K key, long start, long end)

通过索引区间返回有序集合指定区间内的成员，按分数值递增排列，用法见以下代码：

```
@Test
public void Zset5() {
ZSetOperations.TypedTuple<Object> objectTypedTuple1 = new DefaultTypedTuple<>("zset-1",9.6);
ZSetOperations.TypedTuple<Object> objectTypedTuple2 = new DefaultTypedTuple<>("zset-2",9.1);
Set<ZSetOperations.TypedTuple<Object>> tuples = new HashSet<ZSetOperations.TypedTuple<Object>>();
    tuples.add(objectTypedTuple1);
    tuples.add(objectTypedTuple2);
    System.out.println(redisTemplate.opsForZSet().add("zset5",tuples));
    System.out.println(redisTemplate.opsForZSet().range("zset5",0,-1));
}
```

运行测试，输出如下结果：

```
0
[zset-2, zset-1]
```

6. Long count(K key, double min, double max)

通过分数返回有序集合指定区间内的成员个数，用法见以下代码：

```
@Test
public void Zset6() {
        ZSetOperations.TypedTuple<Object> objectTypedTuple1 = new DefaultTypedTuple<>("zset-1",3.6);
        ZSetOperations.TypedTuple<Object> objectTypedTuple2 = new DefaultTypedTuple<>("zset-2",4.1);
        ZSetOperations.TypedTuple<Object> objectTypedTuple3 = new DefaultTypedTuple<>("zset-3",5.7);
        Set<ZSetOperations.TypedTuple<Object>> tuples = new HashSet<ZSetOperations.TypedTuple
<Object>>();
       tuples.add(objectTypedTuple1);
       tuples.add(objectTypedTuple2);
       tuples.add(objectTypedTuple3);
 System.out.println(redisTemplate.opsForZSet().add("zset6",tuples));
       System.out.println(redisTemplate.opsForZSet().rangeByScore("zset6",0,9));
       System.out.println(redisTemplate.opsForZSet().count("zset6",0,5));
}
```

运行测试，输出如下结果：

```
1
```

```
[zset-1, zset-2, zset-3]
2
```

7. Long size(K key)

获取有序集合的成员数，用法见以下代码：

```
@Test
public void Zset7() {
        ZSetOperations.TypedTuple<Object> objectTypedTuple1 = new DefaultTypedTuple<>("zset-1",3.6);
        ZSetOperations.TypedTuple<Object> objectTypedTuple2 = new DefaultTypedTuple<>("zset-2",4.1);
        ZSetOperations.TypedTuple<Object> objectTypedTuple3 = new DefaultTypedTuple<>("zset-3",5.7);
        Set<ZSetOperations.TypedTuple<Object>> tuples = new HashSet<ZSetOperations.TypedTuple
<Object>>();
        tuples.add(objectTypedTuple1);
        tuples.add(objectTypedTuple2);
        tuples.add(objectTypedTuple3);
        System.out.println(redisTemplate.opsForZSet().add("zset7",tuples));
        System.out.println(redisTemplate.opsForZSet().size("zset7"));
}
```

运行测试，输出如下结果：

```
3
```

8. Double score(K key, Object o)

获取指定成员的 score 值，用法见以下代码：

```
@Test
    public void Zset8() {
        ZSetOperations.TypedTuple<Object> objectTypedTuple1 = new DefaultTypedTuple<>("zset-1",3.6);
        ZSetOperations.TypedTuple<Object> objectTypedTuple2 = new DefaultTypedTuple<>("zset-2",4.1);
        ZSetOperations.TypedTuple<Object> objectTypedTuple3 = new DefaultTypedTuple<>("zset-3",5.7);
        Set<ZSetOperations.TypedTuple<Object>> tuples = new HashSet<ZSetOperations.TypedTuple
<Object>>();
        tuples.add(objectTypedTuple1);
        tuples.add(objectTypedTuple2);
        tuples.add(objectTypedTuple3);
        System.out.println(redisTemplate.opsForZSet().add("zset7",tuples));
        System.out.println(redisTemplate.opsForZSet().score("zset7","zset-3"));
}
```

运行测试，输出如下结果：

```
5.7
```

9. Long removeRange(K key, long start, long end)

移除指定索引位置的成员，有序集成员按分数值递增排列，用法见以下代码：

```
@Test
    public void Zset9() {
        ZSetOperations.TypedTuple<Object> objectTypedTuple1 = new DefaultTypedTuple<>("zset-1",3.6);
        ZSetOperations.TypedTuple<Object> objectTypedTuple2 = new DefaultTypedTuple<>("zset-2",5.1);
        ZSetOperations.TypedTuple<Object> objectTypedTuple3 = new DefaultTypedTuple<>("zset-3",2.7);
        Set<ZSetOperations.TypedTuple<Object>> tuples = new HashSet<ZSetOperations.TypedTuple
<Object>>();
        tuples.add(objectTypedTuple1);
        tuples.add(objectTypedTuple2);
        tuples.add(objectTypedTuple3);
        System.out.println(redisTemplate.opsForZSet().add("zset9",tuples));
        System.out.println(redisTemplate.opsForZSet().range("zset9",0,-1));
        System.out.println(redisTemplate.opsForZSet().removeRange("zset9",1,2));
        System.out.println(redisTemplate.opsForZSet().range("zset9",0,-1));
}
```

运行测试，输出如下结果：

```
2
[zset-3, zset-1, zset-2]
2
[zset-3]
```

10. Cursor<TypedTuple<V>> scan(K key, ScanOptions options)

遍历 zset，用法见以下代码：

```
@Test
public void Zset10() {
    ZSetOperations.TypedTuple<Object> objectTypedTuple1 = new DefaultTypedTuple<>("zset-1", 3.6);
    ZSetOperations.TypedTuple<Object> objectTypedTuple2 = new DefaultTypedTuple<>("zset-2", 5.1);
    ZSetOperations.TypedTuple<Object> objectTypedTuple3 = new DefaultTypedTuple<>("zset-3", 2.7);
    Set<ZSetOperations.TypedTuple<Object>> tuples = new HashSet<ZSetOperations.TypedTuple
<Object>>();
    tuples.add(objectTypedTuple1);
    tuples.add(objectTypedTuple2);
    tuples.add(objectTypedTuple3);
    System.out.println(redisTemplate.opsForZSet().add("zset10", tuples));
    Cursor<ZSetOperations.TypedTuple<Object>> cursor =
redisTemplate.opsForZSet().scan("zset10", ScanOptions.NONE);
```

```
    while (cursor.hasNext()) {
        ZSetOperations.TypedTuple<Object> item = cursor.next();
        System.out.println(item.getValue() + ":" + item.getScore());
    }
}
```

运行测试，输出如下结果：

```
3
zset-3:2.7
zset-1:3.6
zset-2:5.1
```

除使用 opsForXXX 方法外，还可以使用 Execute 方法。opsForXXX 方法的底层，是通过调用 Execute 方法来实现的。opsForXXX 方法实际上是封装了 Execute 方法，定义了序列化，以便使用起来更简单便捷。

11.4.7 比较 RedisTemplate 和 StringRedisTemplate

StringRedisTemplate 继承于 RedisTemplate，两者的数据是不相通的。

- StringRedisTemplate 只能管理 StringRedisTemplate 中的数据。
- RedisTemplate 只能管理 RedisTemplate 中的数据。

StringRedisTemplate 默认采用的是 string 的序列化策略，RedisTemplate 默认采用的是 JDK 的序列化策略。

11.5 实例 47：用 Redis 和 MyBatis 完成缓存数据的增加、删除、修改、查询功能

本实例使用 Redis、MyBati 和 MySQL 来实现数据的增加、删除、修改和查询功能。

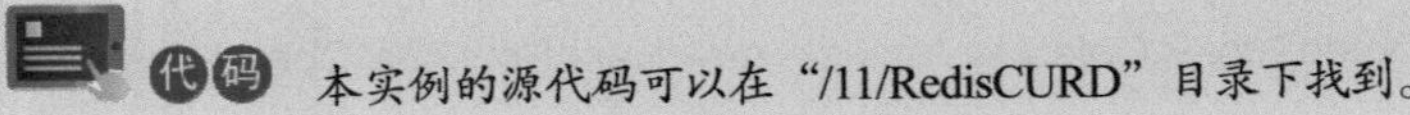

本实例的源代码可以在"/11/RedisCURD"目录下找到。

11.5.1 在 Spring Boot 中集成 Redis

（1）完成配置基础项。

添加 Redis、MySQL、MyBatis 依赖。

（2）配置 MySQL、Redis 服务器，可以直接在 application.properties 文件中进行配置，具体配置方法见以下代码：

```
spring.datasource.url=jdbc:mysql://127.0.0.1/book?useUnicode=true&characterEncoding=utf-8&serverTi
mezone=UTC&useSSL=true
spring.datasource.username=root
spring.datasource.password=root
spring.datasource.driver-class-name=com.mysql.cj.jdbc.Driver
spring.jpa.properties.hibernate.hbm2ddl.auto=update
spring.jpa.properties.hibernate.dialect=org.hibernate.dialect.MySQL5InnoDBDialect
spring.jpa.show-sql= true
# Redis 数据库索引（默认为 0）
spring.redis.database=0
# Redis 服务器地址
spring.redis.host=127.0.0.1
# Redis 服务器连接端口
spring.redis.port=6379
# Redis 服务器连接密码（默认为空）
spring.redis.password=
# 连接池最大连接数（使用负值表示没有限制）
spring.redis.jedis.pool.max-active=8
# 连接池最大阻塞等待时间（使用负值表示没有限制）
spring.redis.jedis.pool.max-wait=-1
# 连接池中的最大空闲连接
spring.redis.jedis.pool.max-idle=8
# 连接池中的最小空闲连接
spring.redis.jedis.pool.min-idle=0
# 连接超时时间（ms）
spring.redis.timeout=5000
```

（3）在入口类加上@EnableCaching 注解，开启缓存支持。

11.5.2　配置 Redis 类

要想启用 Spring 缓存支持，需创建一个 CacheManager 的 Bean。

```
@Configuration
public class RedisConfig extends CachingConfigurerSupport {
    //在缓存对象集合中，缓存是以 key-value 形式保存的
    //如果没有指定缓存的 key，则 Spring Boot 会使用 SimpleKeyGenerator 生成 key
    @Bean
    public KeyGenerator keyGenerator() {
        return new KeyGenerator() {
            @Override
            //定义缓存数据 key 的生成策略
```

```
            public Object generate(Object target, Method method, Object... params) {
                StringBuilder sb = new StringBuilder();
                sb.append(target.getClass().getName());
                sb.append(method.getName());
                for (Object obj : params) {
                    sb.append(obj.toString());
                }
                return sb.toString();
            }
        };
    }
    @SuppressWarnings("rawtypes")
    @Bean
    //缓存管理器 2.x 版本
      public CacheManager cacheManager(RedisConnectionFactory connectionFactory) {
        RedisCacheManager cacheManager = RedisCacheManager.create(connectionFactory);
        return cacheManager;
    }

    /*@Bean 1.x 版本，Spring Boot1.x 版本请用下面的缓存管理器启用支持
    public CacheManager cacheManager(@SuppressWarnings("rawtypes") RedisTemplate
redisTemplate) {
        return new RedisCacheManager(redisTemplate);
    }
*/
   //注册成 Bean 被 spring 管理,如果没有这个 Bean，则 Redis 可视化工具中的中文内容（key 或 value）都会以二
进制存储，不易检查
    @Bean
    public RedisTemplate<String, Object> redisTemplate(RedisConnectionFactory factory) {
        RedisTemplate<String, Object> redisTemplate = new RedisTemplate<String, Object>();
        redisTemplate.setConnectionFactory(factory);
        return redisTemplate;
    }
    @Bean
    public StringRedisTemplate stringRedisTemplate(RedisConnectionFactory factory) {
        StringRedisTemplate stringRedisTemplate = new StringRedisTemplate();
        stringRedisTemplate.setConnectionFactory(factory);
        return stringRedisTemplate;
    }
}
```

11.5.3 创建测试实体类

创建用于数据操作的测试实体类，见以下代码：

```
@Data
public class User   implements Serializable {
        private String id;
        private String name;
        private int age;
}
```

本实例采用 MyBatis 方式操作数据库。如果是读者自己输入代码，则需要手动创建好数据库表，否则可以下载本实例，实例中会自动创建数据表，或参考 8.9.2 节实现建表自动化。

11.5.4　实现实体和数据表的映射关系

这里实现实体和数据表的映射关系，具体用法见以下代码：

```
@Repository
@Mapper
public interface UserMapper {
    @Insert("insert into user(name,age) values(#{name},#{age})")
    int addUser(@Param("name")String name,@Param("age")String age);
    @Select("select * from user where id =#{id}")
    User findById(@Param("id") String id);
    @Update("update user set name=#{name},age=#{age}    where id=#{id}")
   int updateById(User user);
    @Delete("delete from user where id=#{id}")
    void deleteById(@Param("id")String id);
}
```

可以看到 id 值需要 string 类型。

11.5.5　创建 Redis 缓存服务层

创建 Redis 缓存服务层，即缓存在服务层工作，具体用法见以下代码：

```
@Service
@CacheConfig(cacheNames = "users")
public class UserService {
    @Autowired
    UserMapper userMapper;
    @Cacheable(key ="#p0")
    public User selectUser(String id){
        System.out.println("select");
        return userMapper.findById(id);
```

```
    }
    @CachePut(key = "#p0.id")
    public void updataById(User user){
        System.out.println("update");
        userMapper.updateById(user);
    }
    //如果 allEntries 指定为 true，则调用 CacheEvict 方法后将立即清空所有缓存
    @CacheEvict(key ="#p0",allEntries=true)
    public void deleteById(String id){
        System.out.println("delete");
        userMapper.deleteById(id);
    }
}
```

代码解释如下。

- @Cacheable：将查询结果缓存到 Redis 中。
- key="#p0"：指定传入的第 1 个参数作为 Redis 的 key。
- @CachePut：指定 key，将更新的结果同步到 Redis 中。
- @CacheEvict：指定 key，删除缓存数据。
- allEntries=true：方法调用后将立即清除缓存。

11.5.6 完成增加、删除、修改和查询测试 API

增加、删除、修改和查询测试 API，具体用法见以下代码：

```
@RestController
@RequestMapping("/user")
public class RedisController {
    @Autowired
    UserService userService;
    @RequestMapping("/{id}")
    public User ForTest(@PathVariable String id){
        return userService.selectUser(id);
    }
    @RequestMapping( "/update/")
    public String update(User user){
        userService.updataById(user);
        return "success";
    }
    @RequestMapping( "/delete/{id}")
    public String delete (@PathVariable String id){
        userService.deleteById(id);
        return "delete success";
```

```
    }
}
```

启动项目，多次访问 http://localhost:8080/user/1。第一次时控制台会出现 select 信息，代表对数据库进行了查询操作。后面再访问时则不会出现提示，表示没有对数据库执行操作，而是使用 Redis 中的缓存数据。

11.6　实例 48：用 Redis 和 JPA 实现缓存文章和点击量

本实例用 Redis、JPA 和 MySQL 实现缓存文章和点击量。

本实例的源代码可以在“/11/JpaArticleRedisDemo”目录下找到。

11.6.1　实现缓存文章

（1）实现服务层的缓存设置，用法见以下代码：

```
@Service
@CacheConfig(cacheNames = "articleService")
public class ArticleServiceImpl implements ArticleService {
    @Autowired
    private ArticleRepository articleRepository;
     @Override
    @Cacheable(key ="#p0")
     public Article findArticleById(long id) {
        return articleRepository.findById(id);
    }
}
```

（2）实现控制器，用法见以下代码：

```
@Autowired
private ArticleService articleService;
@RequestMapping("/{id}")
public ModelAndView testPathVariable(@PathVariable("id") Integer id) {
    Article articles = articleService.findArticleById(id);
    ModelAndView mav = new ModelAndView("web/article/show");
    mav.addObject("article", articles);
    return mav;
}
```

（3）在入口类开启注解@EnableCaching，支持缓存。

11.6.2 实现统计点击量

如果要实时更新文章的点击量，对数据库进行修改操作，则会导致读写频繁。所以，一般采取 Redis 缓存，每访问一次都是在 Redis 中增加 1 次，待到某个时刻再同步到 MySQL 数据库中。

可以在控制器中加入以下代码来实现。

```
stringRedisTemplate.boundValueOps("name::" + id).increment(1);//val +1
```

控制器的最终代码如下：

```
/**
* Description：根据 id 获取文章对象
*/
@GetMapping("/{id}")
public ModelAndView getArticle(@PathVariable("id") Integer id)   throws Exception {
    Article articles = articleService.findArticleById(id);
  if (articles.getView() > 0) {
        //val +1
        stringRedisTemplate.boundValueOps("name::" + id).increment(articles.getView() + 1);
    } else {//val +1
        stringRedisTemplate.boundValueOps("name::" + id).increment(1);
    }          ModelAndView mav = new ModelAndView("article/show");
    mav.addObject("article", articles);
    return mav;
}
```

下面来编写定时任务，在特定的时间点完成点击量的 Redis 和 MySQL 数据库同步。

11.6.3 实现定时同步

点击量平时都是存储在 Redis 中的，需要在某个时间点更新到 MySQL 数据库。我们可以通过实现一个定时任务来完成。使用定时任务需要开启支持，请在入口类加上注解 @EnableScheduling。同步的具体实现见以下代码：

```
@Component
public class CountScheduledTasks {
    @Autowired
    private ArticleRepository articleRepository;
    @Autowired
    private StringRedisTemplate stringRedisTemplate;
    @Scheduled(cron = "0 00 2 ? * * ") //每天 2:00 执行
    public void syncPostViews() {
        Long startTime = System.nanoTime();
        List dtoList = new ArrayList<>();
        Set<String> keySet = stringRedisTemplate.keys("name::*");
```

```
        for (String key : keySet) {
            String views = stringRedisTemplate.opsForValue().get(key);
            String sid = key.replaceAll("name::", "");
            long lid = Long.parseLong(sid);
            long lviews = Long.parseLong(views);
            //批量更新可以用 Collection<?>实现
            articleRepository.updateArticleViewById(lviews, lid);
            stringRedisTemplate.delete(key);
        }
    }
}
```

11.7　实例 49：实现分布式 Session

在分布式环境中，我们经常会遇到这样的场景：用户的登录请求经过 Nginx 转发到 A 服务器（会员服务器）进行验证登录，下一步的操作（如查看新闻）转发到了 B 服务器（新闻服务器）进行请求。如果没做 Session 共享，则用户信息只存储在 A 服务器上的 Web 容器中，B 服务器是识别不了这个用户的，这会需要用户重新登录。这种场景下就需要进行 Session 共享，以便不用重复登录，使用 Redis 来实现是非常好的方式。

本实例的源代码可以在“/11/RdiesSession”目录下找到。

11.7.1　用 Redis 实现 Session 共享

Spring Boot 封装了 Redis 下使用分布式 Session 的功能，可以直接来使用。下面是实现步骤。

（1）在入口类中添加@EnableRedisHttpSession（见以下代码），以开启分布式 Session 支持。或在 Redis 配置类中启用。

```
@Configuration
@EnableRedisHttpSession
public class RedisSessionConfig {
}
```

（2）添加 Spring Boot 提供的 spring-session-data-redis 依赖，支持 Redis 实现 Session 共享。依赖见以下代码：

```
<dependency>
    <groupId>org.springframework.boot</groupId>
    <artifactId>spring-boot-starter-data-redis</artifactId>
</dependency>
<dependency>
```

```
    <groupId>org.springframework.session</groupId>
    <artifactId>spring-session-data-redis</artifactId>
</dependency>
```

上面两个依赖都需要添加，第 1 个支持 Redis，第 2 个是用 Spring Boot 实现 Redis 下的 Session 分布式共享。

（3）编写测试控制器，见以下代码：

```
@GetMapping("/session")
public Map<String, Object> sessionTest(HttpServletRequest request) {
    Map<String, Object> map = new HashMap<>();
    map.put("sessionId", request.getSession().getId());
    return map;
}
```

（4）配置集群服务器。

读者可参考本书的 4.3.3 节多环境配置中的方法，配置两个配置文件，把服务器端口分别改为 8080 和 8081，然后把 Spring Boot 项目打包之后（打包参考本书的 3.2.4 节的相关介绍），运行两个服务器端。运行代码如下：

```
java  -jar  name.jar   --spring.profiles.active=dev
java  -jar  name.jar   --spring.profiles.active=pro
```

再访问 http://localhost:8080/session 和 http://localhost:8081/session。

可以看到，两个 URL 地址的 Session 一样了。当然，在实际生产环境中域名端口通常是一样的，这里使用不同端口是为了在本机模拟分布式环境测试。

11.7.2 配置 Nginx 实现负载均衡

11.7.1 节已经实现了分布式 Session 共享，但使用了不同的端口。在生产环境中，会使用不同 IP 地址来区别集群中的服务器，所以，需要配置 Nginx 服务器，以达到无缝切换，让客户感受不到切换到了不同的服务器。

要配置 Nginx 的服务器集群，只需要修改 Nginx 的配置文件。具体配置见以下代码:

```
#服务器集群配置
upstream   eg.com {  #服务器集群名字
server      127.0.0.1:18080   weight=1;
#服务器配置 weight 是权重的意思，权重越大，分配的概率越大
server      127.0.0.1:8081    weight=2;
    }
#Nginx 的配置
```

```
server {
listen          80;                   #监听 80 端口，可以改成其他端口
server_name   localhost;              #当前服务的域名
location / {
proxy_pass http://eg.com;
proxy_redirect default;
}
error_page     500 502 503 504   /50x.html;
location = /50x.html {
root     html;
      }
```

在生产环境中，可能需要更进一步的配置。配置完成之后，可以登录会员系统测试效果。

第 12 章 集成 RabbitMQ，实现系统间的数据交换

RabbitMQ 是近年来使用非常广泛的消息中间件。

本章首先介绍它的原理、概念、6 种工作模式、常用的注解；然后用实例讲解在 Spring Boot 中如何使用 AmqpTemplate 接口实现消息的发送和监听。

12.1 认识 RabbitMQ

12.1.1 介绍 RabbitMQ

RabbitMQ 是开源的高级消息队列协议(Advanced Message Queueing Protocol, AMQP)的实现，用 Erlang 语言编写，支持多种客户端。

RabbitMQ 是目前应用相当广泛的消息中间件（其他同类的消息处理中间件有 ActiveMQ、Kafka 等）。在企业级应用、微服务应用中，RabbitMQ 担当着十分重要的角色。例如，在业务服务模块中解耦、异步通信、高并发限流、超时业务、数据延迟处理等都可以使用 RabbitMQ。

RabbitMQ 的处理流程如图 12−1 所示。

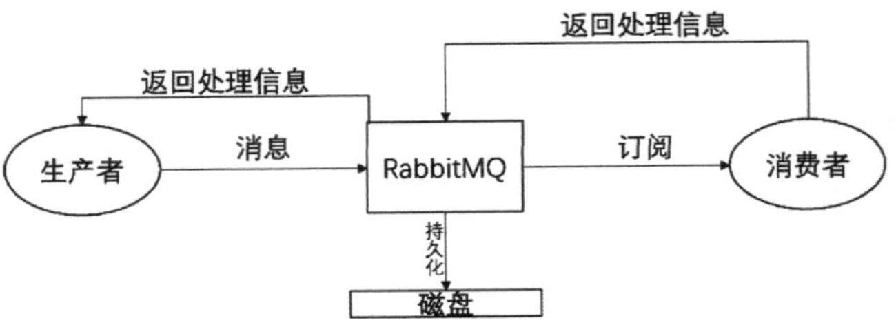

图 12-1　RabbitMQ 的处理流程

12.1.2　使用场景

1. 推送通知

“发布/订阅”是 RabbitMQ 的重要功能。可以用“发布/订阅”功能来实现通知功能。消费者（consumer）一直监听 RabbitMQ 的数据。如果 RabbitMQ 有数据，则消费者会按照“先进先出”规则逐条进行消费。而生产者（producer）只需要将数据存入 RabbitMQ。这样既降低了不同系统之间的耦合度，也确保了消息通知的及时性，且不影响系统的性能。

“发布/订阅”功能支持三种模式：一对一、一对多、广播。这三种模式都可以根据规则选择分发的对象。众多消费者（consumer）可以根据规则选择是否接收这些数据，扩展性非常强。

2. 异步任务

后台系统接到任务后，将其分解成多个小任务，只要分别完成这些小任务，整个任务便可以完成。但是，如果某个小任务很费时，且延迟执行并不影响整个任务，则可以将该任务放入消息队列中去处理，以便加快请求响应时间。

如果用户注册会员时有一项需求——发送验证邮件或短信验证码以完成验证，则可以使用 RabbitMQ 的消息队列来实现，这样可以及时提醒用户操作已经成功。等待收到邮件或验证码，然后进行相应的确认，即完成验证。

3. 多平台应用的通信

RabbitMQ 可以用于不同开发语言开发的应用间的通信（如 Java 开发的应用程序需要与 C++ 开发的应用程序进行通信），实现企业应用集成。由于消息队列是无关平台和语言的，而且语义上也不是函数调用，因此 RabbitMQ 适合作为多个应用之间的松耦合的接口，且不需要发送方和接收方同时在线。

不同语言的软件解耦，可以最大限度地减少程序之间的相互依赖，提高系统可用性及可扩展性，同时还增加了消息的可靠传输和事务管理功能。

RabbitMQ 提供两种事务模式：

- AMQP 事务模式。
- Confirm 事务模式。

4. 消息延迟

利用 RabbitMQ 消息队列延迟功能，可以实现订单、支付过期定时取消功能。因为延迟队列存储延时消息，所以，当消息被发送以后，消费者不是立即拿到消息，而是等待指定时间后才拿到这个消息进行消费。

当然，死信、计时器、定时任务也可以实现延迟或定时功能，但是需要开发者去处理。

要实现消息队列延迟功能，一般采用官方提供的插件“rabbitmq_delayed_message_exchange”来实现，但 RabbitMQ 版本必须是 3.5.8 版本以上才支持该插件。如果低于这个版本，则可以利用“死信”来完成。

5. 远程过程调用

在实际的应用场景中，有时需要一些同步处理，以等待服务器端将消息处理完成后再进行下一步处理，这相当于 RPC（Remote Procedure Call，远程过程调用）。RabbitMQ 也支持 RPC。

12.1.3 特性

RabbitMQ 具有以下特性。

- 信息确认：RabbitMQ 有以下两种应答模式。
  - ◆ 自动应答：当 RabbitMQ 把消息发送到接收端，接收端从队列接收消息时，会自动发送应答消息给服务器端。
  - ◆ 手动应答：需要开发人员手动调用方法告诉服务器端已经收到。

如果实际场景中对个别消息的丢失不是很敏感，则选用自动应答比较理想。

如果是一个消息都不能丢的场景，则需要选用手动应答，在正确处理完以后才应答。如果选择了自动应答，那消息重发这个功能就没有了。

- 队列持久化：队列可以被持久化，但是否为持久化，要看持久化设置。
- 信息持久化：设置 properties.DeliveryMode 值即可。默认值为 1，代表不是持久的，2 代表持久化。
- 消息拒收：接收端可以拒收消息，而且在发送“reject”命令时，可以选择是否要把拒收的消息重新放回队列中。
- 消息的 QoS：在接收端设置的。发送端没有任何变化，接收端的代码也比较简单，只需要加上如“channel.BasicQos(0, 1, false);”的代码即可。

12.2 RabbitMQ 的基本概念

12.2.1 生产者、消费者和代理

RabbitMQ 的角色有以下三种。

- 生产者：消息的创建者，负责创建和推送数据到消息服务器。
- 消费者：消息的接收方，用于处理数据和确认消息。
- 代理：RabbitMQ 本身，扮演“快递”的角色，本身不生产消息。

生产者和消费者并不属于 RabbitMQ，RabbitMQ 只是为生产者和消费者提供发送和接收消息的 API。

12.2.2 消息队列

Queue（队列）是 RabbitMQ 的内部对象，用于存储生产者的消息直到发送给消费者，也是消费者接收消息的地方。RabbitMQ 中的消息也都只能存储在 Queue 中，多个消费者可以订阅同一个 Queue。

Queue 有以下一些重要的属性。

- 持久性：如果启用，则队列将会在消息协商器（broker）重启前都有效。
- 自动删除：如果启用，则队列将会在所有的消费者停止使用之后自动删除掉。
- 惰性：如果没有声明队列，则应用程序调用队列时会导致异常，并不会主动声明。
- 排他性：如果启用，则声明它的消费者才能使用。

12.2.3 交换机

Exchange（交换机）用于接收、分配消息。生产者先要指定一个“routing key”，然后将消息发送到交换机。这个“routing key”需要与“Exchange Type”及“binding key”联合使用才能最终生效，然后，交换机将消息路由到一个或多个 Queue 中，或丢弃。

在虚拟主机的消息协商器（broker）中，每个 Exchange 都有唯一的名字。

Exchange 包含 4 种类型：direct、topic、fanout、headers。不同的类型代表绑定到队列的行为不同。

AMQP 规范里还有两种交换机类型——system 与自定义。

1. direct

direct 类型的行为是“先匹配，再投送”。在绑定队列时会设定一个 routing key，只有在消息的 routing key 与队列匹配时，消息才会被交换机投送到绑定的队列中。允许一个队列通过一个固定的 routing key（通常是队列的名字）进行绑定。Direct 交换机将消息根据其 routing key 属性投递到包含对应 key 属性的绑定器上。

Direct Exchange 是 RabbitMQ 默认的交换机模式，也是最简单的模式。它根据 routing key 全文匹配去寻找队列。

2. topic

按规则转发消息（最灵活）。主题交换机（topic exchange）转发消息主要根据通配符。队列和交换机的绑定会定义一种路由模式，通配符就要在这种路由模式和路由键之间匹配后，交换机才能转发消息。

在这种交换机模式下，路由键必须是一串字符，用“.”隔开。

路由模式必须包含一个星号“*”，主要用于匹配路由键指定位置的一个单词。

topic 还支持消息的 routing key，用“*”或“#”的模式进行绑定。“*”匹配一个单词，“#”匹配 0 个或多个单词。例如，“binding key *.user.#”匹配 routing key 为“cn.user”和“us.user.db”，但是不匹配“user.hello”。

3. headers

它根据应用程序消息的特定属性进行匹配，可以在 binding key 中标记消息为可选或必选。在队列与交换机绑定时，会设定一组键值对规则。消息中也包括一组键值对（headers 属性），当这些键值对中有一对，或全部匹配时，消息被投送到对应队列。

4. fanout

消息广播的模式，即将消息广播到所有绑定到它的队列中，而不考虑 routing key 的值（不管路由键或是路由模式）。如果配置了 routing key，则 routing key 依然会被忽略。

12.2.4 绑定

RabbitMQ 中通过绑定（binding），将 Exchange 与 Queue 关联起来。这样 RabbitMQ 就知道如何正确地将消息路由到指定的 Queue 了。

在绑定 Exchange 与 Queue 时，一般会指定一个 binding key。消费者将消息发送给 Exchange 时，一般会指定一个 routing key。如果 binding key 与 routing key 相匹配，则消息将会被路由到对应的 Queue 中。

绑定是生产者和消费者消息传递的连接。生产者发送消息到 Exchange，消费者从 Queue 接收消息，都是根据绑定来执行的。

12.2.5　通道

有些应用需要与 AMQP 代理建立多个连接。但同时开启多个 TCP（Transmission Control Protocol，传输控制协议）连接会消耗过多的系统资源，并使得防火墙的配置变得更加困难。“AMQP 0-9-1”协议用通道（channel）来处理多连接，可以把通道理解成“共享一个 TCP 连接的多个轻量化连接”。

一个特定通道上的通信与其他通道上的通信是完全隔离的，因此，每个 AMQP 方法都需要携带一个通道号。这样客户端就可以指定此方法是为哪个通道准备的。

12.2.6　消息确认

消息确认（message acknowledgement）是指：当一个消息从队列中投递给消费者（consumer）后，消费者会通知一下消息代理（broker），这个过程可以是自动的，也可以由处理消息的应用的开发者执行。当“消息确认”启用时，消息代理需要收到来自消费者的确认回执后，才完全将消息从队列中删除。

如果消息无法被成功路由，或被返给发送者并被丢弃，或消息代理执行了延期操作，则消息会被放入一个“死信”队列中。此时，消息发送者可以选择某些参数来处理这些特殊情况。

12.3　RabbitMQ 的 6 种工作模式

12.3.1　简单模式

生产者把消息放入队列，消费者获得消息，如图 12-2 所示。这个模式只有一个消费者、一个生产者、一个队列，只需要配置主机参数，其他参数使用默认值即可通信。

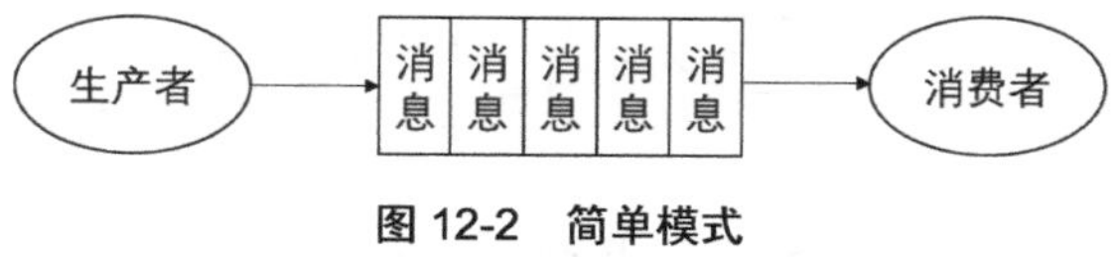

图 12-2　简单模式

12.3.2　工作队列模式

这种模式出现了多个消费者，如图 12-3 所示。为了保证消费者之间的负载均衡和同步，需要在消息队列之间加上同步功能。

工作队列（任务队列）背后的主要思想是：避免立即执行资源密集型任务（耗时），以便下一个任务执行时不用等待它完成。工作队列将任务封装为消息并将其发送到队列中。

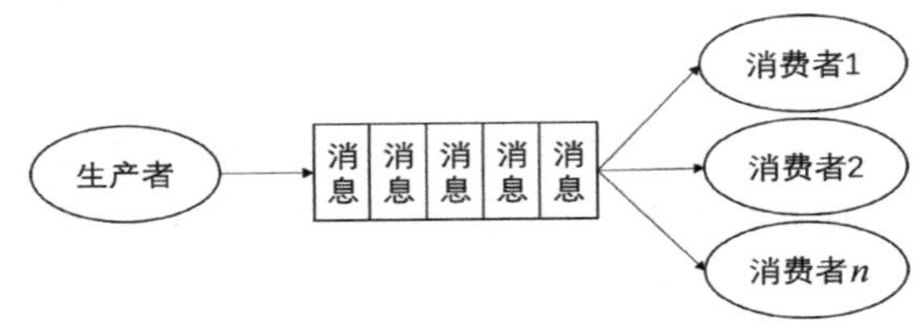

图 12-3　工作队列模式

12.3.3　交换机模式

实际上，前两种模式也使用了交换机，只是使用了采用默认设置的交换机。交换机参数是可以配置的，如果消息配置的交换机参数和 RabbitMQ 队列绑定（binding）的交换机名称相同，则转发，否则丢弃，如图 12–4 所示。

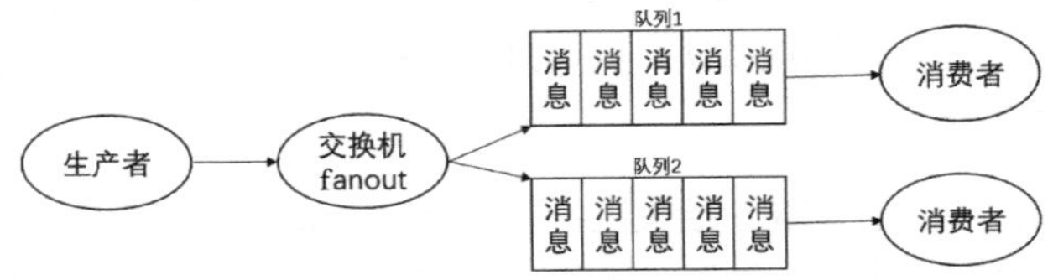

图 12-4　交换机模式

12.3.4　Routing 转发模式

交换机要配置为 direct 类型，转发的规则变为检查队列的 routing key 值。如果 routing key 值相同，则转发，否则丢弃，如图 12–5 所示。

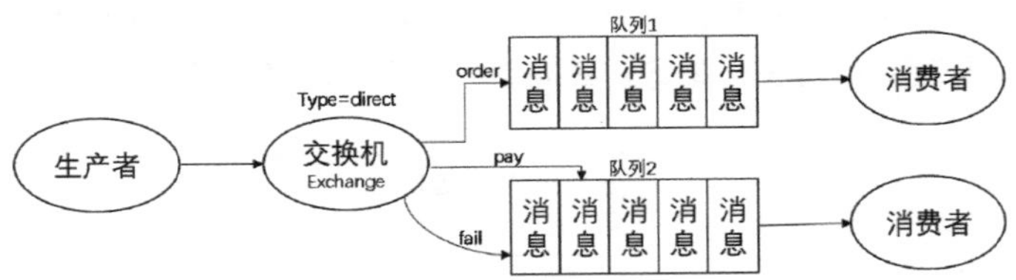

图 12-5　Routing 转发模式

12.3.5　主题转发模式

这种模式下交换机要配置为 topic 类型，routing key 配置失效。发送到主题交换机的信息，不能是任意 routing key，它必须是一个单词的列表，用逗号分隔。特点是可以模糊匹配，匹配规则为：*（星号）可以代替一个词；#（#号）可以代替零个或更多的单词，其模式情况如图 12–6 所示。

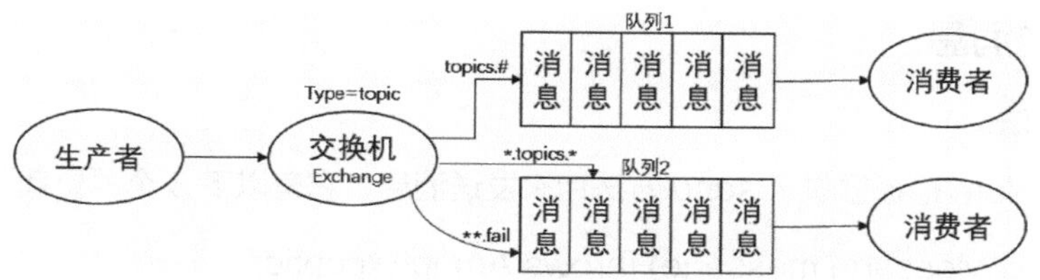

图 12-6　主题转发模式

12.3.6　RPC 模式

这种模式主要使用在远程调用的场景下。如果一个应用程序需要另外一个应用程序来最终返回运行结果，那这个过程可能是比较耗时的操作，使用 RPC 模式是最合适的。其模式情况如图 12-7 所示。

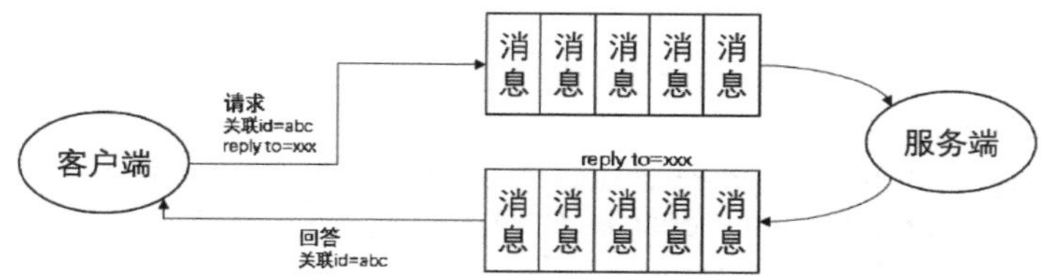

图 12-7　RPC 模式

6 种工作模式的主要特点如下。

- 简单模式：只有一个生产者，一个消费者
- 工作队列模式：一个生产者，多个消费者，每个消费者获取到的消息唯一。
- 订阅模式：一个生产者发送的消息会被多个消费者获取。
- 路由模式：发送消息到交换机，并且要指定路由 key，消费者在将队列绑定到交换机时需要指定路由 key。
- topic 模式：根据主题进行匹配，此时队列需要绑定在一个模式上，“#”匹配一个词或多个词，“*”只匹配一个词。

12.4　认识 AmqpTemplate 接口

Spring AMQP 提供了操作 AMQP 协议的模板类 AmqpTemplate，用于发送和接收消息，它定义发送和接收消息等操作，还提供了 RabbitTemplate 用于实现 AmqpTemplate 接口，而且还提供了错误抛出类 AmqpException。RabbitTemplate 支持消息的确认与返回（默认禁用）。

12.4.1 发送消息

1. send 方法

AmqpTemplate 模板提供了 send 方法用来发送消息，它有以下 3 个“重载”：

- void send(Message message) throws AmqpException。
- void send(String routingKey, Message message) throws AmqpException。
- void send(String exchange, String routingKey, Message message)throws AmqpException。

2. convertAndSend 方法

AmqpTemplate 模板还提供了 convertAndSend 方法用来发送消息。convertAndSend 方法相当于简化了的 send 方法，可以自动处理消息的序列化。下面通过两个功能一样的代码来比较两者的区别：

```
@Test
public void send() {
    Message message = MessageBuilder.withBody("body content".getBytes())
            .setContentType(MessageProperties.CONTENT_TYPE_TEXT_PLAIN)
            .setMessageId("1")
            .setHeader("header", "header")
            .build();
    amqpTemplate.send("QueueHello",message);
}
```

上面代码和下面代码的效果一样。

```
@Test
public void send2() {
    amqpTemplate.convertAndSend("QueueHello","body content");
}
```

12.4.2 接收消息

接收消息可以有两种方式。

- 直接去查询获取消息，即调用 receive 方法。如果该方法没有获得消息，则直接返回 null，因为 receive 方法不阻塞。
- 异步接收，通过注册一个 Listener（监听器）来实现消息接收。接收消息需要指定队列（Queue），或设置默认的队列。

AmqpTemplate 提供的直接获得消息的方法是 receive。

另外，AmqpTemplate 也提供了直接接收 POJO（代替消息对象）的方法 receiveAndConvert，

并提供了各种的 MessageConverter 用来处理返回的 Object（对象）。

从 Spring-Rabbit 1.3 版本开始，AmqpTemplate 也提供了 receiveAndReply 方法来异步接收、处理及回复消息。

12.4.3 异步接收消息

Spring AMQP 也提供了多种不同的方式来实现异步接收消息，比如常用的通过 MessageListener（消息监听器）的方式来实现。

从 Spring-rabbit 1.4 版本开始，可使用注解@RabbitListener 来异步接收消息，它更为简便。使用方法见以下代码：

```
@Component
//监听 QueueHello 的消息队列
@RabbitListener(queues = "QueueHello")
public class QueueReceiver {
//注解@RabbitHandler 用来实现具体消费消息
    @RabbitHandler
    public void QueueReceiver(String QueueHello) {
        System.out.println("Receiver(QueueHello) : " + QueueHello);
    }
}
```

在较低版本中，需要在容器中配置@EnableRabbit 来支持@RabbitListener。

12.5 在 Spring Boot 中集成 RabbitMQ

12.5.1 安装 RabbitMQ

RabbitMQ 是用 Erlang 语言开发的。所以，需要先安装 Erlang 环境，再安装 RabbitMQ。

（1）下载 Erlang 环境和 RabbitMQ。

到 Erlang 官网下载 Erlang 环境。

到 RabbitMQ 官网下载 RabbitMQ。

（2）安装。

下载完成后，先单击 Erlang 安装文件进行安装，然后单击 RabbitMQ 安装文件进行安装。在安装过程中，按照提示一步一步操作即可。在 RabbitMQ 成功安装后，会自动启动服务器。

（3）开启网页管理界面。

虽然可以在命令行管理 RabbitMQ，但稍微麻烦。RabbitMQ 提供了可视化的网页管理平台，可以使用“rabbitmq-plugins.bat enable rabbitmq_management”命令开启网页管理界面。

12.5.2　界面化管理 RabbitMQ

1. 概览

在安装配置完成后，开启网页管理，然后可以通过“http://localhost:15672”进行查看和管理，输入默认的用户名“guest”和密码“guest”进行登录。RabbitMQ 的后台界面如图 12-8 所示。

图 12-8　管理界面概览

2. 管理交换机

进入交换机管理页面后，单击“Add exchange（添加交换机）”按钮，弹出添加界面，可以看到列出了 RabbitMQ 默认的 4 种类型，由于笔者已经添加了消息延迟插件，所以会有“x-delayed-message”类型，如图 12-9 所示。

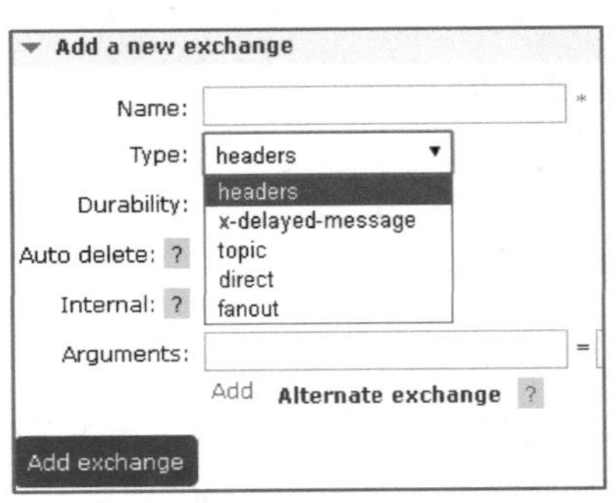

图 12-9　添加交换机

3. 管理管理员

消息中间件的安全配置也是必不可少的。在 RabbitMQ 中，可以通过命令行创建用户、设置密码、绑定角色。常用的命令如下。

- rabbitmqctl.bat list_users：查看现有用户。
- abbitmqctl.bat add_user username password：新增用户。新增的用户只有用户名、密码，没有管理员、超级管理员等角色。
- rabbitmqctl.bat set_user_tags username administrator：设置角色。角色分为 none、management、policymaker、monitoring、administrator。
- rabbitmqctl change_password userName newPassword：修改密码命令。
- rabbitmqctl.bat delete_user username：删除用户命令。

还可以在开启 RabbitMQ 网页管理界面之后，用可视化界面进行操作，如图 12-10 所示。其中“Tags”是管理员类型。

在创建用户后，需要指定用户访问一个虚拟机（如图 12-11 所示），并且该用户只能访问该虚拟机下的队列和交换机。如果没有指定，则默认是“No access”，而不是“/”（所有）。在一个 RabbitMQ 服务器上可以运行多个 vhost，以适应不同的业务需要。这样做既可以满足权限配置的要求，也可以避免不同业务之间队列、交换机的命名冲突问题，因为不同 vhost 之间是隔离的，权限设置可以细化到主题。

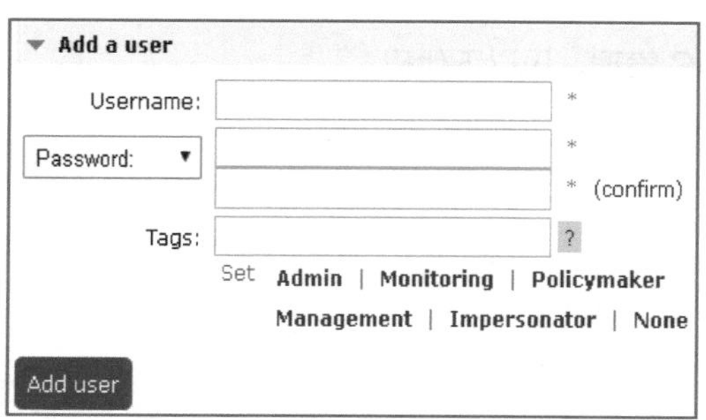

图 12-10　管理管理员

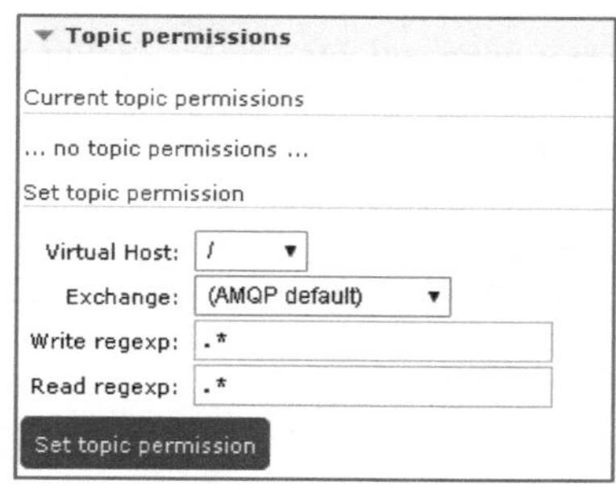

图 12-11　设置权限

12.5.3　在 Spring Boot 中配置 RabbitMQ

（1）添加依赖，见以下代码：

```
<dependency>
   <groupId>org.springframework.boot</groupId>
   <artifactId>spring-boot-starter-web</artifactId>
</dependency>
<dependency>
```

```
    <groupId>org.springframework.boot</groupId>
    <artifactId>spring-boot-starter-amqp</artifactId>
</dependency>
```

（2）配置 application.properties 文件。

设置好连接的地址、端口号、用户名和密码。

```
spring.application.name=rabbitmq-hello
spring.rabbitmq.host=localhost
spring.rabbitmq.port=5672
spring.rabbitmq.username=guest
spring.rabbitmq.password=guest
```

12.6 在 Spring Boot 中实现 RabbitMQ 的 4 种发送/接收模式

12.6.1 实例 50：实现发送和接收队列

本实例实现发送和接收队列。读者通过此实例可以很快理解本章之前所讲解的相关知识点。

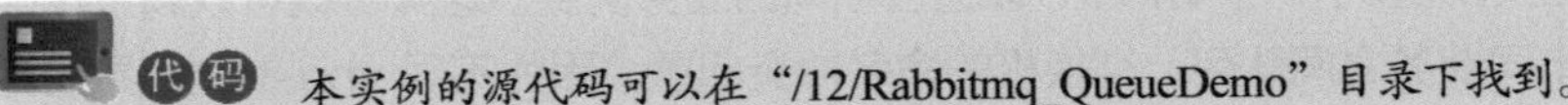

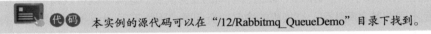

本实例的源代码可以在“/12/Rabbitmq_QueueDemo”目录下找到。

（1）配置队列。

首先要配置队列的名称，并将队列交由 IoC 管理，见以下代码：

```
@Configuration
public class RabbitmqConfig {
    @Bean
    public Queue queue() {
        return new Queue("Queue1");
    }
}
```

（2）创建接收者。

注意，发送者和接收者的 Queue 名称必须一致，否则不能接收，见以下代码：

```
@Component
//监听 QueueHello 的消息队列
@RabbitListener(queues = "Queue1")
public class ReceiverA {
//@RabbitHandler 来实现具体消费
    @RabbitHandler
    public void QueueReceiver(String Queue1) {
```

```
        System.out.println("Receiver A: " + Queue1);
    }
}
```

（3）创建发送者。

利用 convertAndSend 方法发送消息，见以下代码：

```
@Component
public class SenderA {
    @Autowired
    private AmqpTemplate rabbitTemplate;
    public void send(String context) {
        System.out.println("Sender : " + context);
        //使用 AmqpTemplate 将消息发送到消息队列中
        this.rabbitTemplate.convertAndSend("Queue1", context);
    }
}
```

（4）测试发送和接收情况。

这里测试一次发送两条信息，见以下代码：

```
@Test
public void QueueSend() {
    int i = 2;
    for (int j = 0; j < i; j++) {
        String msg = "Queue1 msg" + j + new Date();
        try {
            queueSender.send(msg);
        } catch (Exception e) {
            e.printStackTrace();
        }
    }
}
```

运行测试，可以看到控制台输出如下结果：

```
Receiver A: Queue1 msg0Wed May 08 23:41:00 CST 2019
Receiver B: Queue1 msg1Wed May 08 23:41:00 CST 2019
```

上述信息表示发送成功，且接收成功。

如果是多个接收者，则会均匀地将消息发送到 *N* 个接收者中，并不是全部发送一遍，“多对多”也会和“一对多”一样，接收端仍然会均匀地接收到消息。

12.6.2 实例 51：实现发送和接收对象

本实例实现发送和接收对象。读者通过此实例可以很快理解本章之前所讲解的相关知识点。

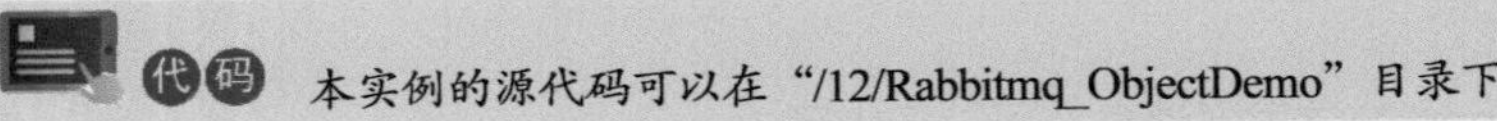

本实例的源代码可以在“/12/Rabbitmq_ObjectDemo”目录下找到。

（1）编辑配置类。

配置发送接收对象的队列，见以下代码：

```
@Configuration
public class RabbitmqConfig {
    @Bean
    public Queue objectQueue() {
        return new Queue("object");
    }
}
```

（2）编写接收类。

用于接收消息，见以下代码：

```
@Component
@RabbitListener(queues = "object")
public class ObjectReceiver {
    @RabbitHandler
    public void process(User user) {
        System.out.println("Receiver object : " + user);
    }
}
```

（3）编写发送类。

用 convertAndSend 方法发送，见以下代码：

```
@Component
public class ObjectSender {
    @Autowired
    private AmqpTemplate amqpTemplate;
    public void send(User user) {
        System.out.println("Sender object: " + user.toString());
        this.amqpTemplate.convertAndSend("object", user);
    }
}
```

（4）编写测试。

这里实例化了一个 User 对象，用于发送消息，见以下代码：

```
@Autowired
private ObjectSender objectSender;
@Test
public void sendOjectController() {
    try {
        User user = new User();
        user.setName("longzhiran");
        user.setAge("2");
        objectSender.send(user);
    } catch (Exception e) {
        e.printStackTrace();
    }
}
```

运行测试，可以看到控制台输出如下结果：

```
Sender object: User(name=longzhiran, age=2)
Receiver object : User(name=longzhiran, age=2)
```

12.6.3　实例 52：实现用接收器接收多个主题

topic 是 RabbitMQ 中最灵活的一种方式，可以根据 routing key 自由地绑定不同的队列。

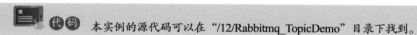

本实例的源代码可以在“/12/Rabbitmq_TopicDemo”目录下找到。

（1）配置 topic。

配置处理消息的队列，见以下代码：

```
@Configuration
public class RabbitmqConfig {
    @Bean
    public Queue queueMessage() {
        return new Queue("topic.a");
    }

    @Bean
    public Queue queueMessages() {
        return new Queue("topic.b");
    }

    @Bean
    TopicExchange exchange() {
```

```
        return new TopicExchange("topicExchange");
    }

    @Bean
    Binding bindingExchangeMessage(Queue queueMessage, TopicExchange exchange) {
        return BindingBuilder.bind(queueMessage).to(exchange).with("topic.a");
    }

    @Bean
    Binding bindingExchangeMessages(Queue queueMessages, TopicExchange exchange) {
        return BindingBuilder.bind(queueMessages).to(exchange).with("topic.#");
    }
}
```

（2）编写接收者 A。

接收者 A 监听主题是“topic.a”，见以下代码：

```
@Component
@RabbitListener(queues = "topic.a")
public class TopicReceiverA {
    @RabbitHandler
    public void process(String msg) {
        System.out.println("Topic ReceiverA: " + msg);
    }

}
```

（3）编写接收者 B。

接收者 B 监听主题是“topic.b”，见以下代码：

```
@Component
@RabbitListener(queues = "topic.b")
public class TopicReceiverB{
    @RabbitHandler
    public void process(String msg) {
        System.out.println("Topic ReceiverB: " + msg);
    }
}
```

（4）编写发送者。

编写发送者，通过发送不同的“topic”来测试效果，见以下代码：

```
@Component
public class TopicSender {
```

```
    @Autowired
    private AmqpTemplate amqpTemplate;

    public void send() {
        String context = "topic";
        System.out.println("Sender : " + context);
        this.amqpTemplate.convertAndSend("topicExchange", "topic.1", context);
    }

    public void send2() {
        String context = "topic 2";
        System.out.println("Sender : " + context);
        this.amqpTemplate.convertAndSend("topicExchange", "topic.a", context);
    }

    public void send3() {
        String context = "topic3";
        System.out.println("Sender : " + context);
        this.amqpTemplate.convertAndSend("topicExchange", "topic.b", context);
    }

}
```

（5）编写测试，见以下代码：

```
public class TopicSendControllerTest {
    @Autowired
    private TopicSender sender;

    @Test
    public void topic() throws Exception {
        sender.send();
    }

    @Test
    public void topic1() throws Exception {
        sender.send2();
    }

    @Test
    public void topic2() throws Exception {
        sender.send3();
    }
}
```

运行测试，可以看到控制台输出如下结果：

```
Topic Receiver2   : topic
Topic Receiver2   : topic 2
Topic Receiver1   : topic 2
Topic Receiver2   : topic3
```

12.6.4 实例 53：实现广播模式

fanout 是广播模式。在该模式下，绑定了交换机的所有队列都能接收到这个消息。

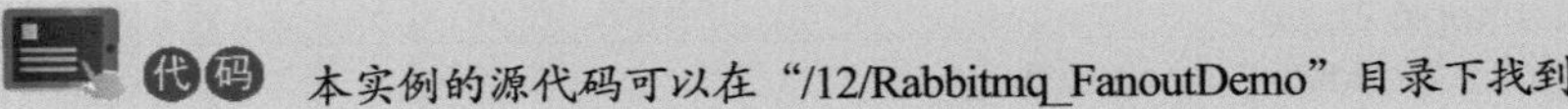

本实例的源代码可以在“/12/Rabbitmq_FanoutDemo”目录下找到。

（1）配置 fanout。

配置广播模式的队列，见以下代码：

```
@Configuration
public class RabbitmqConfig {
    @Bean
    public Queue queueA() {
        return new Queue("fanout.A");
    }

    @Bean
    public Queue queueB() {
        return new Queue("fanout.B");
    }

    @Bean
    FanoutExchange fanoutExchange() {
        return new FanoutExchange("fanoutExchanger");
    }

    @Bean
    Binding bindingExchangeA(Queue queueA, FanoutExchange fanoutExchanger) {
        return BindingBuilder.bind(queueA).to(fanoutExchanger);
    }

    @Bean
    Binding bindingExchangeB(Queue queueB, FanoutExchange fanoutExchanger) {
        return BindingBuilder.bind(queueB).to(fanoutExchanger);
    }
}
```

（2）编写发送者。

编写发送者发送广播，见以下代码：

```
@Component
public class FanoutSender {
    @Autowired
    private AmqpTemplate rabbitTemplate;
    public void send() throws Exception{
        String context = "Fanout ";
        System.out.println("Sender : " + context);
        this.rabbitTemplate.convertAndSend("fanoutExchange","", context);
    }
}
```

（3）编写接收者 A。

接收者 A 监听“fanout.A”，见以下代码：

```
@Component
@RabbitListener(queues = "fanout.A")
public class FanoutReceiverA {
    @RabbitHandler
    public void process(String message) {
        System.out.println("fanout Receiver A :" + message);
    }
}
```

（4）编写接收者 B。

接收者 B 监听“fanout.B”，见以下代码：

```
@Component
@RabbitListener(queues = "fanout.B")
public class FanoutReceiverB {
    @RabbitHandler
    public void process(String message) {
        System.out.println("fanout Receiver B:" + message);
    }
}
```

（5）编写测试。

编写测试，用于测试效果，见以下代码：

```
 public class FanoutSendControllerTest {
    @Autowired
    private FanoutSender sender;
```

```
    @Test
    public void fanoutSender() throws Exception {
        sender.send();
    }
}
```

运行测试，可以看到控制台输出如下结果：

```
fanout Receiver A:Fanout
fanout Receiver B:Fanout
```

这表示绑定到 fanout 交换机上的队列都接收到了消息。

12.7 实例 54：实现消息队列延迟功能

要实现这个功能，一般使用 RabbitMQ 的消息队列延迟功能，即采用官方提供的插件 “rabbitmq_delayed_message_exchange” 来实现。但 RabbitMQ 版本必须是 3.5.8 以上才支持该插件，否则得用其“死信”功能。

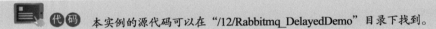

代码 本实例的源代码可以在“/12/Rabbitmq_DelayedDemo”目录下找到。

（1）安装延迟插件。

用 rabbitmq-plugins list 命令可以查看安装的插件。如果没有，则直接访问官网进行下载，下载完成后，将其解压到 RabbitMQ 的 plugins 目录，如笔者的目录路径是“G:\Program Files\RabbitMQ Server\rabbitmq_server-3.7.12\plugins”。

然后执行下面的命令进行安装：

```
rabbitmq-plugins enable rabbitmq_delayed_message_exchange
```

（2）配置交换机，见以下代码：

```
@Bean
public CustomExchange delayExchange() {
    Map<String, Object> args = new HashMap<>();
    args.put("x-delayed-type", "direct");
    return new CustomExchange("delayed_exchange", "x-delayed-message", true, false, args);
}
```

这里要使用 CustomExchange，而不是 DirectExchange。CustomExchange 的类型必须是 x-delayed-message。

（3）实现消息发送。这里设置消息延迟 5s，见以下代码：

```
@Service
public class CustomSender {
    @Autowired
    private RabbitTemplate rabbitTemplate;
    public void sendMsg(String queueName, String msg) {
        SimpleDateFormat sdf = new SimpleDateFormat("yyyy-MM-dd HH:mm:ss");
        System.out.println("消息发送时间:" + sdf.format(new Date()));
        rabbitTemplate.convertAndSend("delayed_exchange", queueName, msg, new
MessagePostProcessor() {
            @Override
            public Message postProcessMessage(Message message) throws AmqpException {
//消息延迟 5s
                message.getMessageProperties().setHeader("x-delay", 5000);
                return message;
            }
        });
    }
}
```

（4）实现消息接收，见以下代码：

```
@Component
public class CustomReceiver {
    @RabbitListener(queues = "delay_queue_1")
    public void receive(String msg) {
        SimpleDateFormat sdf = new SimpleDateFormat("yyyy-MM-dd HH:mm:ss");
        System.out.println(sdf.format(new Date())+msg);
        System.out.println("Receiver :执行取消订单");
        }
}
```

（5）测试发送延迟消息，见以下代码：

```
@Autowired
private CustomSender customSender;
@Test
public void send() {
    SimpleDateFormat sdf = new SimpleDateFormat("yyyy-MM-dd HH:mm:ss");
        customSender.sendMsg("delay_queue_1","支付超时，取消订单通知！");
}
```

运行测试，可以看到控制台输出如下结果：

```
2019-05-08 21:50:37 支付超时，取消订单通知！
Receiver :执行取消订单
```

至此，消息队列延迟功能成功实现。在 rabbitmq_delayed_message_exchange 插件产生之前，我们大都是使用“死信”功能来达到延迟队列的效果。

“死信”在创建 Queue（队列）时，要声明“死信”队列。队列里的消息到一定时间没被消费，就会变成死信转发到死信相应的 Exchange 或 Queue 中。

延迟消息是 Exchange 到 Queue 或其他 Exchange 的延迟。但如果消息延迟到期了，或消息不能被分配给其他的 Exchange 或 Queue，则消息会被丢弃。

第 13 章 集成 NoSQL 数据库，实现搜索引擎

关于搜索引擎，我们很难实现 Elasticsearch 和 Solr 两大搜索框架的效果。所以本章针对两大搜索框架，非常详细地讲解了它们的原理和具体使用方法。首先介绍什么是搜索引擎、如何用 MySQL 实现简单的搜索引擎，以及 Elasticsearch 的概念和接口类；然后介绍 Elasticsearch 的精准、模糊、范围、组合、分页、聚合查询；最后介绍 Solr 的概念、安装、配置和使用，并对两大搜索框架进行比较。

13.1 Elasticsearch——搜索应用服务器

13.1.1 什么是搜索引擎

搜索引擎（search engine）通常意义上是指：根据特定策略，运用特定的爬虫程序从互联网上搜集信息，然后对信息进行处理后，为用户提供检索服务，将检索到的相关信息展示给用户的系统。

本章主要讲解的是搜索的索引和检索，不涉及爬虫程序的内容爬取。大部分公司的业务也不会有爬取工作，而只提供查询服务，而且 Elasticsearch 也只是提供这方面的功能。

13.1.2 用数据库实现搜索功能

在极少量的数据应用中，可以利用关系型数据库的 Select 语句实现搜索功能。比如有一个电子商务系统，采用 MySQL 数据库，其产品数据表如图 13-1 所示。

id	category	name	body
1	水果	苹果	苹果，常见的苹果
2	水果	红富士	红富士，苹果中一种好吃的脆苹果
3	水果	嘎拉	嘎拉，苹果中一种好吃粉苹果
4	水果	桑萨	桑萨，苹果中一种好吃苹果
5	水果	红将军	红将军，苹果中一种好吃苹果
6	水果	津轻	津轻，苹果中一种好吃苹果
7	水果	金冠	金冠，苹果中一种好吃苹果
8	水果	金帅	金帅，苹果中一种好吃的苹果，和红富士一样好吃
9	手机	苹果8	苹果8
10	手机	苹果XS	苹果XS
11	手机	苹果XR	苹果XR
12	手机配件	苹果XS手机壳	苹果XS手机壳，可爱的红色少女款
13	手机配件	苹果8手机壳	苹果8手机壳，带扣的普通版，ABS塑料材质

图 13-1　关系型数据库的产品数据表

需要实现产品搜索功能，可以使用如下 SQL 语句：

```
select * from product where  字段  like '%关键词%'
select * from product where  字段 like '关键词%'
```

上述 SQL 语句中，如果要使用索引提高性能，则 like 就必须写成 like 'a%' 或 '%a'形式。两边都加上“%”是不会触发索引的。

我们先不考虑性能，只从商业效果上来看下面的演示是否能满足用户的需求。

1. 简单查询

假如，用户想搜索“红富士”的苹果，当搜索关键词“红富士”之后，MySQL 执行 SQL 语句，如图 13-2 所示。

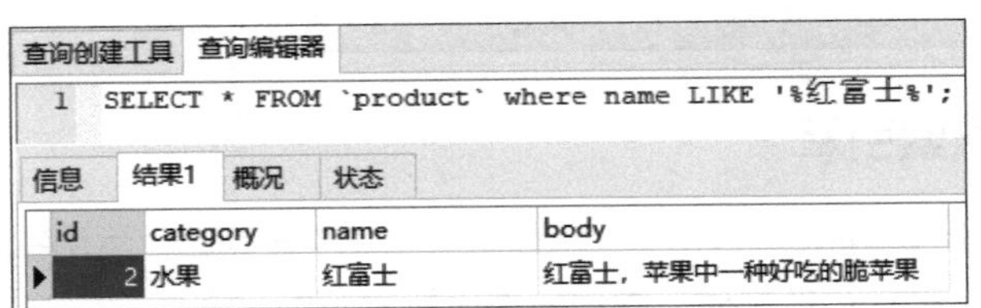

图 13-2　查询“红富士”的产品

查询结果是“name”字段中出现“红富士”的产品信息。

2. 多字段模糊查询

上面已经实现了简单的查询。但是，我们发现产品“金帅”的“body”字段中是“金帅，苹果中一种好吃的苹果，和红富士一样好吃”，这包含了“红富士”关键词，如何才能把“body”字段中的关键词也搜索到呢?

现在对 SQL 语句进行改进，改为如图 13-3 所示的 SQL 语句。可以看到，“body”字段中有“红富士”的词也被检索出来了。

查询创建工具　查询编辑器

```
SELECT * FROM `product` where name LIKE '%红富士%' or  body LIKE '%红富士%';
```

信息　结果1　概况　状态

id	category	name	body
2	水果	红富士	红富士，苹果中一种好吃的脆苹果
8	水果	金帅	金帅，苹果中一种好吃的苹果，和红富士一样好吃

图 13-3　SQL 多字段 LIKE 查询

3. 分词查询

由于用户输入时可能会存在输入错误的情况，假设用户输入的是“红富 s”，那么数据库是无法查询到结果的。这时需要用分词算法对输入数据进行分词，可以分为：

```
红、富、s
红富、s
红、富s
```

然后对词进行分别查询，查询结果如图 13-4 所示。

查询创建工具　查询编辑器

```
SELECT * FROM `product` where name LIKE '%红%' or  body LIKE '%红%'
or name LIKE '%富%' or  body LIKE '%富%'
or name LIKE '%红富%' or  body LIKE '%红富%';
```

信息　结果1　概况　状态

id	category	name	body
2	水果	红富士	红富士，苹果中一种好吃的脆苹果
5	水果	红将军	红将军，苹果中一种好吃苹果
8	水果	金帅	金帅，苹果中一种好吃的苹果，和红富士一样好吃
12	手机配件	苹果XS手机壳	苹果XS手机壳，可爱的红色少女款

图 13-4　分词搜索结果

我们会发现结果中把“name”和“body”字段都搜索出来了，但是出现了一个问题——苹果 XS 手机壳不该出现却出现了。当然这里排在最后，可能对用户影响不大，但是如果加上排序字段，根据最新添加来排序呢？则变成了如图 13-5 所示的效果。

这就会影响用户的搜索体验，本意是查询水果的，结果手机配件却排在了第一位，问题在哪里呢？其中一个原因就是分词没分好，然后没有权重设置（权重这里暂时不涉及）。所以，此时需要一个很好的分词系统。

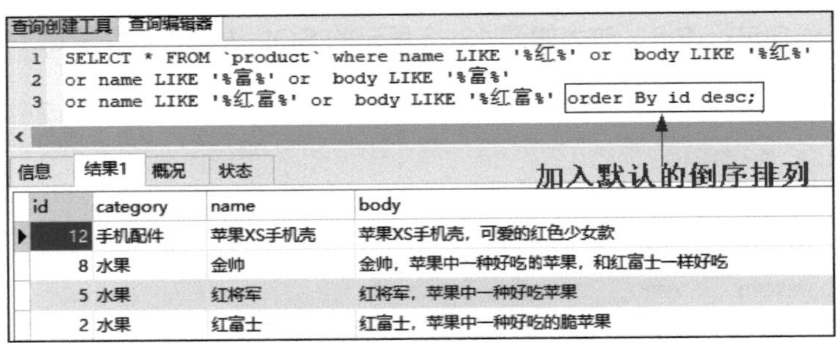

图 13-5 加入倒序排列的搜索结果

从 MySQL 5.7 开始内置了 ngram 全文检索插件，用来支持中文分词，并且对 MyISAM 和 InnoDB 引擎有效。在使用中文检索分词插件 ngram 之前，需要在 MySQL 配置文件里面设置它的分词大小，比如设置为 2：

```
ngram_token_size=2
```

然后可以使用 match 命令进行查询。

```
select * from product where match (name,body) against ('红富 s');
```

分词的结果就变成了：

```
红富、富 s、红 s
```

查询结果如图 13-6 所示。

```
查询创建工具 查询编辑器
select * from product where match (name,body)
 against ('红富s') order By id desc;
```

信息 结果1 概况 状态

id	category	name	body
8	水果	金帅	金帅，苹果中一种好吃的苹果，和红富士一样好吃
2	水果	红富士	红富士，苹果中一种好吃的脆苹果

图 13-6 设置分词为 2 的查询结果

乍一看效果很好，但实际并不太科学，配置限定死了，没法根据应用环境来配置。比如搜索“苹果 XR”这个手机，因为分词长度为“2”，那么苹果这种水果也会被搜索出来，所以结果不尽如人意。

通过以上实例可以看出，如果用 MySQL 等关系型或 NoSQL 数据库去实现搜索引擎还是很麻烦的，即使在不考虑性能的情况下，考虑的问题依然非常多。如果加上性能因素来考量，即使对数据库进行索引，在面对复杂情况下的查询时，效果和性能都是不尽如人意的。

所以，在现在信息爆炸的时代，处理大规模数据就显得力不从心，这时需要一种专业、配置简单、性能极优的搜索引擎系统，如果能开源、可实现分布式、支持 RESTful API，则学习、使用成本、性能和实现就非常完美了。这时，Elasticsearch 和 Solr 就出现在我们面前了。

13.1.3　认识 Elasticsearch

Elasticsearch 是一个分布式、RESTful 风格的搜索和数据分析引擎。通过它，能够执行及合并多种类型的搜索（结构化数据、非结构化数据、地理位置、指标），解决不断涌现出的各种需求。

Elasticsearch 使用的是标准的 RESTful 风格的 API，使用 JSON 提供多种语言（Java、Python、Net、SQL 和 PHP）的支持，它可以快速地存储、搜索和分析海量数据。

Elasticsearch 是用 Java 语言开发的，并使用 Lucene 作为其核心来实现所有索引和搜索的功能。它的目的是：通过简单的 RESTful API 来隐藏 Lucene 的复杂性，从而让全文搜索变得简单。

Elasticsearch 是一个开源的高扩展的分布式全文检索引擎，可以近乎实时地存储、检索数据；本身扩展性很好，允许多台服务器协同工作，每台服务器可以运行多个实例。单个实例称为一个节点（node），一组节点构成一个集群（cluster）。分片是底层的工作单元，文档保存在分片内，分片又被分配到集群内的各个节点里，每个分片仅保存全部数据的一部分。

当 Elasticsearch 的节点启动后，它会使用多播（multicast）或单播（用户更改了配置）寻找集群中的其他节点，并与之建立连接。

13.1.4　Elasticsearch 应用案例

- GitHub：2013 年年初，GitHub 把 Solr 缓存改成了 Elasticsearch，以便用户搜索 20TB 的数据，包括 13 亿个文件和 1300 亿行代码。
- 维基百科：启动以 Elasticsearch 为基础的核心搜索架构 SoundCloud，为 1.8 亿用户提供即时而精准的音乐搜索服务。
- 百度：百度使用 Elasticsearch 作为数据分析引擎，20 多个业务线采集服务器上的各类数据及用户自定义数据，通过对各种数据进行多维分析，辅助定位异常。其单集群最大 100 台机器，200 个 Elasticsearch 节点，每天导入超过 30TB 的数据。

除这些公司外，Stack Overflow、新浪、阿里、360、携程、有赞、苏宁都在使用它。它被广泛地用于各大公司的站内搜索、IT 系统搜索（OA、CRM、ERP）、数据分析等工作中。

13.1.5　对比 Elasticsearch 与 MySQL

尽管将 Elasticsearch 与 MySQL 进行对比并不科学，但是这样的对比能区分 Elasticsearch 和 MySQL 数据库的区别，便于快速用熟悉的知识来理解 Elasticsearch。所以，本节采用对比的方式来讲解 Elasticsearch。Elasticsearch 与 MySQL 的结构对比见表 13-1。

表 13-1　Elasticsearch 与 MySQL 的结构对比

ElasticSearch	MySQL	ElasticSearch	MySQL
index	database	everything is indexed	index
type	table	query dsl	sql
document	row	get url	select *from table
field	column	put url	update table set
mapping	schema		

（1）关系型数据库中的数据库，相当于 Elasticsearch 中的索引（index）。

（2）一个数据库下面有多张表（table），相当于一个索引（index）下面有多个类型（type）。

（3）一个数据库表（table）下的数据由多行（row）多列（column，属性）组成，相当于一个 type 由多个文档（document）和多个 field 组成。

（4）在关系型数据库中，schema 定义了表、每个表的字段，还有表和字段之间的关系；在 Elasticsearch 中，mapping 定义索引下的 type 的字段处理规则，即索引如何建立、索引类型、是否保存原始索引 JSON 文档、是否压缩原始 JSON 文档、是否需要分词处理、如何进行分词处理等。

（5）在 MySQL 数据库中的增（insert）、删（delete）、改（update）、查（select）操作相当于 Elasticsearch 中的增（put/post）、删（delete）、改（update）、查（get）。

客户端主要通过“方法（PUT/POST/GET/ DELETE）+ http://ip:端口/索引名称/类型/主键”来访问内容。

13.1.6　认识 ElasticSearchRepository

Spring-data-elasticsearch 是 Spring 提供的操作 Elasticsearch 的数据接口，它封装了大量的基础操作，通过它可以很方便地操作 Elasticsearch 的数据。

通过继承 ElasticsearchRepository 来完成基本的 CRUD 及分页操作，和普通的 JPA 没有什么区别。比如下面实体 Product 的 Repository 继承 ElasticsearchRepository 后，可以在 Elasticsearch 文档中进行查找和比较等操作。具体使用方法见以下代码：

```
@Component
public interface ProductRepository extends ElasticsearchRepository<Product,Long> {
    Product findById(long id);
    Product findByName(String name);
```

```
    List<Product> findByPriceBetween(double price1, double price2);
}
```

ElasticsearchRepository 有几个特有的 search 方法，用来构建一些 Elasticsearch 查询，主要由 QueryBuilder 和 SearchQuery 两个参数来完成一些特殊查询。

实现类 NativeSearchQuery 实现了 QueryBuilder 和 SearchQuery 方法，要构建复杂查询，可以通过构建 NativeSearchQuery 类来实现。

一般情况下，不是直接新建 NativeSearchQuery 类，而是使用 NativeSearchQueryBuilder 来完成 NativeSearchQuery 的构建。具体用法见以下代码：

```
NativeSearchQueryBuilder
.withQuery(QueryBuilder1)
.withFilter(QueryBuilder2)
.withSort(SortBuilder1)
.withXxx().build()
```

13.1.7　认识 ElasticsearchTemplate

ElasticsearchTemplate 是 Spring 对 Elasticsearch 的 API 进行的封装，主要用来对索引进行创建、删除等操作。它继承了 ElasticsearchOperations 和 ApplicationContextAware 接口。ElasticSearchTemplate 提供一些比 ElasticsearchRepository 更底层的方法。

ElasticsearchOperations 接口中常用的方法如下。

- createIndex()方法：创建索引，返回值为布尔类型数据。
- indexExists()方法：查询索引是否存在，返回值为布尔类型数据。
- putMapping()方法：创建映射，返回值为布尔类型数据。
- getMapping()方法：得到映射，返回值为一个 Map 数据。
- deleteIndex()方法：删除索引，返回值为布尔类型数据。

13.1.8　认识注解@Document

注解@Document 作用于类，用于标记实体类为文档对象。

存储在 Elasticsearch 中的一条数据，即是一个文档，类似关系型数据库的一行数据。Elasticsearch 会索引每个文档的内容，以便搜索。它使用 JSON 格式，将数据存储到 Elasticsearch 中，实际上是将 JSON 格式的字符串发送给了 Elasticsearch。

1. document 的核心元数据

document 有三个核心元数据，分别是_index、_type、_id。

（1）_index。代表一个 document 存放在哪个 index 中，类似的数据放在一个索引中，非类似的数据放在不同的索引中。index 中包含了很多类似的 document，这些 document 的 field 很大一部分是相同的。索引名称必须小写，不能用下画线开头，不包含逗号。

（2）_type。代表 document 属于 index 的哪个类别，一个索引通常会划分为多个 type，逻辑上对 index 不同的数据进行分类。type 名称可以是大写或小写，但是不能用下画线开头，不能包含逗号。

（3）_id。代表 document 的唯一标识，与_index 和_type 一起可以标识和定位一个 document。默认自动创建 id，也可以手动指定 document 的 id。

2. document id 的手动指定和自动生成

（1）手动指定 document id。

如果需要从某些其他系统中导入一些数据到 Elasticsearch，则会采用手动指定 id 的形式，因为一般情况下系统中已有数据的唯一标识，可以用作 Elasticsearch 中的 document 的 id。

其语法格式为：

```
put /index/type/id
{
  "json"
}
```

（2）自动生成 document id。

其语法格式为：

```
post /index/type
{
  "json"
}
```

自动生成的 id 长度为 20 个字符，URL 安全、Base64 编码、GUID、分布式系统并行生成时不会发生冲突。

3. document 的_source 元数据，以及定制返回结果

_source 元数据是在创建 document 时放在 body 中的 JSON 数据。在默认情况下，查找数据时会返回全部数据。如果要定制返回结果，则可以指定_source 中返回哪些 field。

例如：

```
GET / _index/ _type/1?_source=field
```

13.1.9　管理索引

1. 创建索引

（1）根据类的信息自动生成创建索引。

下面代码是根据实体类创建一个名为“ec”的索引，并定义 tpye 是“product”。由于是单机环境，所以定义副本为 0，分片为默认值 5。

```
@Document(indexName = "product", type = "product", replicas = 0, shards = 5)
public class Product implements Serializable {
}
```

代码解释如下。

- indexName：对应索引库名称，可以理解为数据库名。必须小写，否则会报“org.elasticsearch.indices.InvalidIndexNameException”异常。
- type：对应在索引库中的类型，可以将其理解为“表名”。
- shards：分片数量，默认值为 5。
- replicas：副本数量，默认值为 1。如果是单机环境，则健康状态为“yellow”。如果要成为“green”，则指定值为 0 即可。

（2）手动创建索引。

可以使用 createIndex 方法手动指定 indexName 和 Settings，再进行映射。在使用前，要先注入 ElasticsearchTemplate。使用方法如下。

- 根据索引名创建索引：

```
lasticsearchTemplate.createIndex("indexname");
```

- 根据类名创建索引：

```
lasticsearchTemplate.createIndex(Product.class);
```

2. 查询索引

- 根据索引名查询：

```
elasticsearchTemplate.indexExists("indexname");
```

- 根据类名查询：

```
elasticsearchTemplate.indexExists(Product.class);
```

3. 删除索引

可以根据索引名和类名对索引进行删除。

- 根据索引名删除：

```
elasticsearchTemplate.deleteIndex("indexname");
```

- 根据类名删除：

```
elasticsearchTemplate.deleteIndex(Product.class);
```

13.2 实例 55：用 ELK 管理 Spring Boot 应用程序的日志

ELK 是 Elasticsearch+Logstash+Kibana 的简称。

Logstash 负责将数据信息从输入端传输到输出端，比如将信息从 MySQL 传入 Elasticsearch，还可以根据自己的需求在中间加上滤网。Logstash 提供了很多功能强大的滤网，以满足各种应用场景。

Logstash 有以下两种工作方式。

（1）每一台机器启动一个 Logstash 服务，读取本地的数据文件，生成流传给 Elasticsearch。

（2）Logback 引入 Logstash 包，然后直接生产 JSON 流，传给一个中心的 Logstash 服务器，Logstash 服务器再传给 Elasticsearch。最后，Elasticsearch 将其流传给 Kibana。

Kibana 是一个开源的分析与可视化平台，和 Elasticsearch 一起使用。可以用 Kibana 搜索、查看、交互存放在 Elasticsearch 索引里的数据。使用各种不同的图标、表格、地图等，Kibana 能够很轻易地展示高级数据分析与可视化。

ELK 架构为数据分布式存储、日志解析和可视化创建了一个功能强大的管理链。三者相互配合，取长补短，共同完成分布式大数据处理工作。

本实例通过 Logstash 收集本地的 log 文件流，传输给 Elasticsearch。

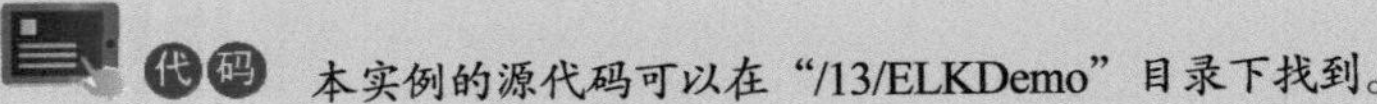

本实例的源代码可以在“/13/ELKDemo”目录下找到。

13.2.1 安装 Elasticsearch

（1）通过官网下载 Elasticsearch。

（2）在下载完成后，首先将其解压到合适的目录，然后进入解压目录下的 bin 目录，双击 elasticsearch.bat 文件启动 Elasticsearch。这里需要确保安装的 Java 版本在 1.8 及以上。

（3）访问“http://127.0.0.1:9200/”，当看到返回如下一串 JSON 格式的代码时，则说明已经安装成功了。

```
{
  "name" : "1q71xef",
  "cluster_name" : "elasticsearch",
```

```
//省略
  "tagline" : "You Know, for Search"
}
```

根据应用需要，还可以安装 Elasticsearch 必要的一些插件，如 Head、kibana、IK（中文分词）、graph。

在 Elasticsearch 6.0.0 或更新版本中，创建的索引只会包含一个映射类型（mapping type）。在 Elasticsearch 5.x 中创建的具有多个映射类型的索引在 Elasticsearch 6.x 中依然会正常工作。在 Elasticsearch 7.0.0 中，映射类型被完全移除了。

13.2.2　安装 Logstash

1．安装 Logstash

（1）访问 Elasticsearch 官网下载 Logstash。

（2）将下载文件解压到自定义的目录即可。

2．配置 Logstash

（1）在解压文件的 config 目录下新建 log4j_to_es.conf 文件，写入以下代码：

```
input{
    tcp{
        host =>"localhost"
        port =>9601
        mode =>"server"
        tags =>["tags"]
    ##JSON 格式
        codec => json_lines
    }
}
output{
        elasticsearch{
                hosts=>"127.0.0.1:9200"
                index=>"demolog"
        }
        stdout{ codec=>rubydebug}
}
```

这里一定要注意：这是 UTF-8 的格式，不要带 BOM。如果启动时出现错误，则可以用“logstash -f ../config/xxx.conf -t”命令检查配置文件是否错误。

（2）新建文件 run.bat。写入代码“logstash -f ../config/log4j_to_es.conf”，保存。然后双击该配置文件，启动 Logstash。

（3）访问“localhost:9600”，如出现以下内容，则代表配置成功。

```
{"host":"zhonghua","version":"6.5.0","http_address":"127.0.0.1:9600","id":"03472165-2b17-4e5f-a1a1-f48ea4deb9a1","name":"zhonghua","build_date":"2018-11-09T19:43:40+00:00","build_sha":"4b3a404d6751261d155458c1a8454a22167b1954","build_snapshot":false}
```

13.2.3 安装 Kibana

Kibana 是官方推出的 Elasticsearch 数据可视化工具。

（1）通过访问 Elasticsearch 官网下载 Kibana。

（2）解压下载的压缩文件，进入解压目录，双击 Kibana 目录的 bin/kibana.bat，以启动 Kibana，当出现以下提示时，代表启动成功。

```
log    [08:23:47.611] [info][status][plugin:spaces@6.5.0] Status changed from yellow to green  -  Ready
```

（3）访问 localhost:5601 就可以进入 Kibana 控制台。

单击控制台左边导航栏的“Dev-tools”按钮，可以进入 Dev-tools 界面。单击“Get to work”，然后在控制台输入“GET /_cat/health?”命令，可以查看服务器状态。如果在右侧返回的结果中看到 green 或 yellow ，则表示服务器状态正常。

yellow 表示所有主分片可用，但不是所有副本分片都可用。如果 Elasticsearch 只是安装在本地，且设置了副本大于 0，则会出现黄色，这是正常的状态。因为并没有分布式部署，是单节点。另外，由于 Elasticsearch 默认有 1 个副本，主分片和副本不能在同一个节点上，因此副本就是未分配（unassigned）。

所以，在设计实体时可以设置@Document(indexName = "goods",type = "goods",shards = 5, replicas = 0)，即“replicas=0”就会变成 green。

13.2.4 配置 Spring Boot 项目

（1）添加项目依赖，见以下代码：

```
<dependency>
    <groupId>org.springframework.boot</groupId>
    <artifactId>spring-boot-starter-log4j</artifactId>
    <version>1.3.8.RELEASE</version>
</dependency>
```

```
<dependency>
    <groupId>net.logstash.logback</groupId>
    <artifactId>logstash-logback-encoder</artifactId>
    <version>5.3</version>
</dependency>
```

（2）添加配置文件 logback.xml，这里在 Spring Boot 项目里添加一个配置文件，见以下代码：

```
<?xml version="1.0" encoding="UTF-8"?>
<configuration>
    <appender name="LOGSTASH"
class="net.logstash.logback.appender.LogstashTcpSocketAppender">
        <destination>localhost:9601</destination>
        <encoder charset="UTF-8" class="net.logstash.logback.encoder.LogstashEncoder" />
    </appender>
    <appender name="STDOUT" class="ch.qos.logback.core.ConsoleAppender">
        <!-- encoder 必须配置,有多种可选字符集 -->
        <encoder charset="UTF-8">
            <pattern>%d{HH:mm:ss.SSS} [%thread] %-5level %logger - %msg%n</pattern>
        </encoder>
    </appender>
    <root level="INFO">
        <appender-ref ref="LOGSTASH" />
        <appender-ref ref="STDOUT" />
    </root>
</configuration>
```

13.2.5　创建日志计划任务

在 Spring Boot 项目中创建 logTest 类，用于测试将日志通过 Logstash 发送到 Elasticsearch，见以下代码：

```
@Component
public class logTest {
    private Logger logger = LoggerFactory.getLogger(logTest.class);
    @Scheduled(fixedRate = 1000)
    public void logtest() {
        logger.trace("trace 日志");
        logger.debug("debug 日志");
        logger.info("info 日志");
        logger.warn("warn 日志");
        logger.error("error 日志");
    }
}
```

（1）在入口类中添加注解@EnableScheduling，开启计划任务，然后运行项目。

（2）访问"http://localhost:5601"。

选择左侧导航栏的"Management → Index Patterns → Create index pattern"命令，输入"demolog"，单击"Next"按钮，选择时间过滤器字段名，单击"Create index pattern"按钮，创建完成。

进入 Kibana 的 Discover，就可以查看日志信息了。

13.2.6 用 Kibana 查看管理日志

在 Kibana 的 Discover 页面中，可以交互式地探索自己的数据。这里可以访问与所选择的索引默认匹配的每个索引中的文档，可以提交查询请求、过滤搜索结构，并查看文档数据，还可以看到匹配查询请求的文档数量，以及字段值统计信息。

如果选择的索引模式配置了 time 字段，则文档随时间的分布将显示在页面顶部的直方图中。Discover 的界面如图 13-7 所示。

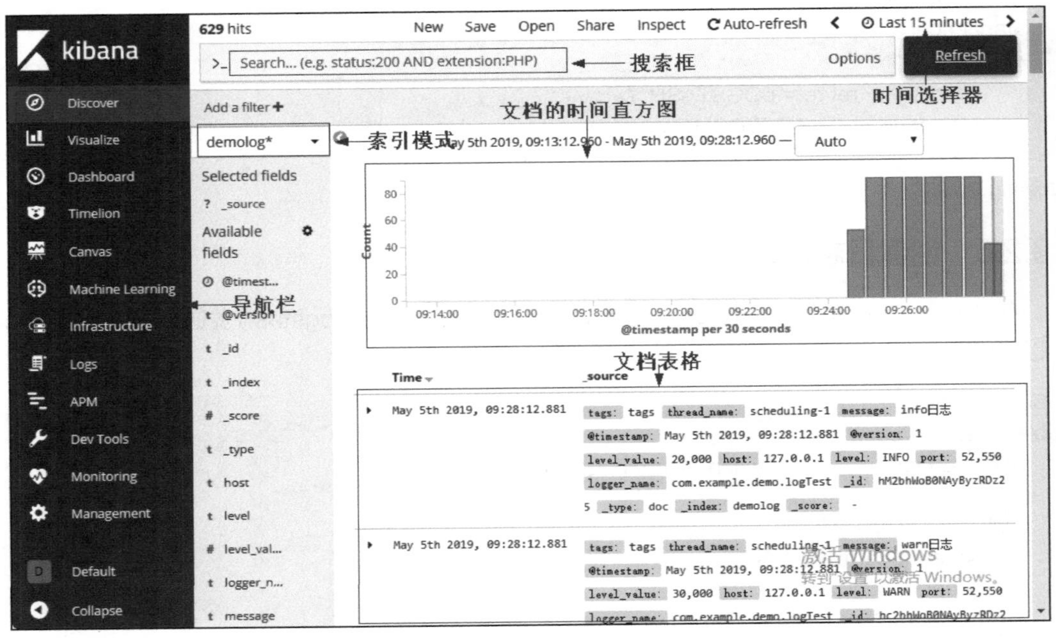

图 13-7 Discover 的界面

Kibana 的功能非常强大，还可以进行可视化设计，创建热点图、区域图、饼图、时间线等，也可以监控 Elasticsearch 的健康状态。如果安装了 APM 支持，还可以进行性能监控。

13.3　实例 56：在 Spring Boot 中集成 Elasticsearch，实现增加、删除、修改、查询文档的功能

本实例讲解如何在 Spring Boot 中实现增加、删除、修改、查询文档的功能，以理解 Spring Boot 的相关 Starter 的使用和 Elasticsearch 的知识点和具体应用。

代码　本实例的源代码可以在"/13/ElasticsearchProductDemo"目录下找到。

13.3.1　集成 Elasticsearch

Spring Boot 提供了 Starter（spring-boot-starter-data-elasticsearch）来集成 Elasticsearch。

- 优点：开发速度快，不要求熟悉 Elasticsearch 的一些 API，能快速上手。即使之前对 Elasticsearch 不了解，也能通过方法名或 SQL 语句快速写出自己需要的逻辑。而具体转换成 API 层的操作则是由框架底层实现的。
- 缺点：使用的 Spring Boot 的版本对 Elasticsearch 的版本也有了要求，不能超过某些版本号，在部署时需要注意。如果采用 API 方式，则能解决这个问题。

（1）添加依赖，见以下代码：

```
<!-- Elasticsearch 支持 -->
<dependency>
 <groupId>org.springframework.boot</groupId>
<artifactId>spring-boot-starter-data-elasticsearch</artifactId>
</dependency>
```

（2）添加 application.properties 配置，见以下代码：

```
spring.data.elasticsearch.cluster-name=elasticsearch
#节点的地址。注意，API 模式下端口号是 9300，千万不要写成 9200
spring.data.elasticsearch.cluster-nodes=127.0.0.1:9300
#是否开启本地存储
spring.data.elasticsearch.repositories.enable=true
```

13.3.2　创建实体

（1）创建实体。

这里根据类的信息自动生成，也可以手动指定索引名称。ElasticsearchTemplate 中提供了创建索引的 API，因为进行本机测试，没做集群，所以 replicas 副本先设置为 0。见以下代码：

```
//省略
//索引名称可以理解为数据库名，必须为小写，否则会报“org.elasticsearch.indices.InvalidIndexNameException”
异常
@Document(indexName = "ec", type = "product", replicas = 0, shards = 5)
//type（类型）可以理解为表名
@Data
public class Product implements Serializable {
    /**
     * Description:  @Id 注解必须是 springframework 包下的 * org.springframework.data.annotation.Id
     */
    private Long id;
    @Field(type = FieldType.Text, analyzer = "ik_max_word")//ik_max_word 使用 IK 分词器
    private String name;
    @Field(type = FieldType.Keyword)//在存储数据时，不会对 category 进行分词
//分类
    private String category;
//价格
    @Field(type = FieldType.Double)
    private Double price;
    @Field(index = false, type = FieldType.Keyword)// index=false，表示不建立索引
    //图片地址
    private String images;
    private String body;
}
//省略
```

代码解释如下。

- @Id 注解：作用于成员变量，标记一个字段作为 id 主键。
- @Field 注解：作用于成员变量，标记为文档的字段，需要指定字段映射属性 type。
- index：是否索引，布尔类型，默认为 true。
- store：是否存储，布尔类型，默认为 false。
- analyzer：分词器名称，这里的 ik_max_word 即使用 IK 分词器。

（2）创建数据操作接口。

继承 ElasticsearchRepository 即可创建数据操作接口，这样不用写方法，就具备了 Elasticsearch 文档的增加、删除、修改和查询功能。见以下代码：

```
package com.example.demo.repository;
//省略
@Component
public interface ProductRepository extends ElasticsearchRepository<Product,Long> {
    Product findById(long id);
    Product findByName(String name);
}
```

13.3.3　实现增加、删除、修改和查询文档的功能

在测试类中，实现对 Elasticsearch 文档进行增加、删除、修改和查询的功能，见以下代码：

```
//省略
@SpringBootTest
@RunWith(SpringRunner.class)
public class ProductControllerTest {
    //每页数量
    private Integer PAGESIZE=10;
    @Autowired
    private ProductRepository productRepository;
    @Test
    public void save() {
        long id= System.currentTimeMillis();
        Product product = new Product(id,
                "红富士","水果",7.99,"/img/p1.jpg","这是一个测试商品");
        productRepository.save(product);
        System.out.println(product.getId());
    }
    @Test
    public void getProduct() {
        Product product = productRepository.findByName("红富士");
        System.out.println(product.getId());
    }
    @Test
    public void update() {
        long id=1557032203515L;
  Product product = new Product(id,
            "金帅","水果",7.99,"/img/p1.jpg","金帅也和红富士一样，非常好吃，脆脆的");
   productRepository.save(product);
    }
    @Test
    public void getProductById() {
        Product product = productRepository.findById(1557032203515L);
        System.out.println(product.getName()+product.getBody());
    }
    @Test
    public void delete() {
        long id=1557032203515L;
      productRepository.deleteById(id);
    }
    @Test
    public void getAll() {
        Iterable<Product> list = productRepository.findAll(Sort.by("id").ascending());
        for (Product product : list) {
```

```
                System.out.println(product);
            }
        }
}
```

请读者根据自己测试"save"方法返回的 id 值进行测试。这里的 id 值(1557032203515L)是笔者本机上得到的，读者不能用这个 id 值进行测试。

启动项目，运行测试 getAll，控制台返回如下值：

```
Product(id=1557031659306, name=红富士, category=水果, price=7.99, images=/img/p1.jpg, body=这是一个测试商品)
Product(id=1557032088459, name=金帅, category=水果, price=7.99, images=/img/p1.jpg, body=金帅也和红富士一样，非常好吃，脆脆的)
Product(id=1557032203515, name=红富士, category=水果, price=7.99, images=/img/p1.jpg, body=这是一个测试商品)
Product(id=1557034189287, name=红富士, category=水果, price=7.99, images=/img/p1.jpg, body=这是一个测试商品)
```

13.4 Elasticsearch 查询

本节知识点都配以实例来理解 Elasticsearch 查询的相关操作。

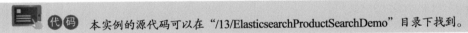

本实例的源代码可以在"/13/ElasticsearchProductSearchDemo"目录下找到。

13.4.1 自定义方法

可以根据 Spring Data 提供的方法名称，实现自己想自定义的查询功能：无须写实现类，只要继承 ElasticsearchRepository 接口即可。如"findByTitle"表示根据"title"进行查询，具体方法见表 13-2。

表 13-2 方法名称约定表

关 键 词	例 子
And	findByNameAndPrice
Or	findByNameOrPrice
Is	findByName
Not	findByNameNot
Between	findByPriceBetween

（续表）

关 键 词	例　　子
LessThanEqual	findByPriceLessThan
GreaterThanEqual	findByPriceGreaterThan
Before	findByPriceBefore
After	findByPriceAfter
Like	findByNameLike
StartingWith	findByNameStartingWith
EndingWith	findByNameEndingWith
Contains/Containing	findByNameContaining
In	findByNameIn(Collection<String>names)
NotIn	findByNameNotIn(Collection<String>names)
Near	findByStoreNear
TRUE	findByAvailableTrue
FALSE	findByAvailableFalse
OrderBy	findByAvailableTrueOrderByNameDesc

如果要查询价格在 7～8 元的商品，则可以在接口类加上“List<Product> findByPriceBetween (double price1, double price2); ”方法，见以下代码：

```
@Component
public interface ProductRepository extends ElasticsearchRepository<Product,Long> {      Product
findById(long id);
      Product findByName(String name);
      List<Product> findByPriceBetween(double price1, double price2);
}
```

然后，在测试类中直接使用自定义的“findByPriceBetween”方法查询出数据，见以下代码：

```
    @Test
    public void queryByPriceBetween() {
      Iterable<Product> list = productRepository.findByPriceBetween(7.00, 8.00);
        for (Product product : list) {
            System.out.println(product);
}
```

其他的使用方法以此类推。

13.4.2　精准查询

1. 单参数——termQuery

用法见以下代码：

```
QueryBuilder queryBuilder=QueryBuilders.termQuery("字段名", "查询值");
```

它是不分词查询。因为不分词，所以汉字只能查询一个字，而多字母的英语单词算一个字。

具体实现见以下代码：

```
@Test
public void termQuery() {
    //构建查询条件
    NativeSearchQueryBuilder nativeSearchQueryBuilderQueryBuilder = new NativeSearchQueryBuilder();
    //查询词，只能查询一个汉字，或一个英文单词
nativeSearchQueryBuilderQueryBuilder.withQuery(QueryBuilders.termQuery("name", "富"));
    //搜索，获取结果
    Page<Product> products = productRepository.search(nativeSearchQueryBuilderQueryBuilder.build());
    //总条数
    for (Product product : products) {
        System.out.println(product);
    }
}
```

2. 多参数——termsQuery

terms 可以提供 *n* 个查询的参数对一个字段进行查询，用法见以下代码。注意，这里是 term 的复数形式 terms。

```
QueryBuilder queryBuilder=QueryBuilders.termsQuery("字段名", "查询值","查询值");
```

具体实现见以下代码：

```
@Test
//多参数 termsQuery
public void termsQuery() {
    //构建查询条件
    NativeSearchQueryBuilder nativeSearchQueryBuilderQueryBuilder = new NativeSearchQueryBuilder();
    //查询词，只能查询一个汉字或一个英文单词
    nativeSearchQueryBuilderQueryBuilder.withQuery(QueryBuilders.termsQuery("name", "富","帅"));
    //搜索，获取结果
    Page<Product> products = productRepository.search(nativeSearchQueryBuilderQueryBuilder.build());
    //总条数
    for (Product product : products) {
        System.out.println(product);
    }
}
```

3. 分词查询——matchQuery

分词查询采用默认的分词器，用法见以下代码：

```
QueryBuilder queryBuilder2 = QueryBuilders.matchQuery("字段名", "查询值");
```

具体实现见以下代码：

```
    @Test
//分词查询采用默认的分词器
    public void matchQuery() {
        //查询条件
        NativeSearchQueryBuilder nativeSearchQueryBuilderQueryBuilder = new NativeSearchQueryBuilder();
        //查询词
nativeSearchQueryBuilderQueryBuilder.withQuery(QueryBuilders.matchQuery("name", "红士"));
        //搜索，获取结果
        Page<Product>   products= productRepository.search(nativeSearchQueryBuilderQueryBuilder.build());
        for (Product product : products) {
            System.out.println(product);
        }
}
```

4. 多字段查询——multiMatchQuery

多字段查询采用 multiMatchQuery 方法，用法见以下代码：

```
QueryBuilder queryBuilder= QueryBuilders.multiMatchQuery("查询值", "字段名", "字段名", "字段名");
```

具体实现见以下代码：

```
@Test
//多字段查询
    public void multiMatchQuery() {
        //构建查询条件
        NativeSearchQueryBuilder nativeSearchQueryBuilder   = new NativeSearchQueryBuilder();
        nativeSearchQueryBuilder.withQuery(QueryBuilders.multiMatchQuery("红富士金帅","name","body"));
        //搜索，获取结果
        Page<Product> products = productRepository.search(nativeSearchQueryBuilder.build());
        //总条数
        for (Product product : products) {
            System.out.println(product);
        }
    }
```

13.4.3　模糊查询

常见的模糊查询的方法有 4 种。

1. 左右模糊

用法见以下代码：

```
QueryBuilders.queryStringQuery("查询值").field("字段名");
```

具体实现见以下代码：

```
@Test
public void queryStringQuery() {
    //查询条件
    NativeSearchQueryBuilder nativeSearchQueryBuilderQueryBuilder = new NativeSearchQueryBuilder();
    //左右模糊
    nativeSearchQueryBuilderQueryBuilder.withQuery(QueryBuilders.queryStringQuery("我觉得红富士
    好吃").field("name"));
    //搜索，获取结果
    Page<Product>   products= productRepository.search(nativeSearchQueryBuilderQueryBuilder.build());
    for (Product product : products) {
        System.out.println(product);
    }
}
```

2. 前缀查询——prefixQuery

如果字段没分词，则匹配整个字段前缀，用法见以下代码：

```
QueryBuilders.prefixQuery("字段名","查询值");
```

具体实现见以下代码：

```
@Test
    public void prefixQuery() {
        //查询条件
        NativeSearchQueryBuilder nativeSearchQueryBuilderQueryBuilder = new
NativeSearchQueryBuilder();
        //左右模糊
        ativeSearchQueryBuilderQueryBuilder.withQuery(QueryBuilders.prefixQuery("name","士"));
        //搜索，获取结果
        Page<Product>   products=
productRepository.search(nativeSearchQueryBuilderQueryBuilder.build());
        for (Product product : products) {
            System.out.println(product);
        }
    }
```

3. 通配符查询——wildcard query

使用通配符方式进行查询，支持通配符“*”和“? ”。“*”代表任意字符串，“? ”代表任意一个字符。

（1）使用通配符“*”。

通配符“*”可以匹配多个值，用法见以下代码：

```
QueryBuilders.wildcardQuery("字段名","查询值*");
```

具体实现见以下代码：

```
@Test
public void wildcardQuery() {
    //查询条件
    NativeSearchQueryBuilder nativeSearchQueryBuilderQueryBuilder = new NativeSearchQueryBuilder();
    nativeSearchQueryBuilderQueryBuilder.withQuery(QueryBuilders.wildcardQuery("name","金*"));
    //搜索，获取结果
    Page<Product>   products= productRepository.search(nativeSearchQueryBuilderQueryBuilder.build());
    for (Product product : products) {
        System.out.println(product);
    }
}
```

（2）使用通配符“? ”。

通配符“? ”匹配一个词，用法见以下代码：

```
QueryBuilders.wildcardQuery("字段名","查?值");
```

具体实现见以下代码：

```
@Test
//通配符查询
    public void wildcardQuery2() {
        //查询条件
        NativeSearchQueryBuilder nativeSearchQueryBuilderQueryBuilder = new
NativeSearchQueryBuilder();
        nativeSearchQueryBuilderQueryBuilder.withQuery(QueryBuilders.wildcardQuery("name","金?"));
        //搜索，获取结果
        Page<Product>   products=
productRepository.search(nativeSearchQueryBuilderQueryBuilder.build());
        for (Product product : products) {
            System.out.println(product);
        }
    }
```

4．分词模糊查询——fuzzy query

分词模糊查询即匹配截取字符串为字前或后加 1 个词的文档，这里通过增加 fuzziness（模糊）属性来查询，fuzziness 的含义是检索的 term 前后增加或减少 *n* 个词的匹配查询。用法见以下代码：

```
QueryBuilders.fuzzyQuery("字段名","查询值").fuzziness(Fuzziness.ONE);
```

具体实现见以下代码：

```
    @Test
    public void fuzzyQuery() {
        //查询条件
        NativeSearchQueryBuilder nativeSearchQueryBuilderQueryBuilder
= new NativeSearchQueryBuilder(); nativeSearchQueryBuilderQueryBuilder
.withQuery(QueryBuilders.fuzzyQuery("name","士").fuzziness(Fuzziness.ONE));
        //搜索，获取结果
        Page<Product>   products=
productRepository.search(nativeSearchQueryBuilderQueryBuilder.build());
        for (Product product : products) {
            System.out.println(product);
        }
    }
```

5. **相似内容推荐**

相似内容的推荐是给定一篇文档信息，然后向用户推荐与该文档相似的文档。通过 Elasticsearch 的 More like this 查询接口，可以非常方便地实现基于内容的推荐，用法见以下代码：

```
QueryBuilders.moreLikeThisQuery(new String[] {"字段名"}).addLikeText("查询值");
```

如果不指定字段名，则默认全部，常用在相似内容的推荐上。

13.4.4 范围查询

将文档与具有一定范围内字词的字段进行匹配，用法如下。

- 闭区间查询：QueryBuilder queryBuilder = QueryBuilders.rangeQuery("字段名").from("值 1").to("值 2");
- 开区间查询：QueryBuilder queryBuilder = QueryBuilders.rangeQuery("字段名") .from("值 1").to("值 2").includeUpper(false).includeLower(false);//默认是 true，也就是包含
- 大于：QueryBuilder queryBuilder = QueryBuilders.rangeQuery("字段名").gt("查询值");
- 大于或等于：QueryBuilder queryBuilder = QueryBuilders.rangeQuery("字段名").gte("查询值");
- 小于：QueryBuilder queryBuilder = QueryBuilders.rangeQuery("字段名").lt("查询值");
- 小于或等于：QueryBuilder queryBuilder = QueryBuilders.rangeQuery("字段名").lte("查询值");

13.4.5 组合查询

组合查询是可以设置多个条件的查询方式，用来组合多个查询，有 4 种方式。

- must：代表文档必须完全匹配条件，相当于 and，会参与计算分值。

- mustnot：代表必须不满足匹配条件。
- filter：代表返回的文档必须满足 filter 条件，但不会参与计算分值。
- should：代表返回的文档可能满足条件，也可能不满足条件，有多个 should 时满足任何一个就可以，相当于 or，可以通过 minimum_should_match 设置至少满足几个。

13.4.6　分页查询

使用 NativeSearchQueryBuilder 实现分页查询，用法见以下代码：

```
    @Test
    public void termQuery() {
        //分页
        int page = 0;
        int size = 5;//每页文档数
        //构建查询条件
        NativeSearchQueryBuilder nativeSearchQueryBuilderQueryBuilder = new
NativeSearchQueryBuilder();
        //查询词，只能查询一个汉字，或一个英文单词
nativeSearchQueryBuilderQueryBuilder.withQuery(QueryBuilders.termQuery("name", "富"));
        //搜索，获取结果
        nativeSearchQueryBuilderQueryBuilder.withPageable(PageRequest.of(page, size));
        Page<Product> products =
productRepository.search(nativeSearchQueryBuilderQueryBuilder.build());
        //总条数
          for (Product product : products) {
            System.out.println(product);
        }
    }
```

如果要进行排序，只要在分页查询上构建 withSort 参数即可，用法见以下代码：

```
@Test
//分页查询+排序
public void searchByPageAndSort() {
    //分页：
    int page = 0;
    int size = 5;//每页文档数
    //构建查询条件
    NativeSearchQueryBuilder nativeSearchQueryBuilderQueryBuilder = new NativeSearchQueryBuilder();
    //查询词,只能查询一个汉字，或一个英文单词
    nativeSearchQueryBuilderQueryBuilder.withQuery(QueryBuilders.termQuery("name", "富"));
    //搜索，获取结果
    nativeSearchQueryBuilderQueryBuilder.withSort(SortBuilders.fieldSort("id").order(SortOrder.DESC));
    nativeSearchQueryBuilderQueryBuilder.withPageable(PageRequest.of(page, size));
    Page<Product> products = productRepository.search(nativeSearchQueryBuilderQueryBuilder.build());
```

```
    //总条数
    for (Product product : products) {
        System.out.println(product);
    }
}
```

13.4.7 聚合查询

聚合（aggregation）是 Elasticsearch 的一个强大功能，可以极其方便地实现对数据的统计、分析工作。搜索是查找某些具体的文档，聚合就是对这些搜索到的文档进行统计，可以聚合出更加细致的数据。它有两个重要概念。

- Bucket（桶/集合）：满足特定条件的文档的集合，即分组。
- Metric（指标/度量）：对桶内的文档进行统计计算（最小值、最大值），简单理解就是进行运算。

聚合由 AggregationBuilders 类来构建，它提供的静态方法见表 13-3。

表 13-3 AggregationBuilders 类提供的静态方法

功　能	语　法
统计数量	ValueCountBuilder vcb=　AggregationBuilders.count("count_id").field("id");
去重统计数量	CardinalityBuilder cb= AggregationBuilders.cardinality("distinct_count_id").field("id");
聚合过滤	FilterAggregationBuilder fab= AggregationBuilders.filter("id_filter").filter(QueryBuilders.queryStringQuery("id:1"));
按字段分组	TermsBuilder tb=　AggregationBuilders.terms("group_name").field("name");
求和	SumBuilder　sumBuilder= AggregationBuilders.sum("sum_price").field("price");
求平均值	AvgBuilder ab= AggregationBuilders.avg("avg_price").field("price");
求最大值	MaxBuilder mb= AggregationBuilders.max("max_price").field("price");
求最小值	MinBuilder min= AggregationBuilders.min("min_price").field("price");
按日期间隔分组	DateHistogramBuilder dhb= AggregationBuilders.dateHistogram("dhb_dt").field("date");
获取聚合结果	TopHitsBuilder thb=　AggregationBuilders.topHits("top_hit_result");
嵌套的聚合	NestedBuilder nb= AggregationBuilders.nested("negsted_quests").path("quests");
反转嵌套	AggregationBuilders.reverseNested("res_negsted").path("kps ");

具体用法见以下代码：

```
//测试桶
public String searchBybucket() {
    NativeSearchQueryBuilder queryBuilder = new NativeSearchQueryBuilder();
    queryBuilder.withSourceFilter(new FetchSourceFilter(new String[]{""}, null));
    //指定索引的类型，只先从各分片中查询匹配的文档，再重新排序和排名，取前 size 个文档
```

```
    queryBuilder.withSearchType(SearchType.QUERY_THEN_FETCH);
    //指定要查询的索引库的名称和类型，其实就是文档@Document 中设置的 indedName 和 type
    queryBuilder.withIndices("goods").withTypes("goods");
    //添加一个新的聚合，聚合类型为 terms，聚合名称为 brands，聚合字段为 brand
    queryBuilder.addAggregation(AggregationBuilders.terms("brands").field("brand"));
    //查询，需要把结果强转为 AggregatedPage 类型，AggregatedPage：聚合查询的结果类。它是 Page<T>
的子接口
    AggregatedPage<Goods> aggPage = (AggregatedPage<Goods>)
goodsRepository.search(queryBuilder.build());
    //从结果中取出名为 brands 的聚合解析
    //强转为 StringTerm 类型
    StringTerms agg = (StringTerms) aggPage.getAggregation("brands");
    //获取桶
    List<StringTerms.Bucket> buckets = agg.getBuckets();
    //遍历
    for (StringTerms.Bucket bucket : buckets) {
        //获取桶中的 key
        System.out.println(bucket.getKeyAsString());
        //获取桶中的文档数量
        System.out.println(bucket.getDocCount());
    }
    return buckets;
}
```

还可以嵌套聚合，在聚合 AggregationBuilders 中使用 subAggregation，用法见以下代码：

```
queryBuilder.addAggregation(
        AggregationBuilders.terms("brands").field("brand")
        .subAggregation(AggregationBuilders.avg("price_avg").field("price")) //在品牌聚合桶内进行嵌套聚
合 );
```

这里一定要注意 Spring Boot 和 Elasticsearch 的版本是否对应。

13.5　实例 57：实现产品搜索引擎

本实例通过实现一个产品信息的搜索引擎来帮助读者理解本章所讲的知识点及具体使用。创建实体和接口的方法在前面小节中已经讲解过，本节只讲解创建控制器实现搜索 API 和搜索的视图展示方法。

本实例的源代码可以在“/13/ElasticsearchProductSearch”目录下找到。

（1）创建搜索控制器，用于构建搜索框架，见以下代码：

```
//省略
@Controller
public class SearchController {
    @Autowired
    private ProductRepository productRepository;
    @GetMapping("search")
    public ModelAndView searchByPageAndSort(Integer start,String key) {
        //分页：
        if (start == null) {
            start = 0;
        }
        int size =2;//每页文档数
        //构建查询条件
        NativeSearchQueryBuilder nativeSearchQueryBuilderQueryBuilder = new NativeSearchQueryBuilder();
       //nativeSearchQueryBuilderQueryBuilder.withQuery(QueryBuilders.matchQuery("name", key));
        nativeSearchQueryBuilderQueryBuilder.withQuery(QueryBuilders.multiMatchQuery(key,"name",
"body"));
        //搜索，获取结果
nativeSearchQueryBuilderQueryBuilder.withSort(SortBuilders.fieldSort("id").order(SortOrder.DESC));
        nativeSearchQueryBuilderQueryBuilder.withPageable(PageRequest.of(start, size));
        Page<Product> products = productRepository.search(nativeSearchQueryBuilderQueryBuilder.build());
        //总条数
        for (Product product : products) {
            System.out.println(product);
        }
        ModelAndView mav = new ModelAndView("search");
        mav.addObject("page", products);
        mav.addObject("keys", key);
        return mav;
    }
}
```

（2）创建显示视图。

创建用于展示数据的前端页面，具体见以下代码：

```
<!--省略...-->
<body>
<div class="container-fluid">
    <div><span >搜索词：</span><span th:text="${keys}">mav</span></div>
    <div class="row-fluid">
        <div class="span12">
            <div th:each="item : ${page.content}">
                <span th:text="${item.id}">id</span>
                <span th:text="${item.name}">name</span> <span th:text="${item.body}">body</span></div>
```

```
        </div>
        <div>
            <a th:href="@{/search(key=${keys},start=0,)}">[首页]</a>
            <a th:if="${not page.isFirst()}" th:href="@{/search(key=${keys},start=${page.number-1})}">[上
页]</a>
            <a th:if="${not page.isLast()}" th:href="@{/search(key=${keys},start=${page.number+1})}">[下
页]</a>
            <a th:href="@{/search(key=${keys},start=${page.totalPages-1})}">[末页]</a>
        </div>
    </div>
</div>
</body>
</html>
```

13.6 Solr——搜索应用服务器

13.6.1 了解 Solr

Solr 是一个独立的企业级搜索应用服务器，对外提供 API 接口。用户可以通过 HTTP 请求向搜索引擎服务器提交一定格式的 XML 文件，生成索引；也可以通过 HTTP GET 操作提出查找请求，并得到 XML 格式的返回结果。Solr 现在支持多种返回结果。

13.6.2 安装配置 Solr

1. Solr 安装

（1）访问镜像网站，下载 Solr 压缩包。

（2）在下载完成后解压文件，在“cmd”控制台进入“solr/bin”目录下，输入“solr start”命令启动 Solr。

如果出现以下提示，则表示成功启动。

```
INFO  - 2019-05-09 10:30:09.043; org.apache.solr.util.configuration.SSLCredentialProviderFactory;
Processing SSL Credential Provider chain: env;sysprop
Waiting up to 30 to see Solr running on port 8983
Started Solr server on port 8983. Happy searching!
```

（3）访问“http://localhost:8983/solr/#/”，就可以看到已经启动了。

常用命令如下。

- 停止：“solr stop -p 8983 ”或“solr stop - all”。

- 查看运行状态：solr status。

2. Solr 配置

（1）进入 Solr 的安装目录下的 server/solr/，创建一个名字为 new_core 的文件夹。

（2）将 conf 目录（在安装目录/server/solr/configsets/sample_techproducts_configs 下）复制到 new_core 目录下。

（3）访问“http://localhost:8983/solr/#/”。

单击导航栏的“Core Admin”，在弹出窗口中单击“Add Core”命令，弹出如图 13-8 所示的对话框，输入名字和目录名，再单击“Add Core”按钮，完成创建。

图 13-8 创建 Core

13.6.3 整合 Spring Boot 和 Solr

（1）添加依赖，见以下代码：

```
<dependency>
    <groupId>org.springframework.boot</groupId>
    <artifactId>spring-boot-starter-data-solr</artifactId>
</dependency>
```

（2）写入 Solr 配置。

在 application.properties 文件中进行 Solr 配置，写入下面配置信息即可。

```
spring.data.solr.host=http://localhost:8983/solr/new_core
```

13.7　实例 58：在 Sping Boot 中集成 Solr，实现数据的增加、删除、修改和查询

本实例在 Solr 中实现数据的增加、删除、修改和查询。

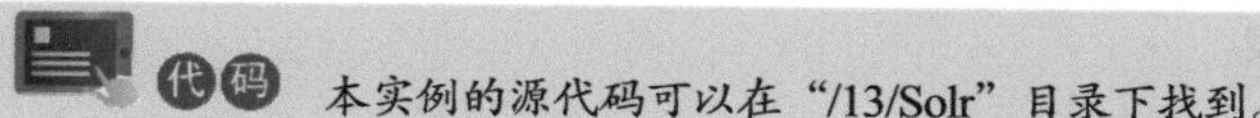

本实例的源代码可以在“/13/Solr”目录下找到。

13.7.1　创建 User 类

User 类必须继承可序列化接口，见以下代码：

```
@Data
public class User implements Serializable {
    @Field("id")
    //使用这个注释，里面的名字是根据 Solr 数据库中的配置来决定的
    private String id;
    @Field("name")
    private String name;
}
```

13.7.2　测试增加、删除、修改和查询功能

（1）测试增加功能。

构造一篇文档，实例化一个对象，向 Solr 中添加数据，见以下代码：

```
@Test
public void addUser() throws IOException, SolrServerException {
    User user = new User();
    user.setId("8888888");
    user.setName("龙知然");
    solrClient.addBean(user);
    solrClient.commit();
}
```

（2）测试增加功能，根据 id 查询刚刚添加的内容，见以下代码：

```
@Test
public void getByIdFromSolr() throws IOException, SolrServerException {
    //根据 id 查询内容
    String id="8888888";
    SolrDocument solrDocument = solrClient.getById(id);
    //获取 filedName
```

```
    Collection<String> fieldNames = solrDocument.getFieldNames();
    //获取 file 名和内容
    Map<String, Object> fieldValueMap = solrDocument.getFieldValueMap();
    List<SolrDocument> childDocuments = solrDocument.getChildDocuments();
    String results = solrDocument.toString();
    System.out.println(results);
}
```

运行测试，控制台输出如下结果：

```
SolrDocument{id=8888888, name=龙知然, _version_=1633023077954617344}
```

（3）测试修改功能，根据 id 修改内容，见以下代码：

```
@RequestMapping("/updateUser")
public void updateUser() throws IOException, SolrServerException {
    User user = new User();
    user.setId("8888888");
    user.setName("知然");
    solrClient.addBean(user);
    solrClient.commit();
}
```

修改之后的值如下：

```
SolrDocument{id=8888888, name=知然, _version_=1633023690698391552}
```

可以看到，内容已经变化，所谓 Solr 的更新操作，就是对相同 id 的文档重新添加一次。修改之后，Version 变得不一样了。

（4）测试删除功能，根据 id 删除内容，见以下代码：

```
@Test
public void delById()  throws IOException, SolrServerException {
    //根据 id 删除信息
    UpdateResponse updateResponse = solrClient.deleteById("8888888");
    //执行的时间
    long elapsedTime = updateResponse.getElapsedTime();
    int qTime = updateResponse.getQTime();
    //请求地址
    String requestUrl = updateResponse.getRequestUrl();
    //请求的结果{responseHeader={status=0,QTime=2}}
    NamedList<Object> response = updateResponse.getResponse();
    //请求结果的头{status=0,QTime=2}
    NamedList responseHeader = updateResponse.getResponseHeader();
    //请求的状态 0
    solrClient.commit();
```

```
    int status = updateResponse.getStatus();
    //成功，则返回 0，如果没有文档被删除，也会返回 0，代表根本没有
}
```

删除全部可以用以下代码：

```
solrClient.deleteByQuery("*:*");
```

（5）实现文档高亮显示，见以下代码：

```
@Test
public void queryAll() throws IOException, SolrServerException {
    SolrQuery solrQuery = new SolrQuery();
    //设置默认搜索域
    solrQuery.setQuery("*:*");
    solrQuery.set("q", "知然");
    solrQuery.add("q", "name:然");
    //设置返回结果的排序规则
    solrQuery.setSort("id", SolrQuery.ORDER.asc);
    //设置查询的条数
    solrQuery.setRows(50);
    //设置查询的开始
    solrQuery.setStart(0);
    //设置分页参数
    solrQuery.setStart(0);
    solrQuery.setRows(20);
    //设置高亮
    solrQuery.setHighlight(true);
    //设置高亮的字段
    solrQuery.addHighlightField("name");
    //设置高亮的样式
    solrQuery.setHighlightSimplePre("<font color='red'>");
    solrQuery.setHighlightSimplePost("</font>");
    System.out.println(solrQuery);
    QueryResponse response = solrClient.query(solrQuery);
    //返回高亮显示结果
    Map<String, Map<String, List<String>>> highlighting = response.getHighlighting();
    //response.getResults();查询返回的结果
    SolrDocumentList documentList = response.getResults();
    long numFound = documentList.getNumFound();
    System.out.println("总共查询到的文档数量： " + numFound);
    for (SolrDocument solrDocument : documentList) {
        System.out.println(solrDocument);
        System.out.println(solrDocument.get("name"));
    }
    System.out.println(highlighting);
}
```

运行上面代码，在控制台中输出如下结果：

```
q=知然&q=name:然&sort=id+asc&rows=20&start=0&hl=true&hl.fl=name&hl.simple.pre=<font+color%3D'red'>
&hl.simple.post=</font>
总共查询到的文档数量： 3
SolrDocument{id=1d3cbb8a541b45759b1a59a86ddd0f9b, name=龙知然 4,
_version_=1633022994022400000}
龙知然 4
SolrDocument{id=3ddb0995b0c04fc0be3c34612c33992c, name=龙知然 4,
_version_=1633022357082734594}
龙知然 4
SolrDocument{id=bb37d6ff96ad43bc8654f29f2e9f389f, name=龙知然 4, sex=男, address=武汉 4,
_version_=1626411498284777473}
龙知然 4
{1d3cbb8a541b45759b1a59a86ddd0f9b={name=[龙<font color='red'>知</font><font color='red'>然</font>4]},
3ddb0995b0c04fc0be3c34612c33992c={name=[龙<font color='red'>知</font><font color='red'>然</font>4]},
bb37d6ff96ad43bc8654f29f2e9f389f={name=[龙<font color='red'>知</font><font color='red'>然</font>4]}}
```

从<font color='red'>然</font>中可以看出，查询结果已经高亮化了，对查询关键词输出红色字体。

13.8 对比 Elasticsearch 和 Solr

1. Elasticsearch 和 Solr 的市场关注度

Elasticsearch 和 Solr 在中国市场（与全球趋势差不多）的关注度如图 13-9 所示。

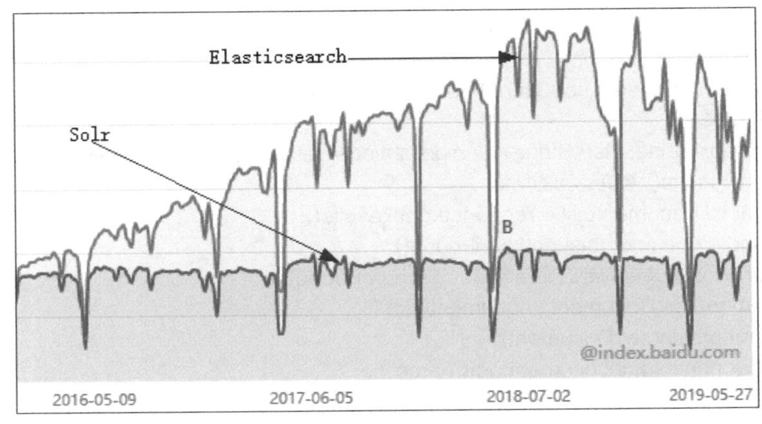

图 13-9　Elasticsearch 和 Solr 的关注度（中国）

2. Elasticsearch 和 Solr 的优缺点

（1）Solr 的优点。

- Solr 有一个更大、更成熟的用户、开发和贡献者社区。
- 支持添加多种格式的索引，如：HTML、PDF、微软 Office 系列软件格式，以及 JSON、XML、CSV 等纯文本格式。
- 比较成熟、稳定。
- 搜索速度更快（不建索引时）。
- Solr 利用 Zookeeper 进行分布式管理，而 Elasticsearch 自身带有分布式协调管理功能。如果项目本身使用了 Zookeeper，那 Solr 可能是最好选择。有时缺点在特点场景下可能会变成优点。
- 如果项目后期升级，要朝着 Hadoop 这块发展，当数据量较大时，用 Hadoop 处理数据，Solr 可以很方便地与 Hadoop 结合。

（2）Elasticsearch 的优点。

- Elasticsearch 本身是分布式、分发实时的，不需要其他组件。
- Elasticsearch 完全支持 Apache Lucene 的接近实时的搜索。
- 它处理多用户不需要特殊配置，而 Solr 则需要更多的高级设置。
- Elasticsearch 采用 Gateway 的概念，备份更加简单。各节点组成对等的网络结构，某节点出现故障会自动分配其他节点代替其进行工作。

（3）Solr 的缺点。

- 建立索引时，搜索效率下降，实时索引搜索效率不高。
- 实时搜索应用效率明显低于 Elasticsearch。

（4）Elasticsearch 的缺点。

- 没有 Solr 的生态系统发达。
- 仅支持 JSON 文件格式。
- 本身更注重核心功能，高级功能多由第三方插件提供。

总结：Solr 是传统搜索应用的有力解决方案，但 Elasticsearch 更适用于新兴的实时搜索应用。

更详细的比较请见 Elasticsearch 官方提供的 Elasticsearch 和 Solr 对比表。

项目实战篇

第 14 章 开发企业级通用的后台系统

使用 Spring Boot，免不了开发后台系统。所以，本章通过实现一个基于角色的访问控制后台系统，来系统地介绍如何使用 Spring Security。

 代码 本实例的源代码可以在"/14/ManagementSystemDemo"目录下找到。

14.1 用 JPA 实现实体间的映射关系

RBAC（Role Based Access Control）是基于角色的访问控制，一般分为用户（user）、角色（role）、权限（permission）3 个实体。它们的关系如下：

- 角色（role）和权限（permission）是多对多关系。
- 用户（user）和角色（role）也是多对多的关系。
- 用户（user）和权限（permission）之间没有直接的关系。用户需要通过角色作为代理（中间人）来获取到拥有的权限。

5 张表就能实现角色、用户、权限的映射关系，其中包含 3 个实体表和 2 个关系表（角色一权限关系表、用户一角色关系表）。

14.1.1 创建用户实体

用户实体类通过实现 UserDetails 接口实现认证及授权，见以下代码：

```
package com.example.demo.entity.sysuser;
//省略
@Entity
```

```
public class SysUser implements UserDetails {
    //主键及自动增长
    @Id
    @GeneratedValue
    private long id;
    @Column(nullable = false, unique = true)
    private String name;
    private String password;
    private String cnname;
    private Boolean enabled = Boolean.TRUE;
    /**
     * 多对多映射，用户角色
     */
    @ManyToMany(cascade = {CascadeType.REFRESH}, fetch = FetchType.EAGER)
    private List<SysRole> roles;
    public long getId() {
        return id;
    }


    /**
     * 根据自定义逻辑来返回用户权限。如果用户权限返回空，或者和拦截路径对应权限不同，则验证不通过
     */
    @Override
    public Collection<? extends GrantedAuthority> getAuthorities() {
        List<GrantedAuthority> authorities = new ArrayList<>();
        List<SysRole> roles = this.getRoles();
        for (SysRole role : roles) {
            authorities.add(new SimpleGrantedAuthority(role.getRole()));
        }
        return authorities;
    }
  //省略
}
```

14.1.2　创建角色实体

角色是用户和权限的中间代理表。用户（user）和权限（permission）之间没有直接的关系，用户（user）需要通过角色作为代理（中间人）来获取拥有的权限，见以下代码：

```
@Data
@Entity
public class SysRole {
```

```
    @Id
    @GeneratedValue
    /**
     *  编号
     */
    private Integer id;
    private String cnname;
    /**
     * 角色标识，如“管理员”
     */
    private String role;
    /**
     * 角色描述，用于在 UI 界面显示角色信息
     */
    private String description;
    /**
     * 是否可用。如果不可用，则不会添加给用户
     */
    private Boolean available = Boolean.FALSE;
    /**
     * 角色—权限关系：多对多关系
     */
    @ManyToMany(fetch = FetchType.EAGER)
    @JoinTable(name = "SysRolePermission", joinColumns = {@JoinColumn(name = "roleId")},
inverseJoinColumns = {@JoinColumn(name = "permissionId")})
    private List<SysPermission> permissions;
    /**
     * 用户—角色关系：多对多关系
     */
    @ManyToMany
    @JoinTable(name = "SysUserRole", joinColumns = {@JoinColumn(name = "roleId")},
inverseJoinColumns = {@JoinColumn(name = "uid")})
    /**
     * 一个角色对应多个用户
     */
    private List<SysUser> userInfos;
}
```

14.1.3 创建权限实体

权限和角色存在多对多关系。一般情况下，权限不会和用户直接关联，它用于存放权限信息，比如权限的名称、HTTP 方法、URL 路径。具体见以下代码：

```
@Data
```

```
@Entity
public class SysPermission implements Serializable {
    @Id
    @GeneratedValue
    /**
     * 主键
     */
    private Integer id;
    /**
     * 名称
     */
    private String name;
    @Column(columnDefinition = "enum('menu','button')")
    /**
     * 资源类型，[menu|button]
     */
    private String resourceType;
    /**
     * 资源路径
     */
    private String url;
    /**
     * 权限字符串。menu 例子：role:*；button 例子：role:create,role:update,role:delete,role:view
     */
    private String permission;
    /**
     * 父编号
     */
    private Long parentId;
    /**
     * 父编号列表
     */
    private String parentIds;
    private Boolean available = Boolean.FALSE;
    @Transient
    private List permissions;
    @ManyToMany
    @JoinTable(name = "SysRolePermission", joinColumns = {@JoinColumn(name = "permissionId")},
inverseJoinColumns = {@JoinColumn(name = "roleId")})
    private List<SysRole> roles;
    public List getPermissions() {
        return Arrays.asList(this.permission.trim().split("|"));
    }
    public void setPermissions(List permissions) {
        this.permissions = permissions;
```

```
    }
}
```

14.2 用 Spring Security 实现动态授权（RBAC）功能

14.2.1 实现管理（增加、删除、修改和查询）管理员角色功能

1. 实现控制器

控制器主要指定 URL 映射和视图，见以下代码：

```
@Controller
@RequestMapping("admin")
public class SysRoleControlller {
    @Autowired
    private SysRoleRepository sysRoleRepository;
    @RequestMapping("/role/add")
    public String addRole() {
        return "admin/role/add";
    }
    @RequestMapping("/role")
    public String addRole(SysRole model) {
        String role = "ROLE_" + model.getRole();
        model.setRole(role);
        sysRoleRepository.save(model);
        return "redirect:/admin/";
    }
}
```

2. 视图页面

这里注意，要提交 CSRF 的 token（根据需求可以不开启 CSFR），token 的值需要在 HTML 中的 head 标签中添加。见下面代码 <!-- CSRF -->注释标签之间的部分，以及在表单（form）中的隐藏提交 CSRF 的 token 值。

```
<!DOCTYPE html>
<html lang="en" xmlns:th="http://www.thymeleaf.org"
      xmlns:sec="http://www.thymeleaf.org/thymeleaf-extras-springsecurity4">
<head>
    <meta charset="UTF-8"/>
    <!-- CSRF -->
    <meta name="_csrf" th:content="${_csrf.token}"/>
    <!-- default header name is X-CSRF-TOKEN -->
<meta name="_csrf_header" th:content="${_csrf.headerName}"/>
```

```
  <!-- CSRF -->
</head>
<body>
<form class="form-horizontal"    th:action="@{/admin/role}"   method="post">
<div class="form-group">
<label for="name" class="col-sm-2 control-label">角色名</label>
<div class="col-sm-10">
<input type="text" class="form-control" name="cnname"   id="cnname" placeholder="角色名"/>
</div>
</div>
<div class="form-group">
<label for="name" class="col-sm-2 control-label">角色标识</label>
<div class="col-sm-10">
<input type="text" class="form-control" name="role"   id="role" placeholder="输入角色标识"/>
</div>
</div>
   <input type="hidden" th:name="${_csrf.parameterName}" th:value="${_csrf.token}">
<div class="form-group">
<div class="col-sm-offset-2 col-sm-10">
<input type="submit" value="提交" class="btn btn-info" />     
</div></div>
</form>
</body>
</html>
```

14.2.2　实现管理权限功能

1. 实现权限控制器

权限管理主要是对权限进行增加、删除、修改和查询操作。权限要和角色对应起来。在进行操作时需要附带角色字段，见以下代码：

```
@Controller
@RequestMapping("/admin/permission")
public class SysPermissionControler {
    @Autowired
    private SysPermissionRepository sysPermissionRepository;
    @Autowired
    private SysRoleRepository sysRoleRepository;
    @RequestMapping("/add")
    public String addPermission(Model model) {
        List<SysRole> sysRole = sysRoleRepository.findAll();
        model.addAttribute("sysRole", sysRole);
        return "admin/permission/add";
    }
```

```
    @PostMapping("/add")
    public String addPermission(SysPermission sysPermission, String role) {
        List<SysRole> roles = new ArrayList<>();
        SysRole role1 = sysRoleRepository.findByRole(role);
        roles.add(role1);
        sysPermission.setRoles(roles);
        sysPermissionRepository.save(sysPermission);
        return "redirect:/admin/";
    }
}
```

2. 实现视图模板

在以下代码中，视图中的${sysRole}是根据控制器返回的参数；“th:each”标签是 Thymeleaf 的标签，用于遍历数据。

```
<form class="form-horizontal" th:action="@{/admin/permission/add}" method="post">
    <div class="form-group">
        <label for="name" class="col-sm-2 control-label">权限名称</label>
        <div class="col-sm-10">
            <input type="text" class="form-control" name="name" id="name" placeholder="name"/>
        </div>
    </div>
    <div class="form-group">
        <label for="resource_type" name="resource_type" class="col-sm-2 control-label">权限类型
</label>
        <div class="col-sm-10">
            <select class="form-control" name="resourceType">
                <option value="menu"/>
                菜单</option>
                <option value="button"/>
                按钮 </option>
            </select>
        </div>
    </div>

    <div class="form-group">
        <label for="name" class="col-sm-2 control-label">URL</label>
        <div class="col-sm-10">
            <input type="text" class="form-control" name="url" id="url" placeholder="url"/>
        </div>
    </div>
    <div class="form-group">
        <label class="col-sm-2 control-label">角色</label>
        <div class="col-sm-10">
```

```
            <select class="form-control" name="role">
                <option th:each="sysRole : ${sysRole}" th:text="${sysRole.cnname}"
th:value="${sysRole.role}"/>
                </option>
            </select>
        </div>
    </div>
    </div>
    </div>
    <input type="hidden" th:name="${_csrf.parameterName}" th:value="${_csrf.token}">
    <div class="form-group">
        <div class="col-sm-offset-2 col-sm-10">
            <input type="submit" value="提交" class="btn btn-info"/>
                 
            <input type="reset" value="重置" class="btn btn-info"/>
        </div>
    </div>
</form>
```

14.2.3　实现管理管理员功能

管理员密码是需要加密的，这里采用“BCrypt”方式加密。如果读者用自己喜欢的加密方式，则需要新建加密工具类，同时要在安全配置类重写加密配置方式。

1. 实现控制器

主要注意密码加密“BCryptPasswordEncoder”和角色遍历部分，见以下代码：

```
    @Autowired
    private SysUserRepository adminUserRepository;
    @Autowired
    private SysRoleRepository sysRoleRepository;

    //@PreAuthorize("hasRole('ROLE_admin')")
    @RequestMapping("/user/add")
    public String toAddUser(Model model) {
        List<SysRole> adminrole = sysRoleRepository.findAll();
        model.addAttribute("adminrole", adminrole);
        return "admin/user/add";
    }

    //@RequestMapping("/user/add")
    @PostMapping("/user")
    public String addUser(String name, String password, String role) {
        BCryptPasswordEncoder encoder = new BCryptPasswordEncoder();
```

```
        String encodePassword = encoder.encode(password);
        SysUser user = new SysUser(name, encodePassword);
        List<SysRole> roles = new ArrayList<>();
        SysRole role1 = sysRoleRepository.findByRole(role);
        roles.add(role1);
        user.setRoles(roles);
        adminUserRepository.save(user);
        return "redirect:/admin/";
    }
```

2. 视图页面

在视图页面中请注意遍历“${adminrole}”这个用户角色，见以下代码：

```
<form   th:action="@{/admin/user}"   method="post">
<label for="name">用户名</label>
<input type="text" name="name"   id="name" placeholder="name"/>
<label for="password" >密码</label>
<input type="password" name="password" id="password" placeholder="password"/>
<label     class="col-sm-2 control-label" >角色</label>
<div class="col-sm-10">
<select class="form-control"     name="role">
 <option   th:each="adminrole : ${adminrole}"   th:text="${adminrole.cnname}"
th:value="${adminrole.role}"/>
 </option></select>
 <input type="hidden" th:name="${_csrf.parameterName}" th:value="${_csrf.token}">
 <input type="submit" value="提交" class="btn btn-info" />
</form>
```

14.2.4 配置安全类

配置安全类只需要继承 WebSecurityConfigurerAdapter，然后重写其方法即可。这里要注意以下几点。

- 配置认证成功和失败的处理接口，见“successHandler”和“failureHandler”部分。
- 配置加密解密方式，见“PasswordEncoder”部分。
- 配置 UserDetailsService。
- CSRF 默认是开启的。如果要忽略或关闭，则进行“http.csrf()”配置。

多用户系统的配置请见本书 15.2 节。配置安全类的方法见以下代码：

```
@Configuration
/**
 *  启用方法安全设置
```

```
 */
@EnableWebSecurity
@EnableGlobalMethodSecurity(prePostEnabled = true)
public class WebSecurityConfig extends WebSecurityConfigurerAdapter {
    @Autowired
    private AuthenticationSuccessHandler myAuthenticationSuccessHandler;
    @Autowired
    private AuthenticationFailureHandler myAuthenticationFailHandler;

    @Bean
    /**
     * 使用 BCrypt 加密
     */
    public PasswordEncoder passwordEncoder() {
        return new BCryptPasswordEncoder();
    }

    @Override
    protected void configure(HttpSecurity http) throws Exception {
        http.antMatcher("/admin/**").
                //指定登录认证的 Controller

formLogin().usernameParameter("uname").passwordParameter("pwd").loginPage("/admin/login").success
Handler(
                myAuthenticationSuccessHandler).failureHandler(myAuthenticationFailHandler)
                .and()
                .authorizeRequests()
                //登录相关
                .antMatchers("/admin/login", "/admin/role", "/admin/user").permitAll()
                //RABC 相关

//.antMatchers("/admin/rbac").access("@rbacService.hasPermission(request,authentication)")
//.antMatchers("/admin/**").access("hasRole('ADMIN') or
@rbacService.hasPermission(request,authentication)")
              .anyRequest().access("@rbacService.hasPermission(request,authentication)")
        ;
        http.logout().logoutUrl("/admin/logout").permitAll();
        // "记住我" 功能
        http.rememberMe().rememberMeParameter("rememberme");
        http.csrf().ignoringAntMatchers("/admin/upload");
        //解决 X-Frame-Options deny 造成的页面空白，否则后台不能用 frame
        http.headers().frameOptions().sameOrigin();
    }
    @Bean
    UserDetailsService Service() {
```

```
        return new SysSecurityService();
    }
    @Override
    protected void configure(AuthenticationManagerBuilder auth) throws Exception {
        auth.userDetailsService(Service()).passwordEncoder(new BCryptPasswordEncoder() {
        });
    }
}
```

14.2.5 实现基于 RBAC 权限控制功能

1. 创建 RBAC 服务接口

创建一个处理 RBAC 的接口类，定义“hasPermission”方法，见以下代码：

```
public interface RbacService {
    boolean hasPermission(HttpServletRequest request, Authentication authentication);
}
```

2. 实现 RBAC 服务

实现“hasPermission”方法。根据用户角色，从权限表中查出用户的权限 URL，以返回权限状态，见以下代码：

```
@Component("rbacService")
public class RbacServiceImpl implements RbacService {
    private AntPathMatcher AntPathMatcher = new AntPathMatcher();
    @Autowired
    private SysPermissionRepository permissionRepository;
    @Autowired
    private SysUserRepository sysUserRepository;
     @Override
    public boolean hasPermission(HttpServletRequest request, Authentication authentication) {
        Object principal = authentication.getPrincipal();
        boolean hasPermission = false;
            //登录的用户名
            String userName = ((UserDetails) principal).getUsername();
            //获取请求登录的 URL
            Set<String> urls = new HashSet<>();//用户具备的系统资源集合，从数据库读取
                      SysUser sysUser = sysUserRepository.findByName(userName);
             for (SysRole role : sysUser.getRoles()) {
                for (SysPermission permission : role.getPermissions()) {
                    urls.add(permission.getUrl());
                }
            }
            for (String url : urls) {
                if (AntPathMatcher.match(url, request.getRequestURI())) {
```

```
                    hasPermission = true;
                    break;
                }
            }
        }
        return hasPermission;
    }
}
```

3. 配置安全类

加入下面的权限控制（这里先注释掉，添加完初始数据后开启），见以下代码：

```
antMatchers("/admin/**").access("@rbacService.hasPermission(request,authentication)")
```

4. 测试

（1）在安全配置类中设置允许匿名访问，设置以下代码：

```
.antMatchers("/admin/**").permitAll()//.hasRole("ADMIN")
```

或在测试中添加用户名、密码，并配置权限。

（2）创建用户和角色。因为加密了密码，所以不能直接在数据库中添加用户。

- 创建角色：访问 http://localhost:8080/admin/role/add 进行添加。
- 创建用户：访问 http://localhost:8080/admin/user/add 进行添加。
- 创建权限：访问 http://localhost:8080/admin/permission/add 进行添加。

（3）加入以下代码的权限验证，使权限功能启动。

```
.anyRequest().access("@rbacService.hasPermission(request,authentication)")
```

（4）使用添加的用户名、密码进行操作。

在创建用户时要注意，加密密码是不能直接在数据库中添加的，一定要使用上面的方法，或者使用测试单元进行添加。测试单元的代码可以复制控制器中的添加用户的代码。

14.3 监控 Spring Boot 应用

14.3.1 在 Spring Boot 中集成 Actuator

Actuator 是 Spring Boot 提供的对应用系统监控功能的集成。它可以查看应用系统的配置情况，如健康、审计、统计和 HTTP 追踪等。这些特性可以通过 HTTP 或 JMX 方式获得。

Actuator 同时可以与外部应用监控系统整合，如 Prometheus、Graphite、DataDog、Influx、Wavefront、New Relic 等。可以使用这些系统提供的仪表盘、图标、分析和告警等功能统一地监控和管理应用。

Actuator 创建了 Endpoint。Endpoint 可以被打开和关闭，也可以通过 HTTP 或 JMX 暴露出来，使得它们能被远程进入。它暴露的功能见表 14-1。

表 14-1　Actuator 提供的 Endpoint

ID	Description	默认状态
auditevents	显示应用暴露的审计事件（比如认证进入、订单失败）	开启
beans	查看 Bean 及其关系列表	开启
caches	显示有效的缓存	开启
conditions	显示在配置和自动配置类上条件，以及它们匹配或不匹配的原因	开启
configprops	显示所有@ConfigurationProperties 的列表	开启
env	显示当前的环境特性	开启
flyway	显示数据库迁移路径的详细信息	开启
health	显示应用的健康状态	开启
httptrace	显示 HTTP 足迹，最近 100 个 HTTP request/repsponse	开启
info	查看应用信息	开启
integrationgraph	显示 Integration 图	开启
loggers	显示和修改配置的 loggers	开启
liquibase	显示 Liquibase 数据库迁移的纤细信息	开启
metrics	显示应用多样的度量信息	开启
mappings	显示所有的@RequestMapping 路径	开启
scheduledtasks	显示应用中的调度任务	开启
sessions	显示 session 信息	开启
shutdown	关闭应用	未开启
threaddump	执行一个线程 dump	开启

如果是 Spring MVC、Spring WebFlux 应用，则支持额外的 Endpoint，比如 heapdump、jolokia、logfile、prometheus。如果要显示应用信息，则需要进行自定义，如在配置文件中添加以下代码：

```
info.ContactUs.email=363694485@qq.com
info.ContactUs.phone=13659806466
```

然后通过 GET 方法，访问“/info”页面，即可查看到相关信息。

完整的 Endpoint 可以查看官网内容。

1. 打开和关闭 Endpoint

在默认情况下，除“shutdown endpoint”外，Endpoint 都是打开的，可以进行开关设置，如果要打开“shutdown endpoint”，则可以在 application.properties 文件中增加以下代码：

```
management.endpoint.shutdown.enabled=true
```

在上面“shutdown”的位置填写 Endpoint 的 ID，具体见表 14-1。

如果要通过 HTTP 暴露 Actuator 的 Endpoint，则可以添加以下代码：

```
management.endpoints.web.exposure.include=*
management.endpoints.web.exposure.exclude=
```

参数值“*”表示暴露所有的 Endpoint。如果要限定，则可以通过 Endpoint 的 ID 进行设置。比如只暴露“health”和“info”，则可以设置值为：

```
management.endpoints.web.exposure.include=health,info
```

如果要通过 JMX 暴露 Actuator 的 Endpoint，则需要在配置文件中添加以下代码：

```
management.endpoints.jmx.exposure.include=*
management.endpoints.jmx.exposure.exclude=
```

2. 创建一个自定义的指标

如果想自定义一些指标，则可以通过实现 HealthIndicator 接口来实现，或继承 AbstractHealthIndicator 类并重写 doHealthCheck 方法来实现，见以下代码：

```
@Component
public class MyHealthIndicator    extends AbstractHealthIndicator {
    @Override
    protected void doHealthCheck(Health.Builder builder) throws Exception {
        builder.up().withDetail("自定义状态","OK");
    }
}
```

3. 用 Spring Security 来保证 Endpoint 安全

Endpoint 是非常敏感的，必须进行安全保护，可以使用 Spring Security 通过 HTTP 认证来保护它。通过创建一个继承 WebSecurityConfigurerAdapter 的安全配置类，并配置权限，具体可以参考以下代码：

```
@Configuration
```

```
public class ActuatorSecurityConfig extends WebSecurityConfigurerAdapter {
    @Override
    protected void configure(HttpSecurity http) throws Exception {
        http
                .authorizeRequests()
                .requestMatchers(EndpointRequest.to(ShutdownEndpoint.class))
                .hasRole("ADMIN")
                .requestMatchers(EndpointRequest.toAnyEndpoint())
                .permitAll()
                .requestMatchers(PathRequest.toStaticResources().atCommonLocations())
                .permitAll()
                .antMatchers("/")
                .permitAll()
                .antMatchers("/*")
                .authenticated()
                .and()
                .httpBasic();
    }
}
```

为了方便使用，可以直接使用 Spring Boot 的 Spring Boot Admin 来监控应用。

14.3.2 在 Spring Boot 中集成 Spring Boot Admin 应用监控

Spring Boot Admin 用于管理和监控 Spring Boot 应用程序。这些应用程序通过 Spring Boot Admin Client（通过 HTTP）注册使用。Spring Boot Admin 提供了很多功能，如显示 name、id 、version、在线状态、Loggers 的日志级别管理、Threads 线程管理、Environment 管理等。

下面具体演示一下如何使用 Spring Boot Admin。

1. 配置监控服务器端

（1）在 pom.xml 文件中加入以下依赖。

一定要记得加入 Actuator 的依赖，否则不会显示相关信息，见以下代码：

```
<dependency>
  <groupId>org.springframework.boot</groupId>
  <artifactId>spring-boot-starter-actuator</artifactId>
</dependency>
<dependency>
  <groupId>org.springframework.boot</groupId>
  <artifactId>spring-boot-starter-web</artifactId>
</dependency>
<dependency>
  <groupId>de.codecentric</groupId>
```

```
  <artifactId>spring-boot-admin-starter-server</artifactId>
</dependency>
```

（2）在入口类中加上注解@EnableAdminServer，以开启监控功能。

（3）配置 application.properties 文件。

这里直接监控服务器自己，在配置文件中加入以下代码：

```
server.port=8090
spring.application.name=Spring Boot Admin Web
spring.boot.admin.url=http://localhost:${server.port}
#监控自己设置
spring.boot.admin.client.url=http://localhost:8090
management.endpoints.web.exposure.include=*
management.endpoints.web.exposure.exclude=
management.endpoints.jmx.exposure.include=*
#显示详细的健康信息
management.endpoint.health.show-details=always
endpoint.default.web.enable=true
info.ContactUs.email=363694485@qq.com
info.ContactUs.phone=13659806466
management.endpoint.shutdown.enabled=true
management.endpoints.enabled-by-default=true
management.endpoint.info.enabled=true
spring.security.user.name:actuator
spring.security.user.password:actuator
spring.security.user.roles:ADMIN
```

（4）访问“http://localhost:8090”，可以看到监控的面板，如图 14-1 所示。这里显示出了自定义信息和自定义指标。

图 14-1　Spring Boot Admin 的后台界面

2. 配置被监控客户端

要使 Spring Boot 应用程序被监控（客户端），则需要进行下面的配置。

（1）在 pom.xml 文件中加入依赖，所需的依赖见以下代码：

```
<dependency>
   <groupId>org.springframework.boot</groupId>
   <artifactId>spring-boot-starter-web</artifactId>
</dependency>
<dependency>
   <groupId>de.codecentric</groupId>
   <artifactId>spring-boot-admin-starter-client</artifactId>
</dependency>
<dependency>
   <groupId>org.springframework.boot</groupId>
   <artifactId>spring-boot-starter-actuator</artifactId>
</dependency>
```

（2）配置 application.properties。

这里需要配置服务器端的地址（“spring.boot.admin.url”的值），见以下代码：

```
spring.application.name=@project.description@
server.port=8080
spring.boot.admin.url=http://localhost:8090
management.security.enabled=false
#安全机制一定要设置成 false，否则不能检测到客户的微服务信息
logging.file = /log.log
#这里要设置微服务输出日志的地址，否则在 Spring Boot Admin 中不能显示“log”标签进行实时查询日志情况
```

14.3.3 在 Spring Boot 中集成 Druid 连接池监控

Spring Boot 集成 Druid 最简单的方式是引入 Starter（druid-spring-boot-starter），然后配置 Druid 参数。但要注意一点——权限设置。可能配置好权限后也无法登录，或登录后没有数据，这是很多人会遇到的情况，这可能是因为配置了其他权限，影响了 Druid 的路径，导致 Druid 某些访问没有权限。下面介绍权限设置的具体步骤。

（1）引入依赖，见以下代码：

```
<dependency>
<groupId>com.alibaba</groupId>
<artifactId>druid-spring-boot-starter</artifactId>
<version>1.1.10</version>
</dependency>
<dependency>
```

```
<groupId>log4j</groupId>
<artifactId>log4j</artifactId>
<version>1.2.17</version>
</dependency>
```

（2）配置 Druid 参数。

比如，可以配置访问路径、用户名、密码等，具体用法见以下代码：

```
spring.datasource.type=com.alibaba.druid.pool.DruidDataSource
spring.datasource.driver-class-name=com.mysql.cj.jdbc.Driver
spring.datasource.url=jdbc:mysql://localhost:3306/sys?useSSL=true&characterEncoding=utf-8&serverTi
mezone=UTC
spring.datasource.druid.initial-size=5
spring.datasource.druid.min-idle=5
spring.datasource.druid.maxActive=20
spring.datasource.druid.maxWait=60000
spring.datasource.druid.timeBetweenEvictionRunsMillis=60000
spring.datasource.druid.minEvictableIdleTimeMillis=300000
spring.datasource.druid.validationQuery=SELECT 1 FROM DUAL
spring.datasource.druid.testWhileIdle=true
spring.datasource.druid.testOnBorrow=false
spring.datasource.druid.testOnReturn=false
spring.datasource.druid.poolPreparedStatements=true
spring.datasource.druid.maxPoolPreparedStatementPerConnectionSize=20
spring.datasource.druid.filters=stat,wall,log4j
spring.datasource.druid.connectionProperties=druid.stat.mergeSql\=true;druid.stat.slowSqlMillis\=5000
spring.datasource.druid.web-stat-filter.enabled=true
spring.datasource.druid.web-stat-filter.url-pattern=/*
spring.datasource.druid.web-stat-filter.exclusions=*.js,*.gif,*.jpg,*.bmp,*.png,*.css,*.ico,/druid/*
spring.datasource.druid.stat-view-servlet.url-pattern=/druid/*
spring.datasource.druid.stat-view-servlet.allow=127.0.0.1,192.168.1.1
spring.datasource.druid.stat-view-servlet.deny=192.168.1.173
spring.datasource.druid.stat-view-servlet.reset-enable=false
spring.datasource.druid.stat-view-servlet.login-username=admin
spring.datasource.druid.stat-view-servlet.login-password=123456
```

代码解释如下。

- spring.datasource.type：代表数据库连接交由 Druid 管理。
- login-username：代表管理员用户名。
- login-password：代表管理员密码。
- url-pattern：代表配置的访问路径。

第 15 章 实现一个类似"京东"的电子商务商城

为了综合使用本书讲解的 Spring Security、Redis、RabbitMQ、JPA、JWT 技术，本章通过实例来整合这些技术。

本章首先讲解如何整合管理系统和会员系统实现多用户系统；然后讲解如何实现会员系统的多端、多方式注册和登录；最后讲解如何实现购物、下单、秒杀，以及订单自动取消功能。

 代码 本实例的源代码可以在"/15/JD_Demo"目录下找到。

15.1 用 Spring Security 实现会员系统

15.1.1 实现会员实体

由于会员分为多种类型，因此需要创建会员角色表。也可以直接在会员表中加上角色字段来体现，字段值可以是 vip0、vip1、vip2。我们这里采用的是关联角色表。

1. 实现会员实体

会员实体需要继承 UserDetails 接口来实现功能，然后关联角色表，见以下代码：

```
@Entity
//@Table(name = "user") //设置对应表名字
public class User implements UserDetails {
    //主键及自动增长
```

```
    @Id
//IDENTITY 代表由数据库控制主键自增，auto 代表程序统一控制主键自增
    @GeneratedValue(strategy = GenerationType.IDENTITY)
private long id;
    @NotEmpty(message = "昵称不能为空")
    @Size(min = 1, max = 20)
    @Column(nullable = false, unique = true)
    private String name;
    @Column(nullable = false, unique = true)
    private String email;
    @Column(nullable = false, unique = true)
    private String mobile;
    private String password;
    private Integer active;
    @Column(nullable = true)
    private Long createTime;
    @Column(nullable = true)
    private Long lastModifyTime;
    @Column(nullable = true)
    private String outDate;
    //多对多映射，用户角色
    @ManyToMany(cascade = {CascadeType.REFRESH}, fetch = FetchType.EAGER)
    private List<UserRole> roles;
```

2. 实现会员角色实体

角色实体用于储存会员的角色信息，见以下代码：

```
@Entity
/*@Table(name = "user_role")*/
public class UserRole {
    @Id
    @GeneratedValue
    private long id;
    private String rolename;
    private String cnname;
//省略
```

15.1.2 实现会员接口

这里采用了 JPA 的自定义查询功能，并实现了自定义更新功能，见以下代码：

```
public interface UserRepository extends JpaRepository<User,Long> {
   User findByName(String name);
   User findByMobile(String mobile);
   User findByEmail(String email);
```

```
/**
 * 根据 id 集合查询用户，分页查询
 *
 * @param ids
 * @return
 */
Page<User> findByIdIn(List<Integer> ids, Pageable pageable);
/**
 * 根据 id 集合查询用户，不分页
 *
 * @param ids
 * @return
 */
List<User> findByIdIn(List<Integer> ids);
@Modifying(clearAutomatically=true)
@Transactional
@Query("update User set outDate=:outDate, validataCode=:validataCode where email=:email")
int setOutDateAndValidataCode(@Param("outDate") String outDate, @Param("validataCode")
String validataCode, @Param("email") String email);
@Modifying(clearAutomatically=true)
@Transactional
@Query("update User set active=:active where email=:email")
int setActive(@Param("active") Integer active, @Param("email") String email);
}
```

15.1.3 实现用户名、邮箱、手机号多方式注册功能

由于在注册时所有接口都要求用户填写用户名，因此这里不需要再编写用户名注册的接口，只需要编写邮箱和手机号注册接口。

1. 实现邮箱注册接口

如果需要验证注册的邮箱，则可以开启邮件验证功能，并用异步方式发送验证邮件到用户的邮箱。

这里依然要实现密码加密，并需要从数据库中查询用户名、E-mail 是否已经被注册。具体实现见以下代码：

```
@Autowired
    AsyncSendEmailService asyncSendEmailService;
    @ResponseBody
    @RequestMapping(value = "/register/email", method = RequestMethod.POST)
    public Response registByEmail(User user) {
        try {
            User registUser = userRepository.findByEmail(user.getEmail());
```

```
            if (null != registUser) {
                return result(ExceptionMsg.EmailUsed);
            }
            User userNameUser = userRepository.findByName(user.getName());
            SysUser admingusername = adminUserRepository.findByName(user.getName());
            if (null != userNameUser || null != admingusername) {
                return result(ExceptionMsg.UserNameUsed);
            }
            BCryptPasswordEncoder encoder =new BCryptPasswordEncoder();
            user.setPassword(encoder.encode(user.getPassword()));
            user.setCreateTime(DateUtils.getCurrentTime());
            user.setLastModifyTime(DateUtils.getCurrentTime());
            user.setProfilePicture("img/favicon.png");
            List<UserRole> roles = new ArrayList<>();
            UserRole role1 = userRoleRepository.findByRolename("ROLE_USER");
            roles.add(role1);
            user.setRoles(roles);
            userRepository.save(user);
            //用异步方式发送邮件到用户邮箱，以验证用户邮箱的真实性或正确性
            asyncSendEmailService.sendVerifyemail(user.getEmail());
              } catch (Exception e) {
            //logger.error("create user failed, ", e);
            return result(ExceptionMsg.FAILED);
        }
        return result();
    }
```

2. 实现手机号注册接口

手机号注册和邮箱注册的功能差不多，这里只是更改为验证手机号是否已经被注册。我们并没有提供实现验证码的功能，验证码功能需要购买相应的通信服务商提供的接口（同时也会提供Demo）。具体实现见以下代码：

```
@ResponseBody
@RequestMapping(value = "/register/mobile", method = RequestMethod.POST)
public Response regist(User user) {
    try {
        User userNameUser = userRepository.findByName(user.getName());
        SysUser admingusername = adminUserRepository.findByName(user.getName());
        if (null != userNameUser || null != admingusername) {
            return result(ExceptionMsg.UserNameUsed);
        }
        User userMobile = userRepository.findByMobile(user.getMobile());
        if (null != userMobile) {
            return result(ExceptionMsg.MobileUsed);
```

```
    }
    //省略
```

15.1.4 实现用 RabbitMQ 发送会员注册验证邮件

发送邮件可以使用 JavaMailSender 类，这里使用 RabbitMQ 来异步调用 JavaMailSender 类。

1. 创建 RabbitMQ 配置类

下面创建配置类，用于配置队列，见以下代码：

```
@Configuration
public class RabbitConfig {
    @Bean
    public Queue regQueue() {
        return new Queue("reg_email");
    }
}
```

2. 创建 RabbitMQ 监听器

下面创建监听器，以监听用户注册后的通知，见以下代码：

```
@Component
@RabbitListener(queues = "reg_email")//监听消息队列
public class RegEmailQueueReceiver {
    @RabbitHandler//@RabbitHandler 来实现具体消费
    public void QueueReceiver(String reg_email) {
        try {
            //send email
            System.out.println("Receiver : " + reg_email);
        } catch (Exception e) {
            e.printStackTrace();
        }
    }
}
```

3. 注册控制器中写入 RabbitMQ 的发布者

在用户注册时，如果填写的信息都验证通过，则执行 RabbitMQ 的消息发送方法让 RabbitMQ 消息的接收者接收消息，然后异步发送邮件，具体实现见以下代码：

```
 @Autowired
private AmqpTemplate rabbitTemplate;
@ResponseBody
@RequestMapping(value = "/register/email", method = RequestMethod.POST)
public Response registByEmail(User user) {
```

```
    try {
//此处省略部分上面的邮箱注册代码
rabbitTemplate.convertAndSend("reg_email", user.getEmail());
```

15.1.5 实现用户名、邮箱、手机号多方式登录功能

1. 实现用户名、手机号、邮箱三种方式登录验证

用户的登录功能，需要继承 UserDetailsService 接口，然后加入登录判断。通过用户输入的信息来判断数据库中是否存在匹配的用户名和密码对、手机号和密码对、邮箱和密码对，见以下代码：

```
//@Service
public class UserSecurityService implements UserDetailsService {
    @Autowired
    private UserRepository userRepository;
    @Override
    public UserDetails loadUserByUsername(String name) throws UsernameNotFoundException {
        User user = userRepository.findByName(name);
        if (user == null) {
            User mobileUser = userRepository.findByMobile(name);
            if (mobileUser == null) {
                User emailUser= userRepository.findByEmail(name);
                if(emailUser==null)
                {   throw new UsernameNotFoundException("用户名邮箱手机号不存在!");
                }
                else{
                    user=userRepository.findByEmail(name);
                }
            }
            else {
                    user = userRepository.findByMobile(name);
            }
        }
        else if("locked".equals(user.getStatus())) { //被锁定，无法登录
            throw new LockedException("用户被锁定");
        }
        return user;
    }
}
```

2. 在安全配置类中配置自定义的 UserDetailsService

下面配置自定义的 UserDetailsService，以便进行验证和授权，见以下代码：

```
@Bean
```

```
UserDetailsService UserService() {
    return new UserSecurityService();
}
```

3. 重写密码验证机制

下面重写密码机制来判断用户系统使用的加密方式。可以和后台系统使用一样的加密方式，也可以自定义。可以看出，Spring Security 非常灵活。具体实现见以下代码：

```
@Override
protected void configure(AuthenticationManagerBuilder auth) throws Exception {
    auth.userDetailsService(Service()).passwordEncoder(new BCryptPasswordEncoder() {
    });
}
```

15.2 整合会员系统（Web、APP 多端、多方式注册登录）和后台系统

在移动网络时代，不仅需要提供 Web 端的用户注册/登录，还需要提供 APP 端的用户注册/登录。

如果要同时支持 Web 端和 APP 端注册/登录，则需要考虑以下几点：

- 需要把 Web 有状态的验证和 APP 无状态的验证整合起来。
- 支持多方式注册/登录，如，用户名+密码、手机号+密码、邮箱+密码。
- 用户不需要区分 APP 端或 Web 端，两端需要共用一个会员系统，只是验证和授权方式不同。
- 整合 Web 端和 APP 端用户验证和授权的安全配置

上面几点要求，如果自己实现稍微复杂，而使用 Spring Security 则非常简单。要整合在一起，只需整合安全配置文件即可。具体配置见以下代码：

```
@Configuration//指定为配置类
@EnableWebSecurity//指定为 Spring Security 配置类
@EnableGlobalMethodSecurity(prePostEnabled = true) //启用方法安全设置
//@EnableGlobalAuthentication
public class MultiHttpSecurityConfig {
    @Configuration
    @Order(1)
    public class WebSecurityConfigForAdmin extends WebSecurityConfigurerAdapter {
   //配置后台安全设置
    }
    @Configuration
    @Order(2)
    public class WebSecurityConfigForUser extends WebSecurityConfigurerAdapter {
```

```
    //配置会员安全设置
    }
    @Configuration
    @Order(3)
    public class WebSecurityConfig3 extends WebSecurityConfigurerAdapter {
//配置会员 JWT 安全设置
}
  @Configuration
    @Order(4)
    public class WebSecurityConfig4 extends WebSecurityConfigurerAdapter {
//配置静态文件或其他安全设置
}
```

从上述代码可以看出，各系统的安全配置依然继承 WebSecurityConfigurerAdapter 接口，完成单独的安全配置后，通过注解@Order 来指定加载顺序。

如果前面的配置项包含了后面配置项的 URL，则可能导致后面的验证不会生效，所以需要注意各配置的 http.antMatcher("URL")的 URL 值。

15.3　实现购物系统

15.3.1　设计数据表

1. 了解功能需求

在实现购物系统前，需要明确以下需求。

（1）将商品加入购物车，是否需要登录。

- 可以在未登录前将购物车数据存储在 Cookie 中。因为所有对购物车的操作都是操作本地 Cookie，这样可以一定程度上降低服务器的数据库压力。结算时才提示登录，登录之后就可以获取用户 id，把本地的购物车数据追加到登录的 id 上。这样的缺点是：换一台电脑后购物车的商品不能同步。
- 登录之后才能有添加购物车功能的好处是：可以实时进行统计、分析用户购物行为，并根据用户历史喜好向用户推送相关的产品。但是，这对于新用户可能不太友好，因为没有产生购买欲之前就要有烦琐的填写资料注册、登录的操作。

（2）计算购物车中商品的总价，当商品数量发生变化时需要重新计算。

（3）用户可以删除购物车中的商品。

（4）用户下单后，删除购物车里的数据。

2. 设计数据表

在了解需求之后就可以开始设计数据表。商品信息需要在数据库中标准化，以准确描述商品的标准化最小单元，还要考虑库存计量单位，比如件、份、箱、本等。有些商品的特性并不是规范的，所以还要建立一个规则表，用于存储产品的规则。

举个例子，一部华为 P30 手机是一个标准化的商品，“部”是它的最小库存计量单元，它的颜色和容量需要建立一个单独的规则表来存放。当然，还有更复杂的分类、品牌、产地、用户群等属性。

本章建立一个相对简单购物系统表，包含产品表、订单表、购物车表。具体建表方法不再讲解，如果不会，请见本书的第 8 章。

15.3.2 实现商品展示功能

1. 在控制器中实现展示功能

产品的展示功能相对简单，只是需要获取用户信息。当用户有添加购物车动作时，会把商品和相应的用户信息提交到购物车表中，同时结算时也需要用户信息，见以下代码：

```
@GetMapping("{id}")
public ModelAndView showProduct(@PathVariable("id") long id)    throws    Exception{
    Product product = productRepository.findByid(id);
    ModelAndView mav = new ModelAndView("web/shop/show");
    //产品信息
    mav.addObject("product", product);
    //获取登录用户信息
    Object principal = SecurityContextHolder.getContext().getAuthentication().getPrincipal();
    mav.addObject("principals", principal);
    System.out.println(principal.toString());
    return mav;
}
```

2. 设计视图模板

下面代码是在视图中展示商品，并实现加入购物车功能。

```
<!--省略...-->
<body>
<div class="with:80%">
    <p>产品 ID:<span th:text="${product.id}"></span></p>
    <p>产品名称: <span th:text="${product.name}"></span></p>
    <p>产品价格:<span th:text="${product.price}"></span></p>
```

```
</div>
<form class="form-signin" th:action="@{/cart}" id="form" name="form" method="post">
<div class="form-group">
<!--如果数量被减少为 0，则代表删除此商品-->
  <input type="number" name="product_num" id="product_num" min="1" max="10" value="1"/>
</div>
<input type="hidden" th:name="${_csrf.parameterName}" th:value="${_csrf.token}">
<input type="hidden" name="product_id"   id="product_id" th:value="${product.id}" />
<input type="hidden" name="product_price"   id="product_price" th:value="${product.price}" />
<input type="hidden" name="product_name"   id="product_name" th:value="${product.name}" />
<input th:if=${principals!="anonymousUser"}   name="user_id"   id="user_id" th:value="${principals.id}">
<button type="submit" id="submit">加入购物车</button>
</form>
</body>
</html>
```

“加入购物车”按钮实际上是提交表单动作。

15.3.3　实现购物车功能

1. 实现保存购物车数据功能

下面代码是用于处理获取到的商品 id 和用户 id。

```
@PostMapping("")
public String save(Cart cart)   throws   Exception{
    cartRepository.save(cart);
    return "redirect:/cart/?user_id="+cart.getUser_id();
}
```

2. 自定义 JPA 原生查询接口

为了限定用户只能查看自己购物车中的商品，在接口处自定义了根据用户 id 查询数据的原生 SQL，见以下代码：

```
public interface CartRepository extends JpaRepository<Cart,Long>{
    Cart findByid(long id);
    @Query(value = "select * from cart c where c.user_id=:user_id", nativeQuery = true)
    List<Cart> findCartByIdNative(@Param("user_id")long user_id);
}
```

3. 添加商品之后跳转到购物车列表页面

下面代码是添加商品之后跳转到购物车列表的页面。“@PreAuthorize("principal.id.equals(#user_id)")”限制用户只能查看自己的购物车数据。

```
@GetMapping("")
```

```
/**
 *购物车不用分页，可以用 list
 * @PreAuthorize("principal.id == #user_id")
 *必须要限制登录，否则会报错 Failed to evaluate expression 'principal.id.equals(#user_id)'
 */
@PreAuthorize("principal.id.equals(#user_id)")
public ModelAndView cartlist(Long user_id, Principal principal) {
    List<Cart> cartList = cartRepository.findCartByIdNative(user_id);
    ModelAndView mav = new ModelAndView("web/shop/cart/list");
    mav.addObject("cartList", cartList);
    return mav;
}
```

15.3.4 用 Redis 实现购物车数据持久化

如果会员数量庞大，则会存在大量的频繁对购物车数据进行增加、删除和修改的操作。如果使用 MySQL 进行存储，则效率会很低。所以在实际的应用中，需要根据用户群体规模，考虑是否使用 Redis 对购物车数据进行存储。

1. 了解需求

如果使用 Redis，则需要考虑存储哪些数据。Redis 是内存高速缓存，不可能把所有数据都存储。所以，对于购物系统，可以利用 Redis 来缓存用户登录数据、用户最近浏览的商品、加入购物车的商品、高访问量页面、秒杀页面。

将用户和购物车信息都存储在 Redis 里，可以提高反应速度。

很多大型商城都提供了这样的功能："在查看过这件商品的用户当中，有 X%的用户最终购买了这件商品，购买了这件商品的用户也购买了下面的商品"。这些信息可以帮助用户查找其他相关的商品，提升网站的销售业绩。这些数据可以存储在 Redis 中，也可以通过异步方式来加载。

2. 购物车加入 Redis 缓存功能

在实际使用中，可以用 Map 存储登录用户，用无序集合存储最近登录的用户、最近被浏览的 item，但开发人员可以根据自己的喜欢或特定情况去设计。

这里用 Map 存储用户的购物车数据，主要代码如下：

```
@PostMapping("")
public String save(Cart cart)   throws   Exception{
    cartRepository.save(cart);
    //获取保存后的数据表自增 id
    Long id=cart.getId();
    //用 Redis 存储购物车数据
    Map<String, Object> hashMap = new HashMap();
```

```
    /**
     * @Description: 产品 id
     */
    hashMap.put("Product_id", cart.getProduct_id());
    /**
     * @Description: 产品名称
     */
    hashMap.put("Product_name", cart.getProduct_name());
    /**
     * @Description: 用户 id
     */
    hashMap.put("User_id", cart.getUser_id());
    /**
     * @Description: 购买数量
     */
    hashMap.put("Product_num", cart.getProduct_num());
    /**
     * @Description: 购物车对应的 MySQL 主键 id
     */
    hashMap.put("Cart_id", id);
    JSONObject itemJSONObj = JSONObject.parseObject(JSON.toJSONString(hashMap));
    System.out.println(itemJSONObj);
    String valueStr = JSONObject.toJSONString(itemJSONObj);
    long timestamp = System.currentTimeMillis()/1000;
    /**
     * @Description: 键
     */
    String   sname=cart.getUser_id().toString();
    redisTemplate.boundZSetOps(sname).add(valueStr,timestamp);
    System.out.println(redisTemplate.opsForZSet().range(sname,0,-1));
    System.out.println(redisTemplate.opsForZSet().size(sname));
    return "redirect:/cart/?user_id="+cart.getUser_id();
}
```

Redis 存储的是购物车数据，如图 15-1 所示。

从图 15-1 可以看出，Redis 中存储的购物车数据包含商品 id、商品名称、购买的商品数量、用户的 id、MySQL 储存的数据（商品）主键值。

如果要限制购物车商品最大数量，则可以用“opsForZSet().size”获取当前储存的数据量，以判断是否可以新添加商品到购物车。

在用 Spring Boot 操作 Redis 时，key 值可能出现“\xAC\xED\x00\x05t\x00T”之类的值，这是由序列化方式所导致的，不影响程序读写。redisTemplate 默认的序列化方式为 JdkSerializeable，

StringRedisTemplate 的默认序列化方式为 StringRedisSerializer，可以通过手动配置将 redisTemplate 的序列化方式进行更改。

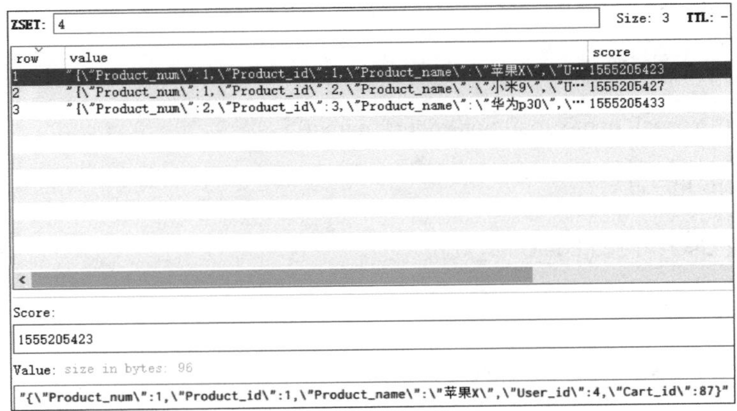

图 15-1 在 Redis 中存储的购物车数据

15.4 用 Redis 实现分布式秒杀系统

15.4.1 实现抢购功能，解决并发超卖问题

1. 分析功能需求

抢购或秒杀活动是商城很常见的一个应用场景，这个功能主要需要解决高并发竞争下产生的超卖错误。

我们通过一个实例来理解超卖问题。

假设库存是 100 个单位，现在已经有 99 个人抢购成功，又来了 10 个用户同时抢购。因为这时查询到库存等于 1，满足执行生成订单的条件，所以这 10 个用户都能抢购成功，但实际上只剩下 1 件库存可以抢了，这样就存在了 9 个“超卖”的问题。

由此可见，在高并发下，很多看似设计编码逻辑合理的流程都可能会出现问题。要解决“超卖”问题，核心在于：保证检查库存时的操作是依次执行的。应使用“单线程”任务，这样即使有很多用户同时请求下单操作，也需要一个个排队检查条件，然后进行处理。

这里可以使用 Redis 的原子操作来实现这个“单线程”。用 Redis 实现秒杀功能，可以这样设计：

（1）把库存数据存在 Redis 的列表（list）中。假设有 10 件库存，就往列表中添加（Push 方法）10 个数，每个数代表 1 件库存。

（2）抢购开始后，接收用户提交，然后从列表中移除（Pop 方法）出一个数，表示用户抢购成功。

（3）用 Redis 创建另一个列表，用于存放下单成功的用户的数据。

（4）如果列表为空，则表示已经被抢光了，返回提示消息。

因为列表的移除（Pop 方法）操作是原子的，即使有很多用户同时到达，也是依次执行的。

2. 创建秒杀库存列表

在抢购开始前，先把库存放入 Redis 的列表（list）中，见以下代码：

```
@GetMapping("createSeckillStockCount")
public void seckillStockCount() {
    //有 10 个库存
    Integer count = 10;
    //添加到 Redis 列表中
    for (Integer i = 0; i < count; i++) {
        redisTemplate.opsForList().leftPush("slist", 1);
    }
    System.out.println(redisTemplate.opsForList().range("slist", 0, -1));
}
```

3. 实现抢购处理功能

以下代码可以实现抢购处理功能，关键是列表的 Pop 操作来保证原子性。在秒杀完全结束后，还需要同步 Redis 数据到数据库。

```
@GetMapping("seckill")
public void seckill() {
    //判断计数器
    if (redisTemplate.opsForList().leftPop("slist").equals(1)) {
    //抢购成功的用户 id，这里简单的设置为 1 个
        long user_id = 1903;
        redisTemplate.opsForList().leftPush("ulist", user_id);
    }
    System.out.println(redisTemplate.opsForList().range("slist", 0, -1));
    System.out.println(redisTemplate.opsForList().range("ulist", 0, -1));
}
```

4. AB 测试

这里用 Apache 的 AB 测试工具来测试模拟高并发情况。要使用 Apache 的 AB 测试，需要先下载它的安装包。进入 Apache 官网下载 Apache，然后解压文件。进入解压目录，在地址栏输入

“cmd”命令，按 Enter 键，打开 cmd 命令窗口，输入以下命令，如图 15-2 所示。

```
ab -n 1000 -c 100 http://localhost:8080/seckill/seckill
```

```
C:\Users\cpu1\Downloads\httpd-2.4.39-o102r-x86-vc14\Apache24\bin>ab -n 1000 -c 100 http://localhost:8080/seckill/seckill

This is ApacheBench, Version 2.3 <$Revision: 1843412 $>
Copyright 1996 Adam Twiss, Zeus Technology Ltd, http://www.zeustech.net/
Licensed to The Apache Software Foundation, http://www.apache.org/

Benchmarking localhost (be patient)
Completed 100 requests
Completed 200 requests
Completed 300 requests
Completed 400 requests
Completed 500 requests
Completed 600 requests
Completed 700 requests
Completed 800 requests
Completed 900 requests
Completed 1000 requests
Finished 1000 requests
```

图 15-2　AB 测试“超卖”问题

其中，-n 表示请求数，-c 表示并发数即可进行并发压力测试。

在进行多次测试后，发现每次的测试结果都一样，不存在“超卖”问题，如图 15-3 所示（1903 是用户 id）。

LIST: ulist

row	value
1	1903
2	1903
3	1903
4	1903
5	1903
6	1903
7	1903
8	1903
9	1903
10	1903

图 15-3　多次测试出现同一结果

对于更复杂的秒杀系统还可以考虑以下办法：

- 提前预热数据，把秒杀信息用 Redis 保存。
- 把商品列表用 Redis 的 list 数据类型保存。
- 把商品的详情数据用 Redis hash 保存，并设置过期时间。
- 把商品的库存数据用 Redis sorted set 保存。
- 把用户的地址信息用 Redis set 保存。
- 把订单产生扣库存操作通过 Redis 制造分布式锁，库存同步扣除。
- 把订单产生后的发货数据用 Redis 的 list 保存，然后通过消息队列处理。
- 在秒杀结束后，再把 Redis 中的数据和数据库进行同步。

15.4.2　缓存页面和限流

秒杀功能是本实例的核心功能。为保证其正确性，不出现超卖情况之后，还要考虑秒杀前出现的大量访问，大量的参与者涌入，如果不做好应对措施，则可能会导致服务器资源枯竭。可以采取以下几种办法。

1. 缓存或静态化秒杀的页面

需要对秒杀页面进行缓存。因为在秒杀时大量用户会访问秒杀页面，导致请求暴涨，如果这个页面存在数据库的 I/O 操作，则会严重影响性能。可以采取静态化或使用 Redis 来进行缓存。

2. 实现限流

可以通过验证码和预约功能进行限流，让访问不要过于集中爆发。比如，会员在登录时输入验证码的过程就拖长了服务的时间。而预约功能让会员提前进行预约，如果没有预约，则不能参与秒杀。这里对于没有强烈购买需求，仅仅是凑热闹的会员是一种过滤，能降低无效的参与量。

3. 秒杀地址隐藏

在秒杀设计中，隐藏秒杀地址也是重要的手段，以防止大量“肉鸡”的自动化抢购。在秒杀前隐藏真实的秒杀地址或参数，可以适当防止黑客事先调试机器，在秒杀开始后，通过大量“肉鸡”来参与秒杀。

除这些手段外，还可以加入其他办法，比如 IP 限制、账户等级限制等。但真实的应用场景会比现在讲解得要复杂，比如如何防止“薅羊毛”群体、如何保证公平抢购、如何防止大量的 DDOS 攻击等问题。

15.5　用 RabbitMQ 实现订单过期取消功能

购物系统会遇到很多下单之后不支付、不完成订单的情况。如果库存有限，则会影响其他用户购买。所以，需要对订单的有效期进行限定，并对过期订单进行自动处理。

可以用 RabbitMQ 实现消息队列延迟功能。延迟队列存储的是对应的延时消息。“延时消息”是指，消息被发送以后，消费者不会立即拿到消息，而是等到指定时间（条件）后，消费者才拿到这个消息进行消费。

网上购物时经常遇到这种情况：商城要求下单后 30 分钟内完成支付，到时间没有支付的订单会被取消，库存会被释放。这种功能大多是通过延迟队列来完成的——将订单信息发送到延时队列中。也可以根据业务场景使用其他方式，比如死信、计时器、定时任务。具体实现见下面步骤。

（1）配置消息延迟队列，见以下代码：

```
/**
 * 订单取消
   */
@Bean
public CustomExchange delayExchange() {
    Map<String, Object> args = new HashMap<>();
    args.put("x-delayed-type", "direct");
    return new CustomExchange("delayed_exchange", "x-delayed-message", true, false, args);
}

@Bean
public Queue queue() {
    Queue queue = new Queue("delay_queue_1", true);
    return queue;
}
@Bean
public Binding binding() {
    return BindingBuilder.bind(queue()).to(delayExchange()).with("delay_queue_1").noargs();
}
```

（2）编写延迟队列发送服务。这里设置延迟 10s，见以下代码：

```
@Service
public class CancelOrderSender {
    @Autowired
    private RabbitTemplate rabbitTemplate;
    public void sendMsg(String queueName, Integer msg) {
        SimpleDateFormat sdf = new SimpleDateFormat("yyyy-MM-dd HH:mm:ss");
        System.out.println("Sender:" + sdf.format(new Date()));
        rabbitTemplate.convertAndSend("delayed_exchange", queueName, msg, new
MessagePostProcessor() {
            @Override
            public Message postProcessMessage(Message message) throws AmqpException {
                //限定延迟时间
                int delay_time = 100000;
                message.getMessageProperties().setHeader("x-delay", delay_time);
                return message;
            }
        });
    }
}
```

（3）编写延迟队列接收服务，见以下代码：

```
@Component
public class CancelOrderReceiver {
    @RabbitListener(queues = "delay_queue_1")
    public void receive(String msg) {
        SimpleDateFormat sdf = new SimpleDateFormat("yyyy-MM-dd HH:mm:ss");
        System.out.println(sdf.format(new Date()));
        System.out.println("Receiver :执行取消订单"+msg);
        //省略取消订单和增加库存代码
    }
}
```

（4）发送订单取消通知。

客户下单成功后，需要立即执行延迟队列，见以下代码：

```
@Autowired
    private CancelOrderSender cancelOrderSender;
    int orderId = 1;
    @GetMapping("/customSend")
    public void send() {
        cancelOrderSender.sendMsg("delay_queue_1", orderId);
    }
```

15.6　实现结算和支付功能

15.6.1　实现结算生成订单功能

购物车和秒杀系统初步完成之后，接下来需要构建结算支付系统。用户单击“结算”按钮后生成订单，订单一般包含商品 id、购买数量、购买价格（商品的价格信息会变动，所以结算的价格要放入订单表）、总价等，然后根据订单信息跳转到支付页面进行付款，当付款状态确认完成后完成订单。

这个功能就是很简单的增加数据功能，见以下代码:

```
@RequestMapping(value = "/createOrder")
public String createOrder(Order order) throws Exception {
    Product p = productRepository.findByid(order.getProduct_id());
    order.setStatus(true);
    //价格信息要从库中获取，否则可能被黑客伪造。如果被用于购买虚拟商品，就损失巨大，因为虚拟商品一般自动
发货
    //为便于演示，这里获取的是一个商品的价格
    //对于多个商品价格的叠加请读者自行编写
```

```
    order.setAmount(p.getPrice());
    orderRepository.save(order);
    //获取保存到数据库后该数据在数据表的自增 id
    Long order_id = order.getId();
    //传递给支付页面的值
    return "redirect:/pay/?order_id=" + order_id;
}
```

这里要注意的是，一定不要从用户发送的数据中获取价格来进行计算，而是要根据后台的价格来进行计算，否则可能会遭遇黑客伪造数据的情况。

在订单创建完成后，跳转到支付接口进行支付，当支付成功后，自动确认订单（也可以由管理员手动确认）。

15.6.2 集成支付

现在的主要支付方式有银联、微信和支付宝等，它们的集成方式都差不多。查看官方文档和演示代码（Demo）就可以轻松集成它们。这里以集成支付宝支付为例介绍集成的流程。

（1）访问“https://open.alipay.com”注册为商家并认证。

（2）进入“文档中心”页面，在“开发工具”下找到“SDK&DEMO”，单击进入页面，下载 Java 版的 SDK 和 Demo。

（3）将 SDK 加入项目中。

（4）在“文档中心”页面的“开发工具”下找到“签名工具”，单击进入页面，下载 RSA 签名验签工具，生成公钥、私钥并保存。

生成的私钥需妥善保管，避免遗失或泄露，因为私钥需填写到代码中供签名时使用。

（5）开发接口。

这里是开发环境，所以采用使用沙箱环境，上线后会使用真实环境。

将支付宝的一些参数放到配置文件 alipay-dev.properties 里，它的配置方式有两种：

- 通过配置文件配置参数。
- 创建配置类。官方 Demo 采用的方法是：先定义 AlipayConfig 类，然后将其全部定义成静态变量。在实际的项目中，可以直接复制官方 Demo 中的参数，然后根据需要进行修改。

（6）创建表。

根据业务需求，需要创建支付记录表来记录支付记录，还需要记录支付过程产生的日志信息。

（7）与支付宝对接交互。

将本地生成的订单信息提交给支付宝，在支付宝处理完支付后，会通过异步方式获取用户给支付宝反馈的信息，确定是否支付成功。在开发过程中应注意支付确认（异步）的逻辑处理。

支付宝的集成比较简单，按照官方文档来集成即可，一般比较顺利。

不过一定要注意签名，有时即使是与文档是一模一样的，也可能存在签名不对的情况，因为 orderInfo 的拼接顺序跟签名的顺序有时是不一样的。

如需集成其他支付方式，请查阅其官方文档，并下载官方提供的 Demo 进行测试，这里不再讲解。

推荐阅读

京东购买二维码